装配式木结构设计施工
与BIM应用分析

王玉镯 曹加林 高 英 著

中国水利水电出版社

www.waterpub.com.cn

·北京·

内 容 提 要

本书系统地论述了木结构设计和施工的主要内容，列举了一些木结构施工案例，最后对现在炙手可热的建筑信息建模（BIM）及其应用进行了简单介绍。本书共分8章，主要内容包括：导论、木结构材料、木结构设计方法与木材设计指标、木结构房屋及木结构连接、木结构形式与应用、木结构工程项目实例、BIM基本知识、BIM在建筑施工中的应用。

本书的撰写采用图文并茂的方式，直观明确、条理清晰，可作为高等院校建筑学专业及相关专业的参考用书，也可供建筑设计人员参考使用。

图书在版编目（CIP）数据

装配式木结构设计施工与 BIM 应用分析 / 王玉镯，曹

加林，高英著. —— 北京：中国水利水电出版社，2018.3（2022.9重印）

ISBN 978－7－5170－6283－7

Ⅰ. ①装… Ⅱ. ①王… ②曹… ③高… Ⅲ. ①木结构

－结构设计－计算机辅助设计－应用软件②木结构－工程

施工－计算机辅助设计－应用软件 Ⅳ. ①TU366.204

②TU759

中国版本图书馆 CIP 数据核字（2018）第 014464 号

责任编辑：陈　洁		封面设计：王　伟
书　名	装配式木结构设计施工与 BIM 应用分析 ZHUANGPEISHI MUJIEGOU SHEJI SHIGONG YU BIM YINGYONG FENXI	
作　者	王玉镯　曹加林　高　英　著	
出版发行	中国水利水电出版社 （北京市海淀区玉渊潭南路 1 号 D 座 100038） 网址：www.waterpub.com.cn E－mail：mchannel@263.net（万水） 　　　　sales@mwr.gov.cn 电话：(010)68545888（营销中心）、82562819（万水）	
经　售	全国各地新华书店和相关出版物销售网点	
排　版	北京万水电子信息有限公司	
印　刷	天津光之彩印刷有限公司	
规　格	170mm×240mm　16 开本　15.25 印张　270 千字	
版　次	2018年3月第1版　2022年9月第2次印刷	
印　数	2001-3001册	
定　价	62.00 元	

前　言

木结构是中国最为传统的一种结构形式,追溯 3500 年前,就基本形成了榫卯、斗拱等中国传统的木结构体系。宋代《营造法式》从建筑、结构到施工全面系统地反映了中国古代木结构建筑的体系。中国拥有建成数百年甚至上千年的古代木结构,如建于公元 1056 年的应县木塔、建于公元 857 年的山西佛光寺大殿都历经战争、自然灾害而至今依然巍然屹立,充分展示了中国古代木结构高超的建造技术水平。解放初期,由于木结构建造容易而大量使用,致使结构用材过度砍伐;之后由于木材资源的缺乏,木材在建筑业中的使用受到限制。

近年来,由于中国林业技术的发展和国外进口结构木材的增多,现代木结构在我国又得以复苏。木材资源易于再生、绿色环保,木结构保温隔热、抗震性能好等优越性越来越被认识,木结构知识又受到了建筑设计、施工单位的关心,木结构教育也受到了高等教育的关注。

我国木结构建筑研究停止了近 30 年,进入 21 世纪才开始复苏,木结构建筑设计理论、方法和建造、维护、保养等技术都已明显落后于世界先进国家,因此学习国外先进的技术和理论方法是非常有效的手段。日本是我国的近邻,地理、气候、环境相似,隋唐时期从我国学习了房屋建造技术,至今仍保留了传统的梁柱结构,并得到了改良与发展,同时也引进了西方的木结构构造技术,其木结构设计理论和构造研究都处于世界先进水平。特别是日本的生活习惯和审美观等与我国相同或相近,因此学习日本的木结构设计理论和构造技术非常符合我国的国情。

大约从 2008 年开始,BIM 在中国的应用开始呈现火热趋势,相关的研究和应用成果也逐年递增。目前，市面上与 BIM 相关的书籍众多，这些书籍对推动 BIM 在我国的普及和发展起到了非常重要的作用。当前高校的 BIM 研究和教学，正处于十分活跃的阶段，许多高校都建立了 BIM 研究中心，相应的研究成果也进一步推动了 BIM 的工程应用。BIM 的发展日新月异，建筑业从业人员对 BIM 的认识也各有其见，因此本书的最后对 BIM 的基础知识和基本应用展开了论述。

本书共分 8 章，主要内容包括：导论、木结构材料、木结构设计方法与木材设计指标、木结构房屋及木结构连接、木结构形式与应用、木结构工程项目实例、BIM 基本知识、BIM 在建筑施工中的应用。

本书中，王玉镯负责第 1 章至第 5 章、第 7 章（7.3 节、7.4 节、7.5 节、7.6 节）、第 8 章的撰写工作；曹加林负责第 6 章的撰写工作；高英负责第 7 章（7.1 节、7.2 节）的撰写工作。

由于作者水平有限，书中难免存在疏漏和不足之处，敬请读者批评指正。

作　者

2017 年 10 月

目　录

第1章　导论

人们已普遍认识到森林与地球环境保护问题密切相关,破坏森林就是破坏地球环境,节约木材资源已越来越引起人们的重视。世界各国都在谋求包含木材加工企业边角废料和废旧木结构房屋解体材再利用系统在内的木质资源的更有效利用。木材在制造时的资源和能源消耗小,废弃时易腐烂返回大自然或作为燃料利用,对环境的负荷小。在低碳经济的今天,木材作为环境生态材料受到了高度关注。

木材与其他结构材料相比,质量小,纤维方向强度大,容易加工,具有优良的保温、隔热性能,自然的木纹无与伦比,作为建筑材料具备许多优越的特性。但由于节子和斜纹等缺陷,材质不均,各向异性,干燥时易开裂和变形,管理不当时易遭虫害和腐蚀等问题,限制了木材在工程上的利用。接下来我们一起对木材在现代社会的发展和应用进行了解和学习。

1.1 现代木结构的定义、特点及发展概况

1.1.1 现代木结构的定义

现代木结构主要是指:建筑工程是以木材来作为主体受力体系的工程结构。现代木结构独有的优势使得其在各个方面都获得了广泛发展,其中主要集中在桥梁和道路以及房屋建筑等方面。如今,随着现代木结构优势的不断显露,其应用早已不再局限于房屋建筑和学校以及办公楼这样的中低层建筑,在图书馆、会议中心、体育场以及机场等大跨度建筑物中,现代木结构的出现也变得越来越频繁和普遍。

1.1.2 现代木结构的特点

1.现代木结构的优点

现代木结构以木材作为主要建筑材料,其建筑特点与原材料息息相关。木材作为大自然生产的一种天然材料,几乎是从人类文明产生的初始阶段,就一直伴随着人类文明历史共同前行。从远古时期的钻木取火,使得人类开

始摆脱茹毛饮血的原始生活开始,到木质弓箭的制作和应用,甚至是车辆和轮船乃至飞机的发明和制造,木材都有着不可或缺的作用。

在建筑领域,从开始利用树枝和零散木材进行窝棚的搭建,以此来遮风挡雨到利用不同形状的木材来进行住房和宫殿、庙宇的建筑,再到利用规格化的木材或者木制品建造拥有现代木结构的房屋住宅以及一系列的大型公共建筑为止。木材作为原始建筑材料的应用伴随人类文明的发展史,经历了一个又一个漫长的历史进程。如今随着钢筋混凝土等现代化建筑材料的发明和大量生产应用,建筑物的原材料不再仅限于木材的应用,但是在欧美许多发达国家,现代化的建筑物诸如住宅、学校、办公楼,等等,仍然是使用木材作为主要的建筑原材料来进行建造的。那么木材相对于工业化生产的建筑材料而言,具体有什么样的优势令众多国家对其钟爱有加呢?我们首先来了解一下木材以及木结构的优越性,主要概括为以下几点:

①木材资源属于可再生资源,只要对树木和绿植进行合理种植,使得木材可以在阳光下进行周期性生长和繁殖,并实施行之有效的木材开采和合理利用制度以及法规,木材的获取相比于现代化建筑材料如混凝土和钢材等而言,属于更加容易获取的建筑材料。而且木材的周期性大约在 $50\sim100$ 年左右。随着现代林业和木材加工业的发展,更多的速生木材也逐渐开始用于建筑结构当中,不仅可以减缓木材做建筑材料的消耗速率,而且,也可以更大程度上缩短林木业资源进行再生产的周期。

②木材是一种绿色环保材料。对分别以木材、钢材和混凝土为主要结构材料的面积约 $200m^2$ 的一幢住宅建筑进行比较,结果表明:木结构建筑消耗的能量是混凝土建筑的 45%、是钢结构建筑的 66%;木结构建筑排放使全球具有变暖趋势的等效二氧化碳最少,是混凝土建筑的 66%、是钢结构建筑的 81%;木结构建筑的空气污染指数最低,是混凝土建筑的 46%、是钢结构建筑的 57%;木结构建筑的水污染指数最低,是混凝土建筑的 47%、是钢结构建筑的 29%;木结构建筑的生态资源耗用指数最低,是混凝土建筑的 52%、是钢结构建筑的 88%,林业生产虽损失大片林区,但这一影响只是短暂的,树木再植、森林资源的可持续管理将生态资源影响降低到最低程度;木结构建筑的固体废物是混凝土建筑的 76%,但比钢结构建筑略多,为 1.21 倍。因此,综合考虑能耗、等效二氧化碳、空气污染、水污染、生态资源耗用和固体废弃物等因素,木材最为绿色环保。

③木结构建筑是最适合人类居住的。木材做建筑材料具有质量轻、强度高的特点,并且木材的强度和密度与钢材相比并不逊色。所以在木结构建筑总质量要轻于其他结构类型的建筑物,但是强度却相当的状态下,受到地震等自然灾害危及时,会受到相对较小的作用力,结合科学合理的设计,木结构

建筑可以拥有明显优于其他结构建筑的抗震能力。而且,据调查研究证明,木结构建筑在历次地震中,无论是造成的人员伤亡,还是经济损失,都远低于其他结构建筑。另一方面,木材具有良好的隔热、隔声性质,木结构建筑供热、空调耗能较低,加之木材的天然纹理,给人以亲近、回归自然的感觉,居所温馨而舒适。

④木材作为木结构建筑使用的主要原料之一,其保温隔热性能也是较好的。因为木材生长和形成过程中,本身构造会由于细胞内有空腔的特点,形成天然中空的材料,所以会使热传导速度减缓,从而造就木结构建筑具有良好的保温和隔热性能。这也是木结构建筑能有冬暖夏凉效果的主要原因。

⑤木材作为木结构建筑的主要原料,其低于传统建筑材料的密度,造就了木结构建筑质轻的特点。但是木结构建筑的强度和荷载作用方式与木材纹理及生长构造等因素有密切关系,所以,木结构建筑只需要针对木材进行科学合理的设计,是一样可以使得木材具有比较高的抗压强度和抗弯强度的。因此,在进行木材的科学合理设计之后,木结构建筑相比于其他结构建筑会具备明显的质轻优势。

⑥现代木结构建筑所需原料和构件制作,已经逐渐从传统的手工制作转变为标准化生产和快速化生产制造,这样不仅可以有效降低制作工人的劳动强度,而且可以实现建筑材料的快速生产和制造,加快木结构建筑的施工速度、缩短建筑周期。如现代的轻型木结构房屋,使用的是工厂生产的、标准化了的规格材,无须再行锯解等操作;使用的覆面板也为工厂生产的、规格化的木基结构板材,现场基本上仅需拼装钉合,甚至门、窗等也是标准化产品,可在市场上直接购得。因此一幢这样的房屋包括室内装修和家用电器配置在内,仅需要 2~3 个月即可完成。

⑦木结构建筑美观。木结构建筑的纹理自然,与人有很强的亲和力。住在木结构的建筑中使人有一种回归自然的感觉。

⑧木结构建筑建造方便。木材加工容易,可锯切成各种形状。木结构构件相对轻巧,运输和安装都较容易,尤其对于轻型木结构建筑安装无须大型设备,3~4 个月就能完成一幢独立别墅的建造。

⑨木结构建筑具有较好的抗震性能。结构物上的地震作用与结构质量有关,木结构质量轻,产生的地震作用当然也小;由于木结构质量轻,地震致使房屋倒塌时对人产生的伤害也要比其他建筑材料小。另外,木结构的整体结构体系一般具有较好的塑性、韧性。因此在国内外历次强震中木结构都表现出较好的抗震性能。

⑩木结构具有一定的耐久性。如果木结构设计合理,具有较好的防潮构造、合理的防火措施,则其耐久性也较好。如现存的我国五台山南禅寺大殿

和佛光寺大殿都已有 1200 年左右的历史。挪威一座建于 12 世纪的木结构教堂,由于其出色的设计和精心的保养,历经 800 年的风雨依然完好如初。无数北美和欧洲的 19 世纪建造的木结构建筑物,都证明了木结构能够经受得起时间的考验。

2.现代木结构的缺点

所有的事物都存在着两面性,有利就有弊,木结构也是如此。木结构拥有着上述优点之外,同样存在着一些明显的缺点,这些缺点有时会影响木结构的应用,所以为了避免这些缺点对木结构使用的影响,必须进行技术上的合理设计,来完善建筑对于木结构的需求和使用。

①木材作为木结构建筑的主要建筑原材料,相较于不同建筑结构拥有更多优势的同时,一样存在着各向异性和一些天然缺陷,包括缺少现代建筑材料所拥有的可焊性等等。这也是木结构建筑过程中,造成木结构设计复杂性增加的原因。

因为木材属于自然生长而成的纤维质材料,所以木材的各向异性会导致其不同方向的抗拉和抗压强度存在很大的差别;木材生长过程中,木材成节的缺陷也会一定程度上影响其作为木结构建筑材料和建筑构件时的承载力;而且,使得木结构建筑程序更加复杂化的原因主要是木材的不可焊性,木材作为木结构建筑材料使用过程中,其不可焊性会使得木结构建筑构件之间的连接复杂化程度加大,并且会在一定程度上削弱建筑结构体系应有的功能。除此之外,木材的强度按作用力性质、作用力方向与木纹方向的关系一般可分为:顺纹抗压及承压、横纹抗压、斜纹抗压、顺纹抗拉、横纹抗拉、抗弯、顺纹抗剪、横纹抗剪、抗扭等,并且不同种类木材结构差别非常大,其中顺纹抗压和抗弯的强度在众多木材种类中相对较高。因此木结构设计最好尽可能使构件承受压力,避免承受拉力,尤其要绝对避免横纹受拉。

②木材是有机物,易受不良环境的腐蚀。木材腐蚀主要是由附着于木材上的木腐菌的生长和传播引起,但木腐菌生长需要有一定的温度、湿度条件。木腐菌最适宜的生长温度约为 20℃左右,这也是人类生活的舒适温度,因此无法通过控制温度来抑制木腐菌生长,而控制湿度是唯一办法。使用干燥的木材,做好建筑物的通风、防潮,都是避免木材腐蚀的有效措施;当然长期可能受到潮气侵入的地方,如与基础连接的木构件、直接暴露于风雨中的构件等,可采用具有天然防腐性的木材或对木材进行防腐蚀处理。

③木材又是某些昆虫的食物,虫蛀是某些地区使用木结构的一大隐患。侵害木材的虫类很多,如白蚁、甲虫等,品种因地而异。切实做好木材防潮是减少或避免虫害的主要措施;在房屋建造前,对建筑场地及四周土壤清理树

根、腐木,设置土壤化学屏障等也是预防虫害的一种措施;必要时木材需作防虫处理。

④木材是一种可燃性材料,木结构建筑的防火安全受到特别关注。木材易于燃烧。对于房屋的使用者而言,火灾是随时存在的危险,但研究和事实表明:房屋的防火安全性与建筑物使用的结构材料的可燃性之间并无太多关联,很大程度上取决于使用者对火灾的防范意识、室内装饰材料的可燃性以及防火措施的得当与否。但与其他结构相比,木材至少是增加了房屋可燃物的数量。木结构建筑需要周密考虑防火安全措施。因此,木结构按防火规范做好防火设计很有必要,适当的防火间距、安全疏散通道、烟感报警装置的设置等都是防止火灾的必要措施。

1.2　木结构房屋在我国发展的优势和机遇

木结构的发展在我国有着悠久的历史,所形成的榫卯梁柱体系在唐代已趋于成熟。重建于公元 857 年的山西佛光寺正殿。如图 1—1 所示,是唐代木结构殿堂建筑的典范;建于公元 1056 年的山西省应县佛宫寺的释迦塔(简称应县木塔),高 67.31m,底层直径 30.27m,明暗共九层,如图 1—2 所示,第一层为重檐,以上各层为单檐,是世界上最高的木塔建筑,气势雄伟。应县木塔地处大同盆地地震区,近千年来,经历了多次强烈地震和战争等人为破坏,至今仍巍然屹立,向世人展现着我国古代木结构高超的建筑技术与灿烂文化。唐代的《唐六典》、宋代著名建筑家李明仲所著《营造法式》以及清代《工程做法则例》等,从建筑、结构、施工等方面系统地总结了我国劳动人民在木结构建筑方面的智慧与经验,是我国非物质文明的一部分。

图 1—1　山西佛光寺正殿

图 1—2　山西应县释迦塔

我国古代木构建筑榫卯连接的梁、柱体系如图1-3所示,其木梁、木柱是房屋的基本承重构件,砖墙仅起填充和侧向支撑作用。该体系的梁跨度有限且需用木材较多,所以随着西方科学技术的传入,出现了桁架这一构件形式,于是木结构房屋逐渐转变为由承重砖墙支承的木桁架结构体系,称砖木结构房屋。

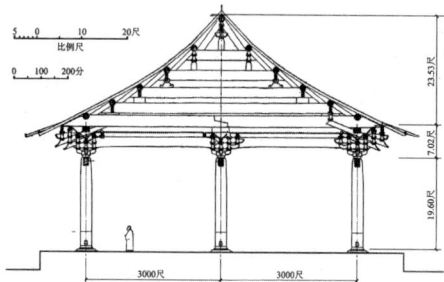

图1-3 木构建筑构造摘自《宋·营造法式图注》

由于建国初期钢材、水泥短缺,大多数民用建筑和部分工业建筑采用了这种砖木结构形式(砖承重墙、木屋盖)。据1958年统计,这类房屋占总建筑的比例约为46%。木结构虽基本上被限制在木屋盖应用范围内,但仍处于兴旺时期,高校、科研院所有众多人员从事木结构工程的教学、科研工作。随着我国国民经济建设发展的前三个五年计划的推进,基本建设的规模迅速扩大,木材需求量急剧增加,森林被大量砍伐。在重采轻植、毁林造田等思想影响下,木材资源几乎被耗尽,而又无足够资金进口木材。20世纪70年代后,木结构在中国基本被停用,木结构工作者纷纷转行,高校木结构课程也逐渐停设,中国木结构被迫处于停滞状态,长达二十余年之久。回顾我国木结构被迫停滞的历史,其根本原因在于木材资源的缺乏,这从另一个侧面也告诫人们,植树造林是可持续发展并造福后代的良策。

近年来,我国经济水平获得飞速发展,国民生活水平也获得很大程度的提升。所以,随着人们对于生活水平要求的全面提升,相对于住宅的要求也越来越高。所有相对于不同建筑结构都具有更高性能比的木结构房屋受到了越来越多的关注,尤其是在一些大城市中,房地产商的大量参与和国内外有关建筑的新技术引进使用,使得木结构建筑和木结构居所成为新的热点。从建筑行业新的发展趋势来观察可以发现,相对于中国巨大的房地产市场来说,木结构房屋的开发和应用以及推广,都具有非常大的发展空间和市场。

现代木结构房屋与传统的木质房屋是有一定差别的。现代木结构房屋是一种更加符合现代人生活方式和生活需求的木结构建筑。不仅能够满足现代人生活上所需功能齐全的要求,而且相较于其他建筑结构而言,更加的安全舒适,也更加的节能环保。

　　木结构房屋对于瞬间冲击和周期性疲劳破坏具有良好的抵抗能力,节能保温的木材与钢、铝、塑料相比,不仅其生产能耗最小,而且木结构建筑还具有良好的隔热保温性能。从表1-1中主要建筑材料寿命周期对环境影响的比较可见木材具有的环保优势,采用木质建材既符合国家建设绿色建筑的产业政策,又顺应健康住宅的理念。

表1-1　主要建材寿命周期对环境的影响系数

材料	水污染	温室效应	空气污染指数	固体废弃物
木材	1	1	1	1
钢材	120	1.47	1.44	1.37
水泥	0.9	1.88	1.69	1.95

　　木结构住宅对保护耕地的作用更为明显。按相关统计资料,前几年我国每年建设各类建筑需使用黏土砖7000亿块,损毁耕地10万亩以上。现在,住房和城乡建设部、国土资源部等已发文,要求限时禁止在住宅建筑中使用实心黏土砖。木结构房屋是砖混结构房屋很好的替代品之一。

　　我国成为世贸组织成员后,木材进口关税降低,木材进口量连年上升。同时,一些国家的木材贸易组织和建筑企业也大力向我国建筑市场推销其木材和木材制品,大力推荐新型的木结构建筑,并逐步取得政府建设主管部门的认可。沿海经济发达地区和北京等地已陆续建成数千幢轻型木结构住宅,如图1-4所示,因其可为人们提供温馨、舒适的居住条件而受到青睐,沉寂了二十余年的木结构终于开始复苏。

图1-4　轻型木结构住宅

　　同时国家实施退耕还林、大力种植速生树种和适当进口木材的政策,为人们对中国木结构再度兴起提供了希望。现阶段的中国木结构需要认真学习国际先进的木结构科学技术,迎头赶上,使我国现代木结构像中国古代木结构那样取得光辉灿烂的成果,为人类做出新的贡献。

节能环保、可持续发展、以人为本等理念已深入人心,木结构建筑的优越性恰好体现了这几个方面。日本在世界上也是人口密度较高的地区,但木结构建筑并未受地少人多的影响,在日本仍得到广泛应用。随着我国经济建设的发展,基础设施的完善,人民生活水平的进一步提高,木结构建筑特别是木结构住宅建筑的竞争优势将会逐步显露出来,同时也显示出木结构的前途是非常光明的。

1.3 我国发展木结构房屋需解决的问题

1.3.1 传统观念的转变及市场的认可

由于受传统农村木屋印象的影响,人们总认为木结构房屋是四面透风,既不坚固又非常简陋的木房子,其实这是一种误解。现在所指的木结构房屋是将生态、环保、个性化、美学及现代技术与传统方法结合,具有现代气息的多功能木结构建筑。另外,因森林资源匮乏而限制使用木材只能作为一定时期缓解供需矛盾的权宜之计,不能根本解决木材紧缺问题。从现实情况看,木结构建筑在我国的接受程度还很低,木结构产品真正进入市场并受到消费者的普遍欢迎尚需时日。人们从追求高容积率的居所转变到健康环保的住宅需要一个过程,首批开发的木结构房屋的成功与否非常重要,可直接影响到人们观念转变的快慢。

近年来,作为一种有效的建筑体系,适用于中低密度住宅和小型商用建筑的结构形式,轻型木结构住宅已在我国各地逐步得到开发商及部分高端业主的认可。

1.3.2 相应法规和管理方法的建立

美国、加拿大及欧洲国家都有木结构建筑规范和标准.我国现有的有关标准与国外有较大差异。目前住房和城乡建设部已着手制定低层木结构住宅的设计标准和规范,在可预计的时间内将颁布实施。

上海市《轻型木结构建筑技术规程》作为一部相对全面和具有前瞻性的地方规范,已于 2009 年底颁布实施。

1.4 木结构房屋的建造

对木结构房屋建造最基本的要求,首先是能遮风避雨、躲避严寒,避免暴风雪和地震等自然灾害;然后是躲避狼和猴等野兽的侵袭,保护人身安全。但随着人类文明的发展,人们希望拥有更加舒适的居住环境,对住宅功能的要求也逐渐增多。为了能适应其要求,必须考虑平面的和立体的规划、居住性、美观性、耐久性、结构安全性和施工经费等各种各样的要素,从综合的角度进行住宅设计,不能只突出特定的要求项目或无视要求项目。

1.4.1　木结构房屋最初的构成方法

为了理解现代木质住宅的构成方法,我们有必要了解其历史的变迁。考古发现表明,早在距今约 4 万年至 1 万年前的旧石器时代晚期,已有我国古人类,"掘土为穴"(穴居)和"构木为巢"(巢居)的原始营造遗迹。分别代表长江和黄河流域文明的浙江余姚河姆渡遗址和西安半坡遗址,反映了早在 7000 年至 4000 年前我国木建筑的构成方法及其水平。

公元前 4800 年至公元前 4300 年半坡遗址中,房屋有圆形、方形半地穴式和地面架木构筑之分:圆形房子直径一般在 4～6m,墙壁是在密集的小柱上编篱笆并涂以拌草泥做成,方形或长方形房子面积小的 12～20m²,中型的 30～40m²,最大的复原面积达 160m²。如图 1—5 所示为半地穴式圆形房子的木构架示意图及其复原图,它是先在地面掘入深约 0.5m 的圆形坑,接着在其中埋固数根木立柱,然后在立柱上搭建一个尖形屋顶,最后在立柱间编织篱笆墙并糊上拌草的泥,给屋顶盖上树皮或茅草,所有节点都用藤和绳连接。

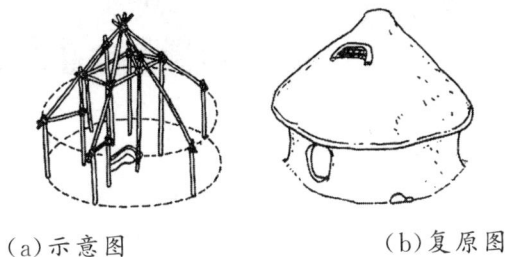

　　　　(a)示意图　　　　　　　　(b)复原图

图 1—5　半坡遗址半地穴式圆形房子木构架示意图及复原图

如图 1—6 所示为长方形地面建筑的木构架示意图及其复原图。

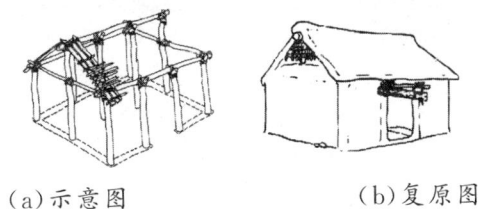

　　　　(a)示意图　　　　　　　　(b)复原图

图 1—6　半坡遗址长方形地面建筑木构架示意图及复原图

其木柱布置已略呈规则柱网,房屋已具"间"的雏形,中间一列四柱高出檐柱以承托脊檩。我国木结构典型的梁柱式构架初见于此。

1.4.2 木结构房屋的结构体系

随着时间流逝,在我国悠久的历史岁月长河中,古代木结构房屋在上述原始雏形的基础上不断演化改进,逐渐形成了梁柱式构架和穿斗式构架两类主要体系。这两种木结构房屋的建筑体系从战国时期开始一直沿用至今。

1.梁柱式构架

梁柱式构架的特点是柱网下以石础为基,上或以榫卯或以斗拱(大型重要建筑)承托横梁(额、枋),横梁上再立短柱(瓜柱),承托更上一层横梁,最上层横梁承托檩子。横梁跨度自下而上逐渐减小,形成坡屋顶构架。如图1—7所示为北京故宫太和殿的外观和内部结构,为典型的古代梁柱式构架。我国古代木结构与西方木结构体系不同,不采用任何形式的桁架。

(a)太和殿外观——梁柱式构架　　(b)太和殿内部梁柱式构架

图1—7　北京故宫太和殿的梁柱式构架

榫卯连接,是效法自然的一种表现。梁和柱通过榫卯连接为一体,犹如树干和树枝有机地"连接"为整体,形成可以重承的结构。所谓斗拱,是斗和拱的合称,如图1—8所示。

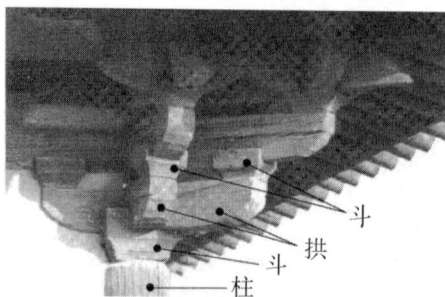

图1—8　斗拱

拱是在柱顶向上、向外逐层叠放的弓形悬臂构件,斗则为拱与拱之间设置的方形木垫块。斗拱增大了梁的支承长度,减小了梁的跨度,且便于形成屋面挑檐。斗拱连接恰似由树干顶端扩展的树冠,也是效法自然的杰作。

斗拱连接在东汉及南北朝时期的重要建筑物中即已被广泛采用,至唐代在建筑物高度中所占尺寸比例达到顶峰。其大者可占柱高的 0.4～0.5 倍,斗拱雄大,显得头大身短。至宋代斗拱的高度比例逐渐减小,而装饰作用增强。到明清时期,斗拱的功能进一步减弱,所占比例进一步缩小,有的甚至只起装饰作用。

2.穿斗式构架

穿斗式构架用于民间住宅建筑物居多,主要盛行和流传于长江流域和长江流域以南地区。如图 1—9 所示,穿斗式构架的主要构件由五部分组成,分别是柱、穿枋、斗枋、纤子和檩子。穿枋沿房屋横向穿过柱子形成木排架,斗枋像梁柱式构架中的额枋沿纵向穿过柱子,以固定排架,从而形成木框架。每两榀构架之间使用斗枋和纤子连接起来,形成一间房间的空间构架。斗枋用在檐柱柱头之间,形如抬梁构架中的阑额;纤子用在内柱之间。斗枋、纤子往往兼作房屋阁楼的龙骨。

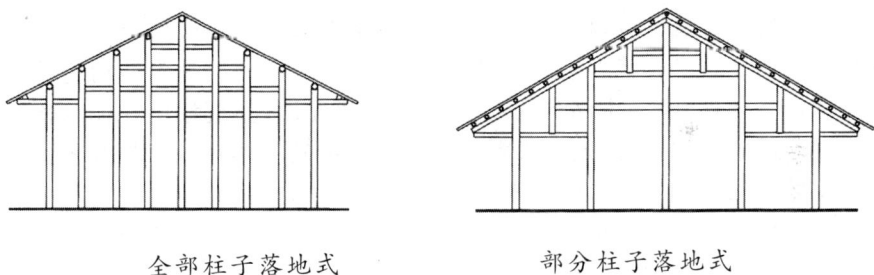

全部柱子落地式　　　　　　部分柱子落地式

图 1—9　穿斗式构架

我国古代房屋的基本承重构件均是木结构建筑体系的木梁和木桩,砖墙作用仅仅是为房屋提供填充和侧向支撑的作用。但是古代房屋建筑梁的十分有限,所以对木材的需求量较多。直至后来西方建筑学的快速发展,逐渐开始出现桁架这一木结构建筑中相当重要的构件形式之一。所以,我国的房屋建筑体系逐渐发生改变,由原来的木结构转变为承重砖墙起支承作用的木桁架结构体系,将其称之为砖木结构房屋。对于砖木结构房屋,木结构基本上被限制在木屋盖应用范围内,由于大大减少了木材的使用量,这一结构形式一直到 20 世纪 70 年代都还有使用。

除了上述最常见的梁柱式构架和穿斗式构架体系外,还有重型木桁架、门式框架、拱结构、穹顶结构等常见的木结构体系。重型木桁架相对于均匀密布的轻型木桁架来说,桁架间距往往较大,桁架构件采用截面较大的原木或方木制成,重型木桁架构件之间一般采用受力可靠的螺栓等连接;木结构门式框架与钢框架类似,采用两铰或三铰形式,往往用于单层工业建筑;拱结构大都用于桥梁或大型屋面结构,曲拱两端的推力较大,由两者之间的拉杆来平衡是最为经济的,当然设置拉杆会在使用功能方面有所限制;穹顶结构将屋面荷载传递到下方的周边构件上,如果下方的这些构件有足够承载力和刚度,则穹顶结构跨度可做得很大,且穹顶杆件的截面高度较小。

1.4.3 木结构房屋的优势

木结构房屋以木制产品为基本结构材料。这些木制产品被用来建造结构框架和覆面板。结构框架和覆面板再通过连接件连接形成整个结构体系。结构安全性的研究当然也不例外。确保最低限度的结构安全性,是住宅设计的必要条件。多次大灾难的实例如实地对其进行了说明。特别是近几年,以城市为中心,住宅每户的占地面积有逐渐减少的倾向,以有限的占地面积应对多方面的要求,要实现结构强度上理想的建筑物形状和承载构件的配置并非易事。为此,只能靠技术来弥补这些问题,充分掌握结构设计知识就越来越重要了。

木结构房屋建筑可以为人类提供非常舒适和方便的居所,但是,进行木结构房屋的建筑必须满足其非常严格的性能要求。无论是木结构建筑房屋原料的严格处理,还是木结构房屋建筑的合理设计,甚至相比其他结构建筑要求更高的施工技术,都是一所木结构建筑房屋缺一不可的。作为木结构建筑的主要结构形式之一的轻型木结构房屋拥有非常好的结构完整性,尤其是轻型木结构在地震中的抗震性能表现得非常优异,轻型木结构简单却严格的施工工艺不仅使轻型木结构房屋拥有低成本的优势,而且可以明显缩短其建筑周期。

从古至今,经过漫长岁月的考验和证明,无论是木结构建筑的舒适耐用,还是其良好的保温和隔热性能,对于居所的取暖和制冷来说,都可以有效地降低其能耗,起到节能环保的作用。而且,轻型木结构的房屋建筑还可以在工厂进行预制,也可以进行现场制造。轻型木结构建筑不仅能够满足人们对于不同生活方式的追求,而且对于居所房屋性能的要求也非常高。并且,轻型木结构的房屋也非常易于返修和改进。

1.5 常用的建筑材料和产品

轻型木结构建筑常用的结构材料包括规格材、结构覆面板材和工程木材，以及各种连接件。

1.5.1 规格材

规格材是指按规定的标准尺寸加工而成的锯材，可以用来建造墙体骨柱、楼盖搁栅、屋盖椽条以及洞口过梁等不同的结构构件。根据材料分级方式的不同，一般有目测分级和机械分级两种方法。目测分级和机械分级的规格材应满足《木结构设计规范》GB 50005 中对材料的要求。

北美规格材常用的树种有花旗松——落叶松类，铁——冷杉类，云杉——松——冷杉类以及其他北美树种。

如表 1—2 所示为北美常用目测分等规格材的尺寸以及对应的我国《木结构设计规范》GB50005 中规格材的尺寸。如表 1—3 所示为北美地区规格材与我国规范体系中规格材的对应关系，如表 1—4 所示是机械分级进口规格材强度设计值和弹性模量。

表 1—2　目测分级规格材尺寸对照表

GB 50005 名义尺寸	北美体系尺寸	GB 50005 名义尺寸	北美体系尺寸	GB 50005 名义尺寸	北美体系尺寸
截面尺寸 (b×h) (mm×mm)	截面尺寸 (b×h) (mm×mm)	截面尺寸 (b×h) (mm×mm)	截面尺寸 (b×h) (mm×mm)	截面尺寸 (b×h) (mm×mm)	截面尺寸 (b×h) (mm×mm)
40×40	38×38			—	
40×65	38×64	65×65	64×64		—
40×90	38×89	65×90	64×89	90×90	89×89
40×115	38×114	65×115	64×114	90×115	89×114
40×140	38×140	65×140	64×140	90×140	89×140
40×185	38×184	65×185	64×184	90×185	89×184
40×235	38×235	65×235	64×235	90×235	89×235
40×285	38×286	65×285	64×286	90×285	89×286

表1-3 北美地区规格材与中国规格材对应关系

中国规格材等级		北美规格材等级
目测分级	I	Select structural
	II	No.1
	III	No.2
	IV	No.3
	V	Stud
	VI	Construction
	VII	Standard
机械分级	M14	1200f—1.2E
	M18	1450f—1.3E
	M22	1 650f—1.5E
	M26	1800f—1.6E
	M30	2100f—1.8E
	M35	2400f—2.0E
	M40	2850f—2.3E

注:对于那些经过认证审核并且在生产过程中有常规足尺测试的特征强度值,其强度设计值可按有关程序由测试特征强度值(而不是强度相关关系)确定。

表1-4 机械分级进口规格材强度设计值和弹性模量(N/mm^2)

强度	强度等级							
	M10	M14	M1 8	M22	M26	M30	M35	M40
抗弯 f_m	8.20	12	15	18	21	25	29	33
顺纹抗拉 f_t	5.0	7.0	9.0	11	13	15	17	20
顺纹抗压 f_c	14	15	16	18	19	21	22	24
顺纹抗剪 f_v	1.1	1.3	1.6	1.9	2.2	2.4	2.8	3.1
横纹承压 $f_c,90$	4.8	5.0	5.1	5.3	5.4	5.6	5.8	6.0
弹性模量 E	8000	8800	9600	10000	11000	12000	13000	14000

规格材无论是窑干还是气干,在安装时的含水率不应大于 20%,木材会达到平衡含水率,在施工过程中应避免规格材受潮。木材的含水率对于材料的强度以及耐久性都有很大的影响,当含水率在纤维饱和点以下时,含水率越高则强度越高。

1.5.2 木基结构板材

轻型木结构建筑中常用的木基结构板材有定向刨花板(OSB)和胶合板(Plywood)两种,板材的性能应满足《木结构设计规范》GB50005 的要求。

①定向刨花板由切削成长度约为 100mm,厚度约为 0.8mm,宽度约为 35mm 以下的木片施胶加压而成。表层木片的长度方向和成品板的长度方向一致。板面尺寸一般为 2440mm×1220mm。在物理性能上与胶合板相比,湿胀较大,抗压强度偏低,轴向劲度较小。

②胶合板由数层旋切或刨切的单板按一定规则铺放经胶合而成。单板的厚度一般不小于 1.5mm,也不大于 5.5mm。胶合板中心层两侧对称位置上的单板其木纹和厚度相一致,且由物理性能相似的树种木材制成,相邻单板的木纹相互垂直,表层板的木纹方向应与成品板的长度方向平行。胶合板板面尺寸一般亦为 2440mm×1220mm。

胶合板和定向刨花板的常用板厚有 7.5mm、9.5mm、11mm、12.5mm、15.5mm、19mm、22mm、25mm 和 28.5mm。

1.5.3 工程木产品

相对规格材而言,工程木产品具有强度高、材性变化小和尺寸稳定等特点。可用于跨度较大的设计。常用的工程木产品有以下几种。

①工字形木搁栅截面形状类似于工字钢,如图 1—10 所示。其翼缘一般采用规格材或工程木材,腹板采用定向刨花板或胶合板。产品常用的截面高度有 241mm、302mm、356mm、406mm、455mm 和 510mm 几种,长度可达 20m。工字形搁栅的腹板可开孔以安装电线或管道设备,其开孔位置应严格按照产品说明书进行,翼缘上严禁开孔。

②结构复合材是各种复合木产品的总称。常见的包括旋切板胶合木、平行木片胶合木、层叠木片胶合木以及定向木片胶合木,如图 1—11 所示。结构复合材通常用防水胶生产,强度高,含水率低,安装后收缩变形很小。

图 1—10 工字形木搁栅

图 1—11 结构复合材

1.旋切板胶合木

旋切板胶合木是用结构胶粘剂将交错叠放的多层平行旋切单板在一定温度和压力下用胶将单板热压而形成的工程木产品。旋切板胶合木的厚度一般为 19～90mm,宽度为 63～1200mm,长度可达 24m。

2.平行木片胶合木

平行木片胶合木由沿产品长度方向的木条胶合而成。木条的厚度通常为 3mm,宽度为 19mm,长度为 1220mm。平行木片胶合木的厚度可达到 280mm,跨度可达到 480mm,长度可达到 20m。平行木片胶合木在其主轴方向的强度和刚度很高,可用作为结构中的梁、柱和墙骨柱。

3.层叠木片胶合木

层叠木片胶合木是定向木片板技术的扩展。层叠木片胶合木中所用的木片厚度为 0.9～1.3mm,宽度为 13～25mm,长度约 300mm。成品材的厚度可达 140mm,宽度可达 1.2m,长度可达 15m。

工程木产品属专利产品,尚没有统一的生产标准,产品强度指标由生产厂商提供。在北美,结构复合材的评估及其物理和力学性能可根据《结构复合材的评估技术标准》ASTMD5456 确定。工字形木搁栅的评估及其物理和力学性能可根据《预制工字形木搁栅结构承载力的确定和监控技术标准》ASTMD5055 确定。和规格材相似,结构复合材和工字形木搁栅的主要强度指标也是通过足尺试验确定。结构复合材的试验包括构件的受弯、受拉、受压和受剪。工字形木搁栅的试验包括构件的受弯、受剪、翼缘端节点和局部支承的性能，以及开洞腹板的抗剪强度。

1.5.4　常用连接件

轻型木结构作为木结构建筑的主要结构之一，常用的连接件除了常见的钢钉和螺栓，还有很多如金属搁栅吊件等各种便于安装的金属连接件。

常见的金属连接件有挂构件、紧固件以及金属附件。金属连接件的设计值及使用说明一般由生产厂商提供。

1.挂构件

挂构件主要用于搁栅的连接，又称搁栅挂构件。挂构件通常采用镀锌钢板制作，如图1—12(a)所示，一般采用侧面打孔钉连接的挂构件与搁栅连接，但是当荷载较大时，也可以采用顶面打孔钉连接的挂构件与搁栅连接，如图1—12(b)所示。

设计人员在选择搁栅挂构件时，务必要严格遵守生产厂家提供的设计标准和产品性能。

2.紧固件

抗拔紧固件主要用于抵抗因风荷载或其他侧向荷载引起的上拔力。常见的抗拔紧固件有用于屋顶与下部结构之间抵抗风荷载引起的上掀力的紧固件[如图1—13(a)所示]和用于剪力墙两端抗倾覆的紧固件[如图1—13(b)所示]。对于剪力墙而言，也可以使用金属拉杆或拉条等其他方法达到抗倾覆的作用。

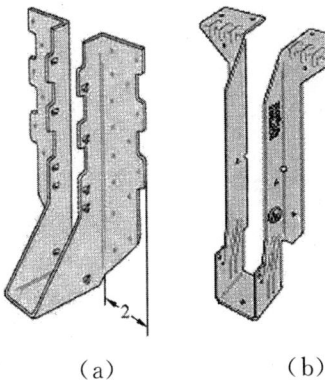

(a)　　　　　　(b)　　　　　　　　(a)　　　　　　(b)

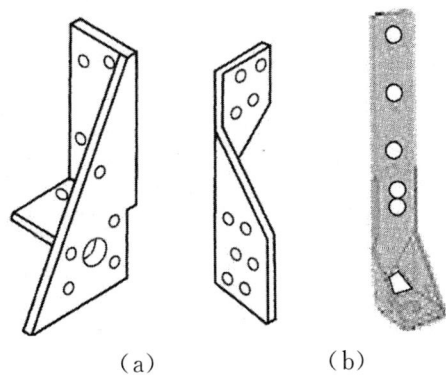

图1—12　常用搁栅挂构件示意图　　图1—13　常用抗拔紧固件示意图

(a)侧面打孔钉连接的挂构件；　　　(a)用于屋顶的紧固件；

(b)顶面打孔钉连接的挂构件　　　　(b)用于剪力墙的紧固件

紧固件通常由镀锌钢板制作。设计人员在选择紧固件时，需要严格遵守生产厂家提供的设计标准和产品性能。

3.金属附件

常见的金属附件有金属支撑件、金属扣件和金属拉条，如图 1—14 所示。支撑件可以起到固定和限制滑移的作用，扣件可用于面板拼缝处，减少接缝处的变形，提高整体连续性，金属拉条可用于剪力墙边界构件的层间拉结或楼盖、屋盖边界构件间的拉结。

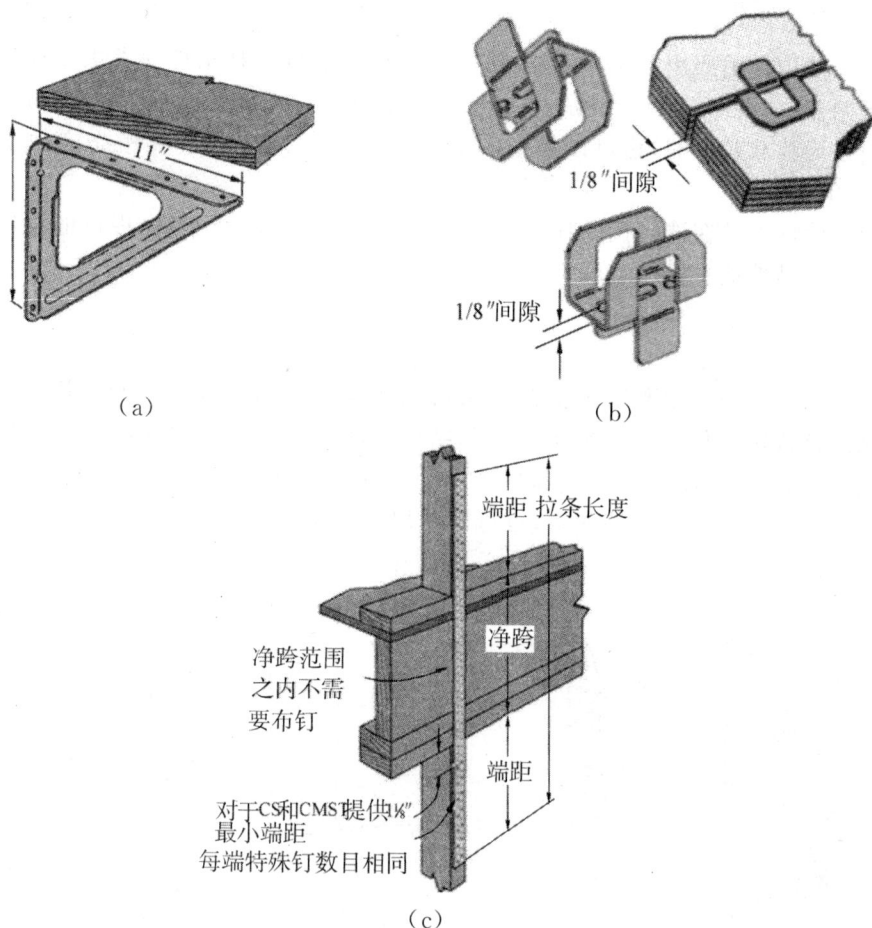

（a）

（b）

（c）

图 1—14　金属附件示意图

（a）金属支撑件；（b）金属扣件；（c）金属拉条

当金属拉条用于楼盖、屋盖平面内拉结时，金属拉条应与受压构件共同受力。若平面内无贯通的受压构件时，应设置填块，填块的长度由设计确定。

1.6 木结构在我国的前景

目前我国的建筑结构仍以砖混结构、钢筋混凝土结构以及钢结构等为主，而木结构除了在一些低层住宅中有所应用外，在其他类型建筑中的应用几乎是一片空白。

长期以来，国内一直使用的实心黏土砖，因为浪费大量的土地资源、污染环境，我国在大城市已经禁止使用。木结构因为用料省、可回收利用而显示出较强的竞争力和良好的市场前景。

迄今已陆续建起数千幢轻型木结构住宅。国家队游泳训练馆木结构屋面于 2003 年落成，各地也陆续建起了一些木结构或木屋面结构的中小型场馆、桥梁等。国家标准《木结构设计规范》《木结构设计手册》等的修编为木结构建设提供了一定的技术保障。

我国木结构建筑复苏的意义深远。木建筑结构多功能性具有多样性，具体功能主要体现在以下多个方面。

①结构方面。木结构在结构方面的主要表现为墙体设计既可以将竖向荷载传递至基础，也可以有效地抵抗强烈的侧风和地震等横向荷载。另外屋盖、墙体和楼盖，以及所有构件之间的连接，都能够承受和传递纵向和横向荷载。

②强度方面。轻型木结构作为木结构的主要建筑结构之一，与其相当高的材料强度和刚度是分不开的。木结构建筑能够拥有非常高的强度和刚度，主要原因便来自于木结构建筑所需构件与木材结合使用时的共同作用及复合作用。当木结构建筑的荷载发生变化时，在轻型木结构构件的共同作用下，就会为增加的荷载提供多种途径进行荷载的传递。而构建的复合作用与之不同的主要是指，在把覆面板和木框架进行连接时，覆面板和木框架可以来分担和承受作用于整体结构上的更多荷载。轻型木结构中木质材料受力时表现出一定的柔性，加之材料自重轻，轻型木结构有很好的抗震性能。

③围护结构。木结构建筑的围护结构可以为墙体和屋盖提供刚度的覆面板，也可作为建筑物的围护结构，用来围护建筑物结构本身。在覆面板及覆面板后面的框架上可铺设外装修材料。包覆层可帮助形成气密系统，以防止空气泄漏并提高节能水平。

④保温和装修。木结构建筑的结构框架不仅为保温材料的填充提供了空间，以达到节能效果，也为在其表面铺设气密层、防潮层及内装修材料提供了牢固的平面。保温材料在空腔中具有双重功能，防止空气泄漏和保温节能，由此可大大降低能耗成本，并同时提高舒适度。

更加重要的一点便是：木材作为木结构建筑的主要材料是属于可再生资源。换句话说，经过合理种植树木和科学开采，木材的供应可以说是无限的。这对于木材将来的经济发展前景而言，具有非常巨大的发展空间。不仅可以使木材经济获得快速发展，同时对于林业的可持续发展和次生林开发都具有非常积极的推动作用。

⑤可预制性。轻型木结构房屋可以在工厂或施工现场进行不同程度的预制。如桁架、橱柜和楼梯等可以在车间里完成。从整个建筑来讲，整栋房屋中的面板部分或者可模块化生产的部分，均可在工厂化环境中生产装配，然后运到工地搭建、装配。

⑥结构尺寸多样.木结构建筑房屋无论是独栋还是多户住宅，或者商业、公共建筑如学校、诊所、仓库、托儿所、体育场馆以及其他休闲娱乐用建筑，轻型木结构的造价均有一定的竞争力。对于跨度较大的建筑物可以使用屋盖桁架和工程木产品。

⑦木结构建筑的适应性和耐久性也很强。轻型木结构作为木结构建筑的主要结构形式之一，适合在各种环境下进行建造使用。无论是在温度变化幅度大或是多风、多雨以及高湿度的地区，还是地震影响和地面不平坦的山川地区，轻型木结构都能够经过不同的设计和合理的内外装修，保证其结构建筑在不同环境下优良的适应性和耐久性。并且，木结构建筑优越的适应性和耐久性是经历过多个世纪的考验得以证明的。

⑧设计灵活。木结构建筑无论内外的建筑和结构设计几乎可以满足各种情况的要求。这种设计上的灵活性，尤其在处理各种对建筑物外观上的要求时，更显优势。

⑨产品品种多样化。木结构建筑用于建造轻型木结构房屋的产品和建筑材料，即使位置偏远的施工现场，也可以方便地运送到达，并且可在各地就地加工。如屋面桁架等结构构件可以用相对较简单的设备快速制成。由于木材的重量轻、结构紧凑的特点，运输时更可节省空间和运力。

⑩木工作业。木结构建筑以及产品质量较轻，在施工现场搬运方便。只要覆盖上保护材料即可放置于室外储存。另外，作为建筑材料的木材也易于切割、紧固和连接。木材作为木结构中使用的主要建筑材料，与传统建筑材料相比，具有的弹性特点能在发生地震时更好地抵抗非线性荷载的冲击。而且当横梁、立柱或工程木产品等结构材料暴露在外时，作为装饰材料的一部分，其天然的装饰性也是极具特色的。

⑪易改建。轻型木结构建筑易于改造。若在施工过程中发现错误或者设计有变动时，该特性极为实用。另外，轻型木结构也易于未来进行更新升级，只要花费很小的代价，就可大大提高其节能性能。

综上所述,木质结构建筑首先能够为人们提供温馨、自然、安宁、舒适的场所,木材为古老而又年轻的绿色环保材料,木材纹理美观、色泽丰富、吸声、隔声性能良好;其次也将更大程度地促进我国木材工业的发展和技术水平的提高。

第 2 章　木结构材料

本章主要探讨了木结构材料的物理性质和影响木结构强度的环境因素，以及木结构等级的划分等情况。

2.1 结构用木材的种类

2.1.1 木材结构的树种

木材是林产品加工而成的，其主要使用材料就是树干。主要使用的树木种类是针叶和阔叶林两大类。早期结构用木材大多为优质的针叶树，但是使用时间长了，优质的针叶林就会被消耗完，树种的资源短缺，当时境遇供不应求，需要扩大树种利用面积，使用面积逐步向外扩张。例如，南方的云南松、北方的东北落叶松，和某些阔叶树种，如桦木、水曲柳、椴木等。据调查列入我国国产结构用木材的有红松、松木、东北落叶松、鱼鳞云杉、西南云杉、新疆落叶松、云南松及樟子松等针叶树种 18 种；桦木、水曲柳及椆木等阔叶树种 6 种；另有 20 余种进口树种或树种组合，如北美花旗松、北美山地松、粗皮落叶松、俄罗斯红松、欧洲云杉等。

有专业人士透露，对于优质的针叶树木评定从视觉上就可以评定出来，优质的树木树干会直而且纹理平直、木质较软、容易加工、干燥时不易出现裂痕，使用时也不易扭曲等，优质的针叶树木还有一个最大的特点就是不易腐蚀，耐腐能力极强，是最理想的结构用木材树种。主要包括红松、杉木、云杉和冷杉等树种。相比之下，质地较差的针叶树和一般的阔叶树种木材其共性是强度较高、质地坚硬、不易加工、不吃钉、易劈裂、干燥过程中易产生干裂、扭曲等形变，耐腐能力有的很强，有的却较弱。主要有落叶松、马尾松、云南松、青冈、椆木、锥栗、桦木和水曲柳等树种木材。结构用木材除应考虑树种的木材强度外，尚需注意它们的特点，并采取相应的防范措施。

2.1.2 木结构用木材的品种

制作木构件的主要材料可分为两大类：一是天然的木材；二是工程木制品。

1.天然木材的简述

天然的木材按照结构用材可以分原木、方木规格材。规格材也是锯材的一种,但其加工工艺及我国木结构设计规范对它们的强度的确定方法不同,与方木或板材应予以区分。

原木是指树干经砍去枝杈去除树皮的圆木。树干在生长过程中直径从根部至梢部逐渐变小,成平缓的圆锥体,有天然的斜率。选材时要求其斜率不超过 0.9%,即 1m 长度上直径改变不大于 9.0mm,否则将影响使用。原木径级以梢径计,一般梢径为 80~200mm,长度为 4~8m。

梢径在 200mm 以上的原木,一般被锯成板材或方木。截面宽度超过厚度 3 倍以上的称为板材,不足 3 倍的称为方木。板材厚度一般为 15~80mm,方木边长一般为 60~240mm。针叶树木材长度可达 8m,阔叶树木材长度在 6m 左右。方木和板材可按一般商品材规格供货,用户使用时可作进一步剖解,也可向木材供应商订购所需截面尺寸的木材,或用原木自行加工。

我国《木结构设计规范》将常用针叶和阔叶树种的原木和方木(板材),分别划分为 4 个和 5 个强度等级,如表 2—1、表 2—2 所示。

表 2—1　针叶树种木材适用的强度等级

强度等级	组别	适用树种
TC17	A	柏木、长叶松、湿地松、粗皮落叶松
	B	东北落叶松、欧洲赤松、欧洲落叶松
TC15	A	铁杉、油杉、太平洋海岸黄檗、花旗松——落叶松、西部铁杉、南方松
	B	鱼鳞云杉、西南云杉、南亚松
	A	油松、新疆落叶松、云南松、马尾松、扭叶松、北美落叶松、海岸松
TC13	B	红皮云杉、丽江云杉、樟子松、红松、西加云杉、俄罗斯红松、欧洲云杉、北美山地云杉、北美短叶松
TC11	A	西北云杉、新疆云杉、北美黄松、云杉——松——冷杉、铁——冷杉、东部铁杉、杉木
	B	冷杉、速生杉木、速生马尾松、新西兰辐射松

表 2-2　阔叶树种木材适用的强度等级

强度等级	适用树种
TB20	青冈、桐木、门格里斯木、卡普木、沉水稍克隆、绿心木、紫心木、李叶豆、塔特布木
TB17	栎木、达荷玛木、萨佩莱木、苦油树、毛罗藤黄
TB15	锥粟(栲木)桦木、黄梅兰蒂、梅萨瓦木、水曲柳、红劳罗木
TB13	深红梅兰蒂、浅红梅兰蒂、白梅兰蒂、巴西红厚壳木
TB11	大叶椴、小叶椴

规格材是后期人力加工而成的,是按照规定的树种或树种组合规格尺寸,而且还要分好等级结构的用材。规格材使用时不用再对截面尺寸进行处理,因为表面已做好加工,有时按照实际的需求,会做长度方向的切断或者接长。我国也对规格有明确的规定,如有规定 40mm、65mm 和 90mm 三种。在西方国家,也会因为惯例按照制度来规定,标准尺度与我国的尺度有差别。为使用方便,《木结构设计规范》规定,当仅需满足构造要求时,截面尺寸在±2mm偏差范围内,可视作同类规格材使用,但同一工程中不应将两个规格系列的规格材混用。目前,规格材主要应用于轻型木结构。

2.工程木的简述

天然木材的截面尺寸受到树干直径的影响而不可能很大,树干又是直线形,不能将其整体地弯曲,因此使木结构构件形式和承载能力受到很大限制;天然木材又有许多自然缺陷,如节疤、斜纹等,它们会严重地影响木材强度;再则木材是珍贵的自然资源,提高其利用率是节约资源的关键。长期以来人们一直在寻找解决上述问题的方法,工程木的出现与应用,为解决这些问题提供了一条有效途径。

层板胶合木是指将天然木材锯成一定厚度的板,按照实际用板的要求重新黏结起来,使其形成大截面的木材使用。工程木也是重组木材的一种。也有人称这种木材为集成材。但是为了美观,也有将天然木材削成很薄小的木片,然后再将这些薄片黏结起来重新使用,使其形成厚薄不同的大张木板,并锯解成所需要截面尺寸的木料。这类工程木又统称为结构复合木材。目前在木结构工程中应用的工程木有下列几种:层板胶合木;木基结构板材,包括结构胶合板和定向木片板;结构复合木材,包括旋切板胶合木、层叠木片胶合木、定向木片胶合木和平行木片胶合木等。

2.2 木材的构造和缺陷

关于本节主要有两种知识点,一是木材的构造,二是木材的缺陷。首先我们先看木材的构造简述。

2.2.1 木材的构造简述

木材的构造最典型的就是顺纹和横纹的特点,都有差异性。木材的横纹和顺纹有差别的原因主要是受自然因素的影响,同时也和天然生长的因素有关系。这些外在和内在的因素会影响内在的构造不同。所以,如果想研究木材的物理学性需要从三个方面了解木材的构造。需要从切面开始研究,切面分别是横切面、径切面和弦切面等。如图 2—1 所示,由图可以从宏观和微观两方面的知识认识木材的构造,所使用的工具用肉眼或者放大镜都可以。称为木材的粗视构造;而通过显微镜观察到的,称为木材的显微构造。了解木材构造,将有助于理解其各种物理力学性能。

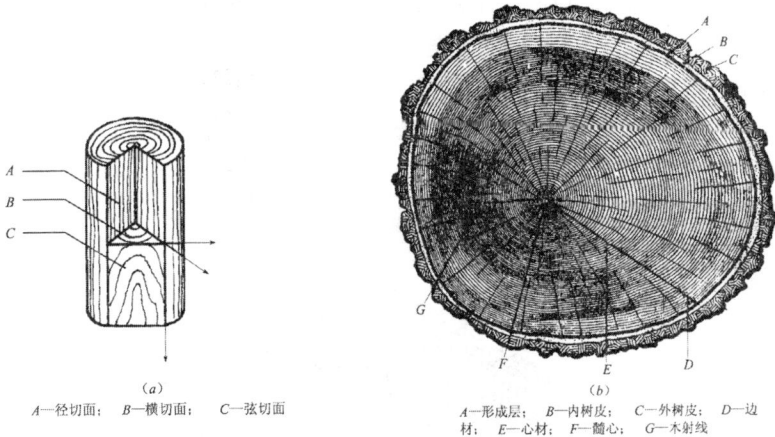

A—径切面;　B—横切面;　C—弦切面
(a)

A—形成层;　B—内树皮;　C—外树皮;　D—边材;　E—心材;　F—髓心;　G—木射线
(b)

图 2—1　木材切面剖析图

1.木材的粗视构造

从树干的横切面上可清晰地看到,其主要部分是树皮、木质部和髓心。树皮与木质部之间为肉眼看不到的一层形成层,它是生长木质部的母细胞组织。

某些树种木质部靠近树皮部的色泽较浅,且树伐倒后含水率较高,称为边材。对于树干的研究:树干的中心为髓心,是每一年的初生木质,常呈褐色或淡褐色,由薄壁细胞组成,质软而易开裂。边材间部分和髓心部分的木材呈现木质较深的颜色,含水率很低,称为心材。心材是由于边材老化而成的,所以耐腐性很强。有些树种,如云杉、冷杉等,其横切面上木质部的材色几乎一致,仅中心部位含水率较低,称为隐心树种。还有些树种,如桦木、白杨等,其木质部分材色与含水率均较一致,称为边材树种。

树木从生长季节初期形成的色浅而质松的木质称作早材(春材),后期生长的色深而质密的木质称作晚材(秋材)。每一生长季节在截面上增加一个色泽深浅相间的圆环,称为生长轮。热带、亚热带树木生长与雨季和旱季相符,一年内能形成数个生长轮。而在温带和寒带地区树木生长与一年四季相符,一年仅有一个生长轮,称为年轮。

从髓心向树皮断续地穿过年轮呈辐射状的条纹称为木射线,它在树木生长期间起横向输送和储存养分的作用,由薄壁细胞组成,质地软强度低,木材干燥时常沿木射线开裂。

2.显微镜下的木材构造

(1)木材的细胞组成部分

针叶树木的细胞组成很简单,是成排组合的,所以木材的质地均匀。主要成分为纵向管胞、木射线和薄壁组织及树脂道等。纵向管胞占总体积的90%以上,是决定针叶树种木材物理力学性能的主要因素。而木射线仅占总体积的7%左右。管胞的形状细长,两端呈尖削形,平均长度3～5mm,是其宽度的75～200倍。早材管胞壁薄而空腔大,略呈正方形。晚材细胞壁则比早材厚约一倍,腔小而略呈矩形,如图2-2所示。

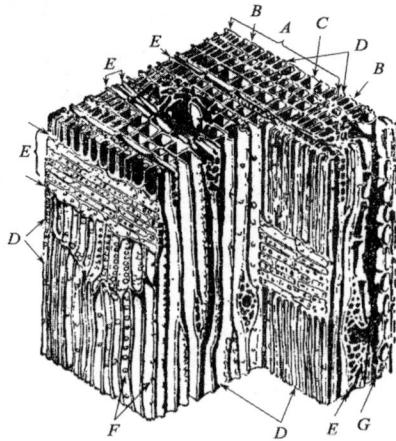

图2-2 显微镜下的针叶树构造图

阔叶树木材的组成成分为木纤维、导管、管胞、木射线和薄壁细胞等。其中木纤维是一种厚壁细胞,占总体积的50%左右,是决定木材物理力学性能的主要因素。导管是纵向一连串细胞组成的管状结构,约占总体积的 20%,木射线约占 17%。

（2）木材细胞壁的构造

木材细胞壁上有很多纹孔,这是为了方便纵向细胞和横向细胞输送水分和养分而设立的通道,也是木材干燥或防护药剂贮存的地方,药水可以通过这个通道渗透,使木材所吸收。

木材细胞的主要成分是纤维素、木质素和半纤维素,其中纤维素所占的比重较大,主要占总体的一半以上。纤维素的化学性很稳定,不溶于水和有机溶剂,弱碱对它几乎不起反应,所以会有木材稳定性的特点,耐腐性也很好。

针叶树中的木质素含量约为 26%～29%,半纤维素含量约为 23%～25%。它们的化学稳定性较差。阔叶树木材半纤维素含量较多,纤维素和木质素含量较少。

构成木材细胞的基本元素的平均含量几乎与树种无关,其中碳约占 49.5%,氢约占 5.3%,氧约占 44.1%,氮约占 0.1%。

纤维素分子能聚集成束,形成细胞壁骨架,而木质素和半纤维素一起构成结合物贡,包围在纤维素外边。在显微镜下可见到细胞壁各层的微细纤维如图 2-3 所示。细胞壁的主体是厚度最大的次生壁中层（S2 层）,其微细纤维紧密靠拢,与纵轴约呈 10°～30°的交角,这是木材顺纹强度高且呈各向异性的基本原因。其他各层中的微纤维与轴向呈很大角度,且由于其厚度小,对顺纹强度作用小。

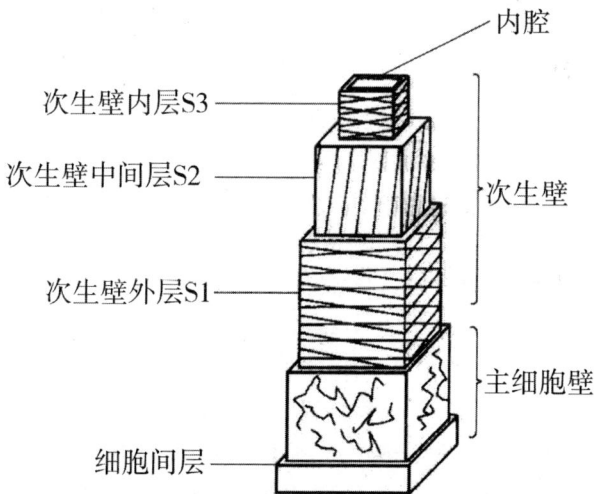

图 2-3　显微镜下的细胞壁的构造

可见,木材是中空的细胞组成的蜂窝状结构,而细胞壁则主要由与其纵轴有不大交角的微细纤维所组成。这两个特点决定了木材的一系列特性。

2.2.2 木材的缺陷

天然的木材不管是外观还是内在组织结构都不是完美的,都会有一定的缺陷所在,其中在木材的生长过程中会有各种的木节;这是因为树干的纵向纤维"通道"并非是通畅的,随着长时间的积压沉淀就会产生弯曲走向。这些弯曲的走向,会使纹路走向弯曲;再加上外部环境因素的影响,尤其是风,会使树干出现裂纹;在微生物和昆虫侵蚀下,就会使树干腐蚀和有虫孔的出现。这些都是木材的缺陷,它们在很大程度上影响了木材的强度。

1.木节的影响

木节由树干上生长的分枝逐渐被生长的木质包藏而形成。木节从形状来分,有圆状节、掌状节和条状节三种,如图 2—4 所示,按节子质地及与周围的木材结合程度又可分为活节、死节和漏节三类。

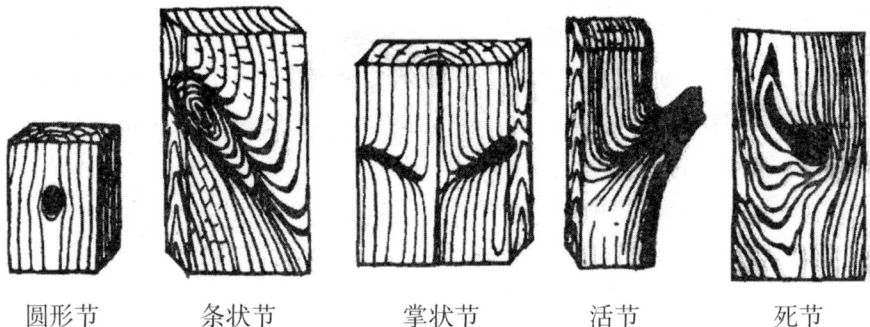

| 圆形节 | 条状节 | 掌状节 | 活节 | 死节 |

图 2—4　在显微镜下的木节内部构成图

活节材质坚硬,和周围木材紧密地结合。死节是枯树枝被树活体包围而形成,与周围的木材组织完全脱离或者部分脱离,吸收不了养分,经过风的影响,会使树干表皮破裂。漏节是节子本身已经腐朽,并连同周围的木材也已受到影响,常呈筛孔状、粉末状或空洞状。

木节影响了木材的均质性和力学性能。节子对木材顺纹抗拉强度影响最大,对顺纹抗压强度影响最小,对抗弯强度的影响则取决于木节在木构件截面高度上的位置,在受拉边影响最大,在受压区高度范围内影响较小。木节对木材力性能影响的程度与节子的种类有关,当然还与木节的大小和密集程度等因素有关。一般来说活节的影响最小,死节的影响中等,漏节的影响最大。

2.斜纹的影响

斜纹的产生,由于树木生长发育的过程中纤维的排列或者管胞的排列与树干轴线不平行或不对称,就会产生斜纹。可以简单地说,树木在生长发育的过程中由于内部的构造排列和内在的机能不平衡,就会产生斜纹。有些树木是受遗传所影响出现扭曲纹和螺旋纹,有些树木是受后天影响的。如云南松,带扭纹的原木剖解成方木、板材时,其弦锯面会出现天然的斜纹。

直纹的原木沿平行于树干轴线方向锯解时,锯出的方木或板材面与年轮不平行也会产生斜纹;或锯成小方木时,因锯解方向与木材纤维不平行时亦可造成斜纹,这类斜纹通称人为斜纹。树干在木节或夹皮附近使年轮弯曲,纹理呈旋涡状,则锯解出的方木或板材存在局部斜纹。

斜纹导致锯解出的方木、板材纤维不连续,对其力学性能有较大影响。相比之下,天然斜纹对原木(圆木)的影响不大,特别是存在扭转纹的树干,以原木形式使用较合理。

3.裂纹的影响

裂纹的出现,由于内部缺少水分和外部大风的影响下,就会出现树干的裂纹。如图 2－5 所示是轮裂和径裂截面图。这些树木在砍伐过程中或砍伐后保存不正确就会出现这种现象,而且会导致裂纹的进一步扩展。

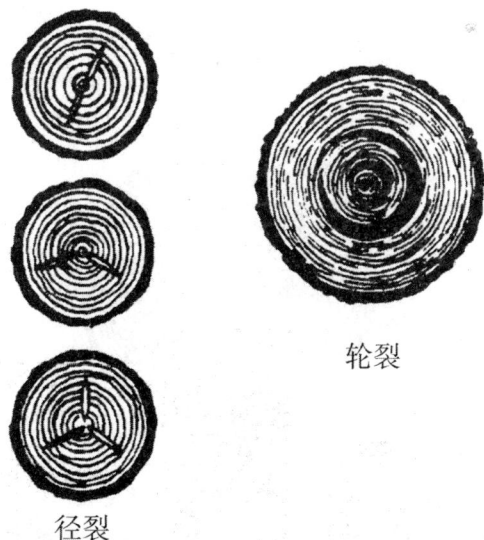

轮裂

径裂

图 2－5　轮裂和径裂截面图

木材在干燥过程中发生干裂是常见的现象。出现干裂的主要原因是树干三个切面方向的干缩率出现不同和木材表面的含水量也不同。木材的切（弦）向干缩率最大，径向次之，纵向（顺纹）最小。因此在干燥的过程中会受到拉力作用，使木材外表含水率降低速度减低，保持中间部分的水分，如果树干外表干了，可以有内部水分供应着，这样就可以抵抗裂纹。木材横纹的抗拉能力很低，故易造成干裂，如图 2—6 所示。木材的干缩率愈大、截面尺寸愈大则干裂现象愈严重。

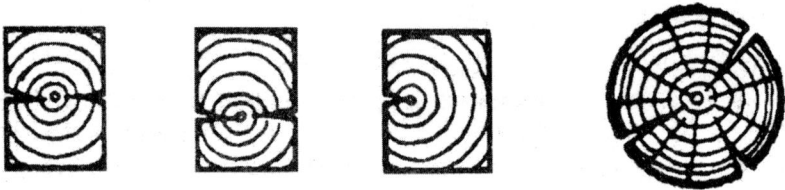

图 2—6　木材的干裂图

对于干缩率大、易干裂的树种，当需获得较大截面的方木时，可采用破心下料的方法锯解，如图 2—7 所示，以减少发生干裂的概率。

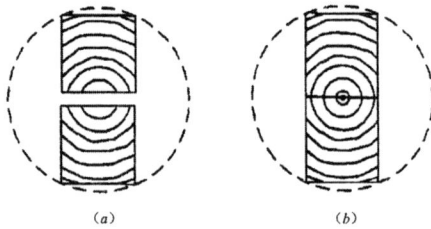

（a）　　　　　　　　　　（b）

图 2—7　破心下料图

4.形变及扭曲简述

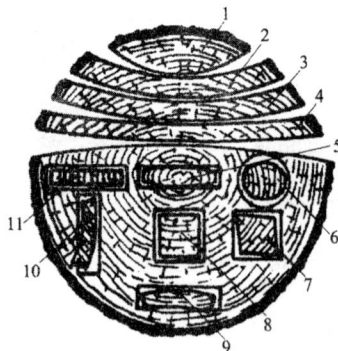

图 2—8　木材锯解形变图

1.弓形收缩成橄榄形；2,3,4.瓦形反翘；5.两头收缩成纺锤形；6.圆形收缩后成椭圆形；7.方形收缩成菱形；8.正方形收缩成矩形；9.长方形收缩成瓦形；10.矩形收缩成不规则形；11.仅为尺寸缩小

　　由于树干三个切面方向的干缩率不同和干燥过程中截面各部位含水率的差异,使锯解成的方木、板材会发生形变和扭曲,如图2－8所示。

　　将一根平直的方木锯成更小截面的材料时,由于木材内应力的释放,也会使剖成的小截面木料扭曲,如图2－9所示。

图 2－9　木材的扭曲图

　　木材发生过大的形变和扭曲将会丧失其利用价值,因此研究合理的锯解方案和干燥工艺对提高木材利用率亦具有重要意义。

5.变色与腐朽简述

　　菌类侵入并在木材中生长、繁殖会导致木材变色或腐朽。

　　变色菌主要是在边材的薄壁细胞中生长,并分泌出不同的色素。变色菌不破坏林木的细胞壁,所以对木材的影响不大。当化学入侵时(如农药)变色菌就会产牛其他的颜色。最经典的是青变,主要有马尾松;还有红变,主要有杨木等。新伐树的木材与空气接触后起氧化反应会使木材变色,如栎木中含单宁酸,氧化后呈栗褐色。

　　腐朽菌侵蚀木材,菌丝分泌酵素,破坏木材细胞壁,从而引起木材的腐朽。白腐菌会侵蚀木材,是木材腐朽剩下纤维,我们用肉眼看到的木材上有白色的斑点就是白腐菌造成的。被白腐菌腐蚀过的木材会变得松软,如同海面一样,还有好多如蜂窝的孔状;如果褐腐菌侵蚀木材,主要是腐蚀木材的纤维素,使木材只剩下木质素,颜色为红褐色,时间长了就会变成粉末。腐朽对木材的力学性能有不利影响。

6.虫蛀简述

　　木材所分泌出来的纤维素和淀粉是最容易引来昆虫的,因为具有含糖的成分,所以暖湿区域的木材经常容易出现木节和昆虫破坏树木。对木材危害较大的昆虫有甲壳虫和白蚁两大类。其中甲壳虫类有家天牛、长蠹和粉蠹,而白蚁主要是土木栖类的害虫。遭虫蛀的木材内部有许多坑道,其内往往充满昆虫的排泄物和木屑等。如木结构的木材中存在昆虫活体或虫卵,最终将把木构件蛀空,造成房倒屋塌的事故。因此有昆虫灾害的地区,木结构的防虫蛀工作须充分重视。

2.3 木材的物理特性

本节介绍的木材物理特性是不包含缺陷的木材,即所谓"清材"的物理特性。

2.3.1 含水率的简述

1.含水率的测定方法

木材中有两种状态的水分存在于树木中:一种是游离状态的水分,俗称"自由水",是存在于细胞腔和细胞的间隙中的;二是吸附水,只存在于细胞壁缝隙中的,但也接近纤维。我们说的木材含水率是指木材中水分的质量与木材绝干质量的比,并用百分比表示,按下式计算:

$$W = \frac{m - m_0}{m_0} \times 100 \%$$

式中,W 为含水率(%);m 为试样烘干前的质量;m_0 为试样烘干后的质量。

木材含水率通常用烘干法测定。主要步骤是先将木材试样称重获得质量 m,然后将试样置于烘干箱在 $103 \pm 2℃$ 的温度条件下烘干。24h 后每隔 2h 用天平称一次质量,当相邻两次的质量差小于规定的限值时即认为已达到全干状态,此时其质量即为 m_0,测量木材含水率的另一个方法是电测法,利用木材导电率随木材含水率不同而变化的原理,间接测量含水率。

使用这种方法好处是方法快,操作简单,但是准确率不高,因为受木材自身的影响和外部环境的影响,测量的数据仅供参考,是在木材浅层范围内的含水率。使用这种方法的范围是大量木材现场批量的检查木材的含水率可以用这种方法,特别是针对含水率的均匀性检查。

需要注意的是,所砍伐的大量木材,由于截面尺寸不一,截面尺寸较大时,各部分的含水量也是不同的。在木材的干燥过程中,木材外层的含水量是低于截面的含水量的,但是,时间长了,截面的含水量会受到外部环境的影响而低于木材内部的含水量。

2.吸湿性与平衡含水率

木材的含水率随其周围空气相对湿度和温度的变化而增减,这种现象称为木材的吸湿性。木材的吸湿性实质上是空气中水分的蒸气压力随空气的相对湿度和温度而变化。当这个水蒸气压力大于木材表层水分的蒸气压力时,空气中的水蒸气就向木材中渗入,木材含水率增加,称之为木材"吸湿";反之,当木材表层的水蒸气压力大于空气中的水蒸气压力时,木材中的水分就向空气中蒸发,称之为木材"解湿"。

如果空气的相对湿度和温度是在一段时间内可以保持平衡稳定的话,那么木材的表层的水蒸气压受外部环境的影响,也会达到平衡的状态,木材的吸湿和解湿过程也会相应地停止。这时的木材含水率就是平衡的含水率。气温、湿度与木材平衡含水率的关系如图2-10所示。木材完成这一平衡过程的时间与木材的树种、截面尺寸、堆放方式和通风条件等因素有关。

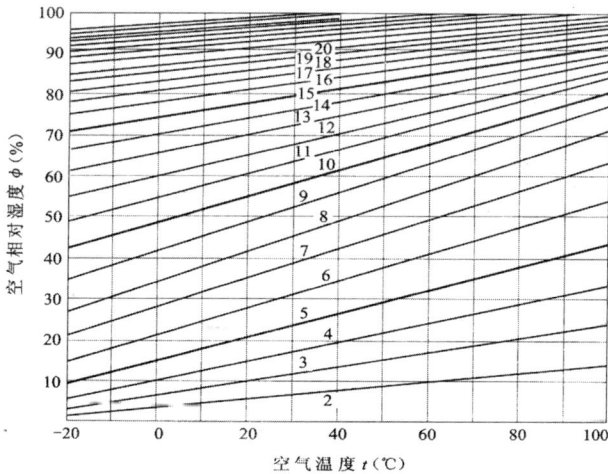

图 2-10　气温、湿度与木材的关系图

空气相对湿度和温度随地区和季节的影响而不同,因此木材的平衡含水率在各地区和各季节也有所差异,我国各地的木材平衡含水率大约在10%~18%之间,这也是《木结构设计规范》确定木材强度取值的依据之一。

3.木材纤维的饱和点和其意义

在木材吸湿过程中,主要是以游离状态的水分在细胞壁和纤维之间,最后存在于细胞腔中,是在空气中吸附的水分。在解湿过程中就会相反,是要先蒸发细胞腔中的游离水分,然后再挥发饱和状态的纤维水分。细胞壁微纤维间的吸附水处于饱和状态的木材含水率称纤维饱和点。在空气温度约为20℃、相对湿度为100%时,大多数木材的纤维饱和点含水率平均约为30%,大致在23%~33%范围内波动。

大量的试验研究表明,木材纤维饱和点是木材属性改变的转折点。当木材的含水率大于纤维饱和点时,其强度、体积、导电性能等均保持不变;当含水率小于纤维饱和点时,其强度、体积和导电性能均随之变化。含水率低,强度高,体积缩小,导电性降低;反之则强度降低,体积增大,导电性能增强。

4.结构木材对含水率的要求

木材的含水率不仅影响着木材的强度,木材的干缩、湿胀等原因会对木材表皮造成干裂现象。含水率又是可以评定木材是否腐朽的一个重要因素。有实例表明,木腐菌的生存条件为木材含水率在 $18\%\sim120\%$ 之间,而在 $30\%\sim60\%$ 的情况下,最适宜木腐菌繁殖生长,木材最易遭侵蚀。因此,结构用木材需严格控制其含水率。

木材在含水率大于 25% 时称为湿材,在 18% 以下称为干材,介于 $18\%\sim25\%$ 间称为半干材。《木结构设计规范》规定,木结构构件制作时的含水率应满足下列要求:原木、方木构件含水率不应大于 25%;板材和规格材不应大于 20%;受拉构件的连接板不应大于 18%;层板胶合木的层板不应大于 15%。

新伐树木的含水率约为 $70\%\sim140\%$,要满足上述含水率要求需要作干燥处理。木材干燥的方法有自然干燥法和人工干燥法两种。自然干燥法是利用空气的对流作用,让木材自然蒸干水分。这种方法由木材的截面面积和木材品种而影响着,蒸发的周期是不同的。如截面面积小,木材内含水量在 50% 左右,经过空气对流蒸干,需要的时间是三个月(夏季),就会将木材的表层水分降低到一半;如果要按照实际用材的标准,将含水率降低至 18% 左右,需要的时间大概是一年。所以,自然蒸干法周期长,按照用材的进度要求,是到达不了的。

人工干燥法是指将木材放置于干燥窑中,通过加热升温使木材在 $1\sim2$ 周时间内含水率降至要求值。人工干燥需由专业木材加工企业进行,以保证干燥质量,避免因工艺不当造成木材干裂。

2.3.2 干缩与湿胀的简述

如果木材的含水率不在纤维饱和点,随着含水量的降低,木材的横向和纵向就会缩短,体积也会减低。这种现象属于正常现象,叫作木材的干缩。在木材贮存中还有一种现象是木材的体积会增加,这种现象叫作湿胀。木材的干缩和湿胀的变化是有规律的,但是干缩量是大于湿胀量的。衡量木材的尺寸变化用线干缩率,体积变化用体积干缩率。

干缩率又可分为气干干缩率和全干干缩率,气干干缩是指木材从含水率大于纤维饱和点的湿材开始,经气干干燥至平衡含水率状态时的相对干缩,而全干干缩则是指干燥至全干状态时的相对干缩。可分别用下式计算:

$$气干线干缩率:\beta_w = \frac{l_{max} - l_w}{l_{max}} \times 100\%$$

$$全干线干缩率:\beta_{max} = \frac{l_{max} - l_0}{l_{max}} \times 100\%$$

$$气干体积干缩率:\beta_{vw} = \frac{V_{max} - V_w}{V_{max}} \times 100\%$$

$$全干体积干缩率:\beta_{vmax} = \frac{V_{max} - V_0}{V_{max}} \times 100\%$$

式中:l_{max}、l_w、l_0 分别为木材试样在湿材、气干和全干状态下的尺寸;V_w、V_{max}、V_0 分别为木材试样在上述三种状态下的体积。

同一树种木材,三个切面方向的线干缩率有较大差别。纵向最小,线干缩率约为 0.1% 左右;弦向最大,可达 6%～12%;径向居中,约为 3%～6%,是弦向的 1/2～2/3,这是木材产生干裂的原因之一。

2.3.3 木材的密度

木材的密度是单位体积内所含物质的质量。由于木材的含水率不同,体积和质量均不同,因此木材的密度可分为气干密度 ρ_w、全干密度 ρ_0 和基本密度 ρ,分别由下列各式计算:

$$\rho_w = \frac{m_w}{V_w}$$

$$\rho_0 = \frac{m_0}{V_0}$$

$$\rho_r = \frac{m_0}{V_{max}}$$

式中:m_w、m_0 分别为木材试样在气干和全干状态下的质量(g);V_{max}、V_w、V_0 分别为木材试样的湿材、气干和全干下的体积(mm³)。

各树种木材的基本密度在数值上较稳定,是判别树种的主要依据。

2.4 木材的基本力学性能

缺陷和含水率均会影响木材的强度。在长久的负荷作用下,木材也会变形,持续变形也会随着时间的增加而增大,木材的强度就会降低。本节主要介绍了木材力学性能是指无缺陷的小试件(无疵清材试件)在规定的含水率(12%)和规定的加载速度下的力学性能。清材小试件的力学性能还与试件形状和试验方法等因素有关,因此木材力学性能的试验应遵守国家标准《木材物理力学性能试验方法》的有关规定进行试验。

2.4.1 木材的抗拉性能

木材标准的清材顺纹小试件具有很高的抗拉强度,其应力—应变曲线如图 2-11 所示中的曲线 a 所示。木材拉断前无明显的塑性变形,应力—应变几乎为线性关系,破坏是脆性的。以鱼鳞云杉为例,其顺纹抗拉极限强度平均可达 100.9N/ mm^2,弹性模量平均为 $13.8 \times 10^3 N/mm^2$。

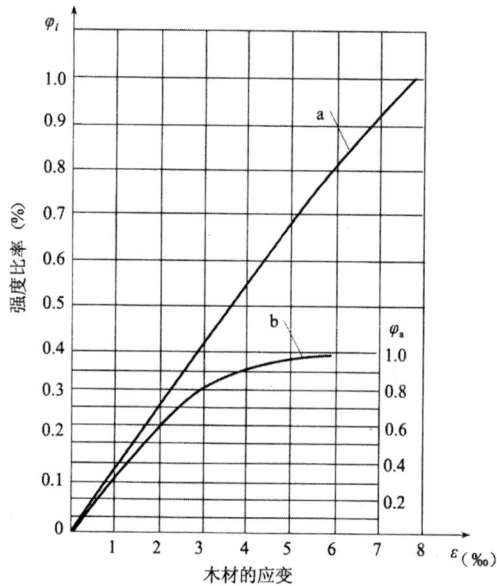

图 2-11　木材的抗拉强度与应变能力图

木材的横纹抗拉强度很低,仍以鱼鳞云杉为例,切向与径向仅为 2.5N/mm,是顺纹抗拉强度的 1/40~1/10。因此在木结构中,应特别注意可能发生木材横纹受拉的情况,并尽量予以避免。

2.4.2 木材的顺纹抗压性能

在做实验中,如果木材的顺纹受到压力,木材的纤维可能会受压屈曲,对于试件木材的影响是出现皱折现象,如图 2-12 所示。在皱折现象的同时还有塑性变形的特征,如图 2-11 的曲线 b。应力在抗压极限强度的 20%~30%以前,应力、应变基本呈线性关系,之后呈非线性关系。木材的顺纹抗压强度约为顺纹抗拉强度的 40%~50%,如上述鱼鳞云杉,其平均抗压强度约为 $42.4N/mm^2$。但其弹性模量与顺纹受拉基本相同。

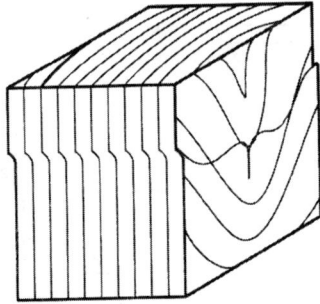

图 2-12 木材受压出现的皱折现象

木材顺纹受压具有塑性变形能力,使得缺陷对木构件抗压和抗拉承载力的影响程度不同。受压时缺陷区的应力集中一旦超过一定水平,木材产生塑性变形而发生应力重分布,从而缓解了应力集中造成的危害。这是木材受拉和受压对缺陷的敏感程度不同的原因之一。另一方面,木材中的某些裂缝、空隙会因受压而密实,这类缺陷的不利影响较之受拉情形也弱。因此,与清材小试件的试验结果相反,结构用木材的抗压强度反而高于抗拉强度。

2.4.3 木材的抗弯性能

清材受弯小试件的破坏特征是截面受压区边缘的纤维失稳起皱,随着荷载的增加,纤维失稳区向截面中和轴发展,最终可将受拉区边缘的木纤维拉断而达到极限弯矩 M_u。按材料力学公式计算,可得其极限抗弯强度 f_{mu} 为:

$$f_{mu} = \frac{M_u}{W}$$

式中:W 为截面的抵抗矩。

按此计算式算得的抗弯强度将介于同树种清材小试件的极限抗压强度 f_{cu} 和极限抗拉强度 f_{mu} 之间。由于木材的抗弯强度高于抗压低于抗拉强度,意思就是说木材的抗拉强度是最强的,其次就是抗弯强度,木材的抗压强度是最弱的,这个计算方程式就是计算抗弯强度和抗拉以及抗压三者之间的关系式。

在木材的力学中,W 的计算是在平面假设下,矩形截面上的应力分布是反对称于中和轴的两个三角形,而在清材受弯小试件中,若仍符合平面假设,如图 2-13 所示,在木材受压区的应力分布应在平面假设基础上,并不为反对称于中和轴的两个三角形。

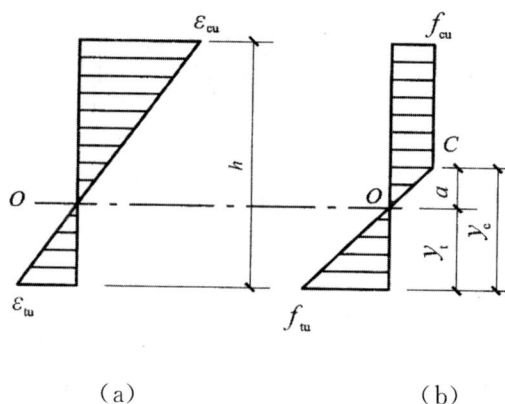

(a)   (b)

图 2—13　木材受弯试件截面分析图

由图 2—13 所示,可以看出 C 点附近本为曲线,现简化为两直线相交的拐点,压区应力为直角梯形,拉区为直角三角形,由于拉压弹性模量基本相同,故压区梯形斜边和拉区三角形斜边的斜率一致而重合。由平衡条件 $\sum F_x = 0$,可得中和轴距受拉边缘的距离为:

$$y_t = \frac{2hf_{cu}f_{tu}}{(f_{tu}^2 - f_{cu}^2) + 2(f_{cu}f_{tu} + f_{cu}^2)} = \frac{2hf_{cu}f_{tu}}{(f_{cu} + f_{tu})^2}$$

C 点距中和轴距离:

$$a = \frac{f_{cu}y_t}{f_{tu}} = \frac{2hf_{cu}^2}{(f_{cu} + f_{tu})^2}$$

C 点距受拉边缘的距离为:

$$y_e = \frac{f_{cu}h}{f_{cu} + f_{tu}}$$

则对拉边缘取矩可得极限弯矩:

$$M_u = f_{cu}bh\frac{h}{2} - (f_{cu} + f_{tu})\frac{2f_{cu}h}{f_{cu} + f_{tu}}b\frac{1}{3}\frac{hf_{cu}}{f_{cu} + f_{tu}}$$

$$= \frac{bh^2}{6}f_{cu}\left(3 - \frac{4f_{cu}}{f_{cu} + f_{tu}}\right)$$

由此可见,清材试件的抗弯强度为:

$$f_{mu} = f_{cu}\left(3 - \frac{4f_{cu}}{f_{cu} + f_{tu}}\right)$$

由以上计算可见,由清材试件测得的极限弯矩,计算所得的木材抗弯强度是一个名义值,它仅适用于纯弯曲的矩形截面试件,对于其他如工字形、圆形截面的纯弯曲或即使是矩形截面但为偏心受力(包括压弯、拉弯)构件,其抗弯强度并不能用式表达。例如对于矩形截面偏心受力构件。我们可按上述方法推得其抗弯强度为：

$$f_{mu} = (f_{cu} + \sigma_N)\left[3 - \frac{4(f_{cu} + \sigma_N)}{f_{cu} + f_{tu}}\right]$$

可见抗弯强度与截面平均应力 $\sigma_N = \left(\dfrac{N}{bh}\right)$ 有关，其原因是为简化计算，采用了弹性抵抗矩 $W = \dfrac{bh^2}{6}$，并将抗弯强度定义为 $f_{mu} = \dfrac{M_u}{W}$。由此看来，木材即使是清材，其抗弯强度并不像受拉、受压那样清晰明了，与截面上的应力分布有关，是一个较复杂的问题。

2.4.4 木材的承压性能

木材承压是指两构件相抵时，在其接触面上传递荷载的性能。该接触面上的应力称为承压应力，木材抵抗这种作用的能力称为承压强度。根据承压的方向和木纹发展的方向，可以分为顺纹承压、横纹承压和斜纹承压，如图 2－14 所示。这些分类的依据就是接触面的不平整，木材的纹路和压力的方向关系，木材的顺纹承压强度略低于顺纹抗压强度，但两者差别很小，一般不作区分。

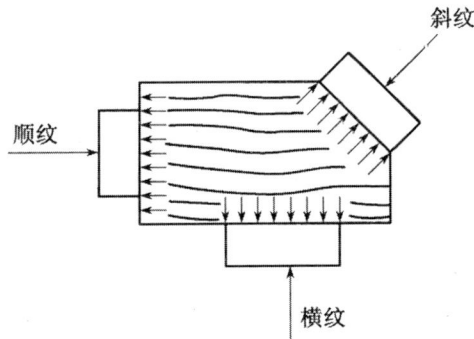

图 2－14　木材承压类型的分类

按照承压的面积占木材面积进行分类，木材的横纹受压能力又可以分为全面承压和局部承压，如图 2－15 所示。表面承压能力又可以分为局部长度和局部宽度的承压。

全表面横纹承压时的应力－变形曲线如图 2－16 所示。木材在受力初期变形和承压应力基本都是线性的关系，这是细胞壁的弹性压缩阶段，也是木材在保存时必须经历的一个阶段；在承压应力达到一定数值后，变形急剧增大，曲线上出现一拐点，称之为比例极限 σ_b^a，出现这种现象的原因是细胞壁因为失去稳定性而开始被压扁所致。细胞壁被压扁后，承压应力又可继续增加,变形又开始缓慢增长,出现另一个拐点,称之为硬化点。过硬化点后木材压缩变形已很大。工程中并不允许出现过大的变形,通常取比例极限作承压强度指标。

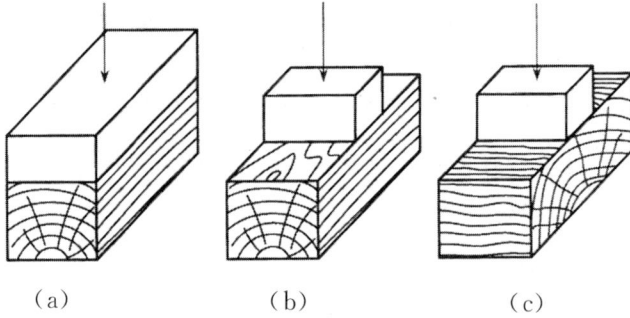

图 2—15 木材横纹承压能力的分类

(a)全面承压;(b)局部长度承压;(c)局部宽度承压

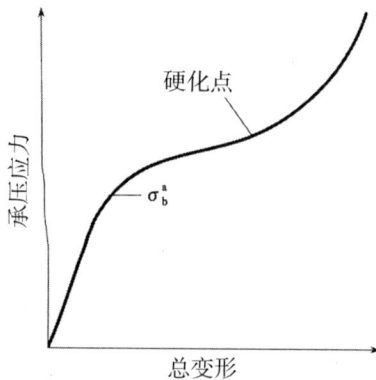

图 2—16 木材横纹受压变形图

局部横纹承压与全表面横纹承压是类似的。对于木材局部横纹长度的承压,如图 2—17(a)所示,不仅是承压接触面使木材将压力负荷扩散,而且承压面的两侧木纤维受拉力的作用下,也会向四周扩散,同时也会帮助其承压,提高了承压的强度。在实验发现,只有承压长度不大于 200mm 时强度才有提高,且与承压长度的相对比值有关,但当比值 $L/L_a \geqslant 3$ 后承压强度趋于恒定,如图 2—18 所示。对于局部宽度承压如图 2—17(b)所示,因木材在横纹方向缺少纤维联系,两侧木材不能帮助其工作,荷载扩散能力也很弱,所以并不能提高承压强度。

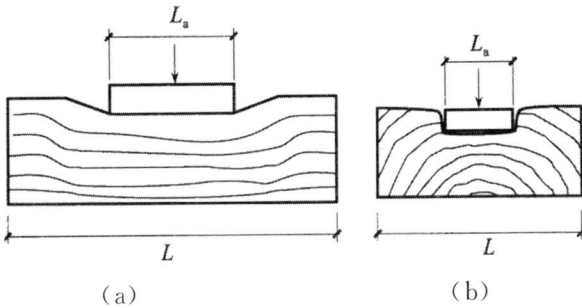

图 2-17 木材横纹局部承压剖析图

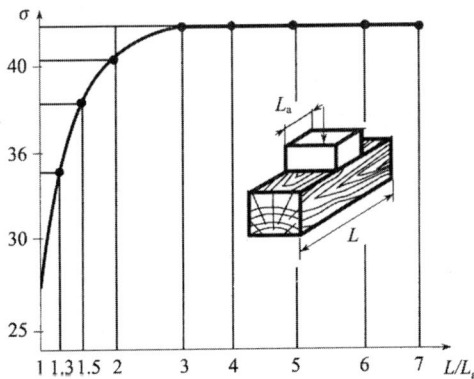

图 2-18 局部长度承压与相对长度承压互相影响图

木材的斜纹承压强度随承压应力的作用方向与木纹的夹角 α 不同而变化，$\alpha = 0$ 时为横纹承压强度 f_c；$\alpha = 90$ 时为横纹承压强度 f_{c90}；α 介于中间时，我国《木结构设计规范》用下式计算其斜纹承压强度（$\alpha \leqslant 10°$ 时取 $f_{ca} = f_c$）：

$$f_{ca} = \cfrac{f_c}{1 + \left(\cfrac{f_c}{f_{c90}} - 1 \right) \cfrac{\alpha - 10°}{80°} \sin\alpha}$$

国外结构设计规范通常使用 Hankinson 公式，即：

$$f_{ca} = \frac{f_c f_{c90}}{fc \sin^2\alpha + f_{c90} \cos^2\alpha}$$

两者计算结果如图 2-19 所示，存在一定的差异性。

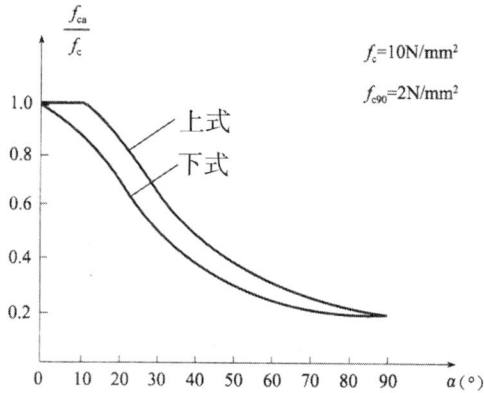

图 2—19　斜纹承压强度图

2.4.5 木材的抗剪性能

木材受剪亦分为顺纹受剪、横纹受剪和成角度受剪三种形式。如图 2—20 所示，表示了前两种的剪力情况，成角度受剪的剪切面同以上两种，但剪力的作用方向与木纹成 α 角。这里所讲的横纹受剪是指剪力方向与木纹垂直，并且木纹平行于剪切面的方向。工程中虽可遇到剪切面与木纹垂直的工况，但此时抗剪强度很高，不会威胁到结构安全。

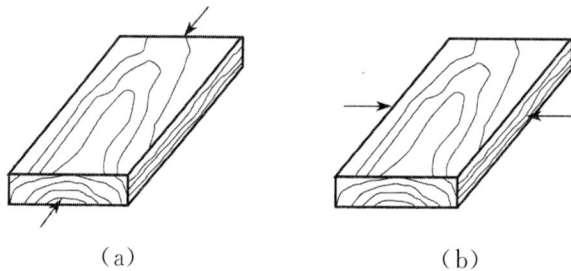

(a)　　　　　　　　　　　(b)

图 2—20　木材受剪图

(a)顺纹受剪；(b)横纹受剪

木材的上述三种受剪形式，破坏时均具有明显的脆性特征，在无明显变形的情况下，破坏突然发生。鱼鳞云杉的顺纹抗剪强度平均为 6.5N/ mm²（弦切面）；横纹抗剪强度平均为 2.6N/ mm²，成角度的抗剪强度则介于两者之间。

实际运作中种种迹象表明，剪应力在剪木材切面时，并不是均匀剪开的，这是与剪力分布的作用有关系。如图 2—21 所示，是两种不同情况，一对剪刀作用在剪切面同一端的单侧受剪，其剪应力分布要比一对剪力作用在两端的双侧受剪不均匀得多。一般说，剪切面长度短，剪应力分布均匀些；剪切面长,则不均匀分布严重些。

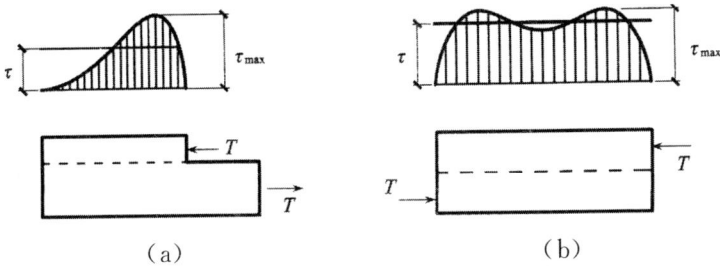

图 2-21　剪力分布作用图

在实际剪切中,除剪应力外,还有一种力量存在,是正应力。如图 2-22 (a)所示,剪力作用端的拉应力常常导致木材横纹受拉而撕裂。为防止这种不利情况的出现,工程中常采用压紧措施,如图 2-22(b)所示的木桁架端节点的抵承面具有一定的斜度,使轴力 M 的竖向分量能压紧剪切面端部,能有效地防止木材横纹撕裂。

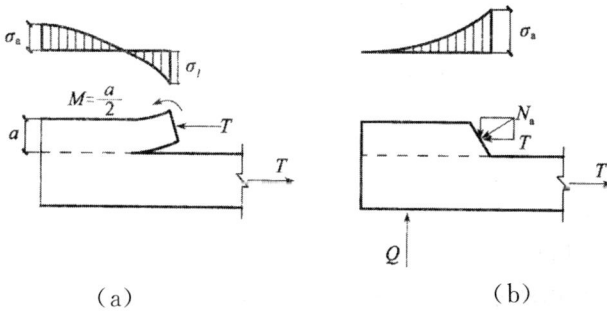

图 2-22　剪切面上的法向应力

2.4.6　木材的弹性模量

木材的弹性模量与树种、含水率等因素有关,其顺纹抗压和顺纹抗拉弹性模量基本相等。木材的抗弯弹性模量略低于顺纹拉、压弹性模量,约差 10%。需要注意的是抗弯弹性模量的实际值又与抗弯弹性模量的测定方法有关,若试件挠度中包含有剪切变形成分者,测得的抗弯弹性模量称为表观弹性模量,而不包含剪切变形成分的称为纯弯曲弹性模量,前者略小于后者。

设计规范通常给出的是表观抗弯弹性模量,简称抗弯弹性模量或弹性模量。在结构变形计算中,顺纹抗拉、抗压与抗弯弹性模量不作区分,取同一值,但在涉及用抗弯弹性模量计算承载力或需分别按弯曲与剪切变形计算受弯构件的挠度时,应采用纯弯曲弹性模量,为此可将规范给出的弹性模量适当提高如 3%～5%。

木材横纹弹性模量分为径向 E_R 和切向 E_T 两种,它们亦随树种不同而不同。缺少数据时,它们与顺纹拉、压弹性模量之比可分别大致取 $\dfrac{E_R}{E} = 0.10$ 和 $\dfrac{E_T}{E} = 0.05$。

木材受剪时的剪变模量 G 亦与树种有关,并随剪力作用平面不同而异,弦切面为 G_{LT},径切面为 G_{LR}。

2.4.7 木材强度与密度的关系

大量试验表明,木材强度与密度有十分紧密的关系,特别是同一树种的木材,其密度与强度间的关系更为紧密。当缺乏试验数据时,木材比重 G(气干比重)与清材小试件木材各种强度和弹性模量有下列关系可供参考:

顺纹抗压强度:$f_c = 5.75 + 63.3G$

顺纹抗拉强度:$f_t = 34.69 + 163.95G$

抗弯强度:$f_m = 8.14 + 136.22G$

弹性模量:$E = (2.1 + 13.72G) \times 10^3$

2.4.8 木材的破坏准则要求

木材在平面应力状态下的强度问题,涉及木材的破坏准则。在前文中已经讨论过斜纹承压也是受平面应力作用,因为我们可以将与木纹呈 α 角作用下的压应力 σ_a 利用转角轴公式分解为平行于木纹的压应力 σ_0、垂直于木纹的压应力 α_{90} 和剪应力 τ。

对于木材可采用 Tsai-Wu 准则,写成下列形式:

$$\frac{\sigma_0}{f_{t0}f_{c0}} + 2k_2\sigma_0\sigma_{90} + \frac{\sigma_{30}^2}{f_{c90}f_{c90}} + \frac{\tau^2}{f_v} + \left(\frac{1}{f_{t0}} - \frac{1}{f_{c0}}\right)\sigma_0 + \left(\frac{1}{f_{t90}} - \frac{1}{f_{c90}}\right)\sigma_{90} = 1$$

式中:σ_0、σ_{90} 分别为平行和垂直于木纹方向的应力,拉力为正,压力为负;f 为木材的强度,其下角标 t、c、v 分别为拉、压、剪等受力形式;小角标 0、90 分别为与木纹呈 $0°$ 和 $90°$ 的方向。

我们给出 k_2 常数为:

$$k_2 = k(f_{t0}f_{t90}f_{c0}f_{c90})^{-0.5}$$

式中:k 为系数,取 $-1 \leqslant k \leqslant 0$。

目前使用较多的计算式为:

$$\left[\left(\frac{\sigma_0}{f_0}\right)^2 + \left(\frac{\sigma_{90}}{f_{90}}\right)^2 + \left(\frac{\tau}{f_v}\right)^2\right]^{\frac{1}{2}} \leqslant 1.0$$

式中：f_0、f_{90}分别为木材平行和垂直于木纹的抗拉或抗压强度，与应力对应。其破坏包络图亦示于如图 2－23 所示，当 $k = 0$ 时，比较接近。

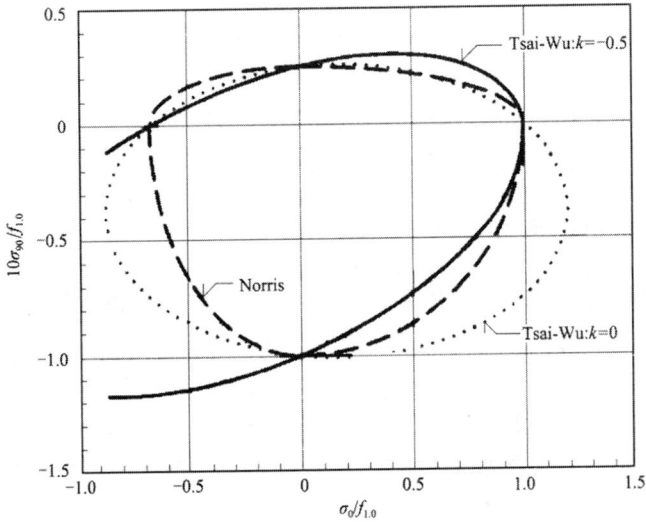

图 2－23 破坏包络图

国外一些标准中，木材的斜纹抗拉强度亦采用 Hankinson 公式，但将 f 的第一个下角标 c 改为 t 计算。如图 2－24 所示给出了 Norris 准则与 Hankinson 公式计算结果的比较，可见两者结果是有差别的。

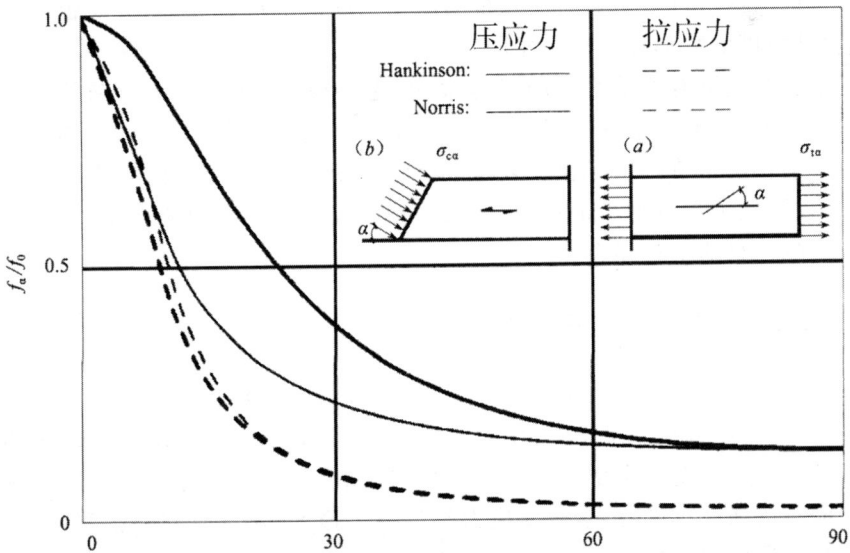

图 2－24 Norris 准则与 Hankinson 公式结果对比图

2.5 影响结构木材强度的因素

结构木材是指用于制作木材结构的木材。与上文所说的清材小试件木材不同,结构木材存在各种天然或人为造成的缺陷。本节主要归纳影响结构木材强度的主要因素。影响结构木材强度的因素主要有含水率、缺陷、荷载持续时间、尺寸效应、荷载分布形式和温度等。

2.5.1 木材的含水率

在对木材做试验时,当木材的含水率大于纤维饱和点后,含水率就不再影响木材的强度与弹性模量;小于纤维饱和点时,含水率越低,强度与弹性模量越高。但它对不同强度的影响程度有所不同,对抗压、抗弯强度的影响最大,抗剪次之,对抗拉强度影响最小。一些学者开展了含水率对结构木材强度影响的研究。发现含水率对同一树种高品质(强度高)和低品质(强度低)木材强度的影响程度是不同的。对低品质的结构木材含水率影响甚微,几乎无规律可循;而对于高品质的结构木材则有明显影响,且基本上与对清材的影响规律一致。

2.5.2 木材的缺陷

每根结构木材上均有随机分布的缺陷。缺陷的严重程度、分布位置等不同,对其强度的影响程度也不相同。

木材的抗拉能力受木节的影响很大,主要原因如下:①木节和周围的木质联系很差,影响了木材的截面,也造成了木材的重心偏移;②木节周围的纤维通常会环绕木节,形成涡纹,致使该处斜纹受拉;③木节边缘存在着集中的应力,也影响了木材纹路正常生长发育的能力,木节的集中能力不能够缓解,就会影响木材的抗拉能力。

2.5.3 木材的荷载持续时间

木材是一种黏弹性材料,因此荷载持续时间对其变形和强度有很大影响,这也是长期以来人们所关注的一个问题。木材随着荷载持续时间的增加,强度会降低,变形会增大,持续时间不论多长也不会引起破坏的应力称为木材的持久强度。换言之,只要应力超过持久强度,随着时间的推移,最终破坏总是要发生的。

2.5.4 木材尺寸效应与荷载分布形式

木材存在亚微观的和宏观的损伤。亚微观的损伤是木材各部分组织间的裂隙,宏观损伤有大小不等的木节、局部裂纹等。

构件上的荷载分布形式不同,导致构件各部位的应力水平不同,最高应力区域的木材体积愈大,抵抗外载作用的能力越低,以此计算的木材强度随之也低,这就是荷载分布形式对木材强度的影响,而实质上仍是尺寸效应问题。

2.6 测定木材强度的方法

我国有相关规定原木和方木采用清材小试件所得出的结果作为规定木材的要求标准的重要依据。但是我国对木材的规定里没有明确的规定测定木材强度的方法,目前有相关部门在展开研究调查。国外一些木结构技术发达国家,木材设计强度取值的原始依据主要是足尺试验结果。

2.6.1 清材小试件方法研究

这里所讲的清材是指没有任何缺陷的木材,将其制作成顺纹受拉、顺纹受压、受剪和横纹承压等小尺寸的标准试件,尽管这些试件在具体的形式和尺寸方面历史上曾有变化,但制作的材料总是无缺陷的木材。我国的清材尺寸如图2-25所示。

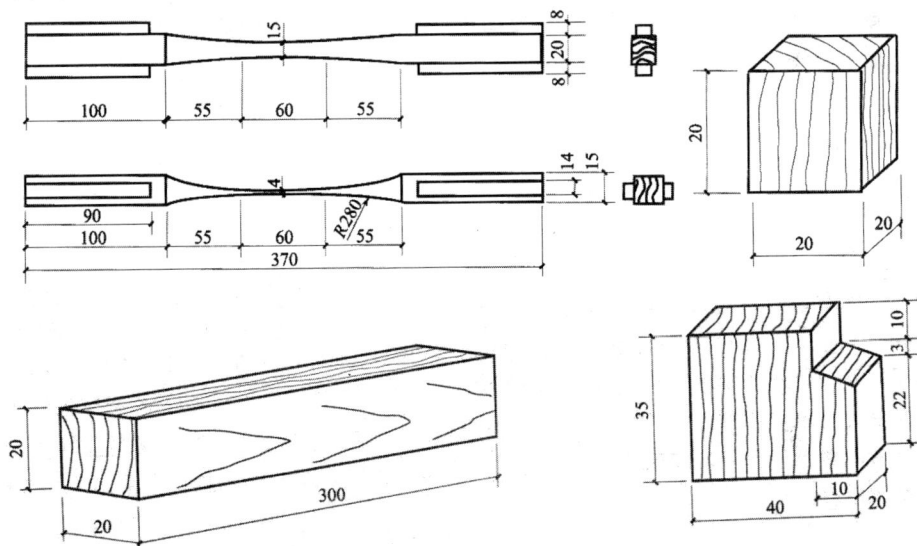

图2-25 清材的尺寸标准

大量的清材小试件试验结果表明,其强度、弹性模量等基本符合正态分布,因此可用正态分布的统计参数来描述它们的特性。

2.6.2 木材的足尺试验方法

前文讨论了影响木材结构强度的各种因素,但是有些因素在清材试件上是无法反映的。由于将木材分等级,木材的等级缺陷不同,因此木材受外部环境的因素也就表现出不同的特性。对于木材所做的试验结果能尽可能的反映木材最终的使用条件。结构木材的定级试验方法很快被世界许多国家所接受,成为当前测定结构木材强度方法的主流。清材小试件试验方法在木结构领域内有被淘汰的趋势,这是木材产品标准化生产的结果,也是解决清材小试件不能很好地反映结构木材特点的一个对策。

大量的足尺试验结果表明,结构木材的强度(拉、压、弯)符合韦伯分布(极值Ⅲ型分布),接近对数正态分布。因此,与清材小试件的强度符合正态分布相比,在相同的保证率(95%)下其强度取值有较大差别。

2.7 影响木材性能的主要因素

2.7.1 含水率对木材性能的影响

木材是一种容易吸湿的材料,其含水率随环境湿度变化而变化。木材含水率的变化会影响材料强度,引起构件收缩或膨胀,从而影响结构受力、产生裂缝、影响外观,严重时影响构件承载或正常使用,木材过湿还会引起腐烂。

木材细胞中含水率的变化过程如图 2—26 所示,图中颜色越深表示含水率越高。

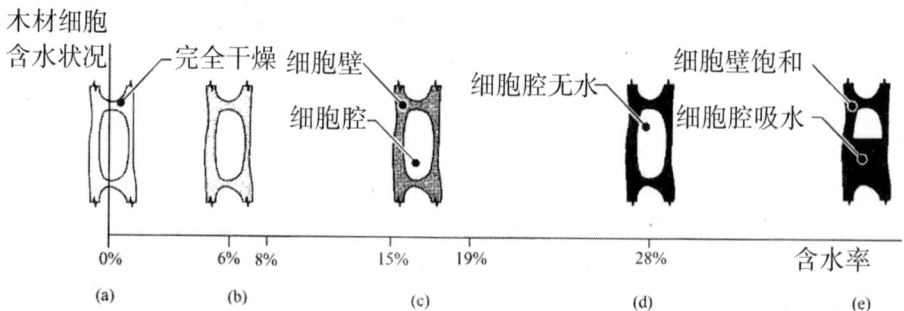

图 2—26 木材含水率的变化过程图

当木材经干燥处理使其含水率几乎为零时,无论细胞壁还是细胞腔内都不含水,如图 2—26(a)所示;随着湿度的增加,细胞壁先开始吸水,如图 2—26(b)所示,当含水率约达 19% 时,如图 2—26(c)所示;细胞壁含水率与环境含水率接近;含水率继续增加,直至细胞壁含水率达到饱和状态,而细胞腔内不含水,如图 2—26(d)所示;此时的含水率称为纤维饱和点含水率,其值随树种而变化,一般为 28% 左右;此后细胞空腔开始吸水,如图 2—26(e)所示,直至细胞壁和细胞腔内含水都达到饱和。以后无论环境湿度再怎么增加,木材中含水率不再增加。

木材的强度主要源于木材的纤维。木材的纤维饱和点与含水率是成正比关系的,当纤维饱和点在含水率以下时,木材的含水率越低,纤维也就越干;相反就会越高。当纤维的饱和点在含水率以上时,含水率变化就不会影响纤维,此时的木材强度也就越好。

材料含水率变化会引起木材的膨胀或收缩,但其值变化沿木材纵向以及沿断面的环向或径向各不相同。在材料饱和含水率以下时,材料断面的环向与径向收缩率近似与含水率变化成线性比例关系,含水率降得越低收缩值越大,两者相比沿环向的收缩量比沿径向变化更大;含水率变化对木材纵向尺寸几乎没有什么影响,各向不同的收缩率易引起木材的弯曲、翘曲,影响受力,甚至影响使用。

为避免含水率变化对材料带来不利影响,尽可能采用干燥的木材。所谓干燥的木材一般指其成品含水率达到一定值或以下,此时材料在环境条件下含水率变化较小。

2.7.2 荷载持续作用时间对木材性能的影响

如果较大的荷载在木构件上长期持续作用,则可能使木材的强度和刚度有很大降低,因此对于木材需建立一个长期荷载作用对强度影响的概念。根据调查研究所得,如果荷载在木材持续时间长达 10 年左右,则木材的强度就会降低将近一半左右。当然,这种调查结果视不同的树种而不同,有些树的品种适合耐压,强度相对来说就是好点;有些则不然。木结构设计应以无论荷载作用多久木材也不会发生破坏的长期强度为依据。

2.7.3 构件尺寸对木材性能的影响

构件截面越大、构件越长,则构件中包含缺陷(木节、斜纹等)的可能性越大。木节的存在减小了构件的有效截面、产生了局部纹理偏斜,并且有可能产生与木纹垂直的局部拉应力,从而降低了木材的强度。我国《木结构设计规范》中对规格材强度进行了尺寸调整。

2.7.4 温度对木材性能的影响

木材的性能也受气候温度的影响。当温度在 0℃ 以下时，木材的抗弯强度则高于常温的情况；当温度在 37℃ 时，强度就会略低；在常温状态下，随着温度的升高，强度就会降低，强度降低程度与木材的含水率、温度值及荷载持续作用的时间等多种因素有关。木材短暂时间受热，温度恢复后木材强度也恢复。

2.7.5 密度对木材性能的影响

木材密度是衡量木材力学强度的重要指标之一。一般密度越大则强度越高，这一效应对同一树种的木材是相当显著的。木材的密度是指木材单位体积的质量，通常分为气干密度、全干密度和基本密度三种。基本密度为实验室中判断材性的依据，其数值比较固定、准确。气干密度则为生产上计算木材气干时质量的依据。密度随木材的种类而有不同。

2.7.6 系统效应对木材性能的影响

当结构中同类多根构件共同承受荷载时，木材强度可适当提高，这一提高作用可称为结构的系统效应。我国《木结构设计规范》体现在当 3 根以上木搁栅存在且与面板可靠连接时，木搁栅抗弯强度可提高 15％，即抗弯强度的设计值乘以 1.5 的共同作用系数。

2.8 木材等级和设计强度

承重结构用木材分为用于普通木结构的原木、方木和板材，胶合木，轻型木结构规格材三大类。用于普通木结构的原木、方木和板材的材质分为 I_a、II_a 和 III_a 三级；胶合木结构的材质等级分为 I_b、II_b、III_b 三级；对于轻型木结构用规格材的材质等级按目测分等时为 I_c、II_c、III_c、IV_c、V_c、VI_c、VII_c 等七级。

2.8.1 普通木结构材质强度

主要承重构件采用针叶材，重要木制连接应采用细密、直纹、无节和无其他缺陷的耐腐蚀硬质阔叶材。根据实际调查中总结出，木材的强度设计值和弹性模量根据各种不同的情况可以做出调整。

1.未切削的原木

当结构件采用原木时,若验算部位未经切削,其顺纹抗压、抗弯强度设计值和弹性模量可提高 15%,这是原木的纤维基本保持完整的缘故。

2.大尺寸矩形截面

当构件矩形截面的短边尺寸不小于 150mm 时,其强度设计值可提高 10%,这也是大截面材料纤维受损较少的缘故。

3.湿材

当结构件采用湿材时,各种木材的横纹承压强度设计值和弹性模量以及落叶松木材的抗弯强度设计值宜降低 10%,这是由于湿材含水率高,试验测得变形较大。

4.不同使用条件

当木材用于不同使用条件时,应该以参考值以及标准的数值作为参考来调整。

原木构件沿长度的直径变化率,可按每米 9mm(或当地经验数值)采用,构件计算时可按构件中央的截面尺寸进行挠度和稳定计算,抗弯强度计算时按弯矩最大处的截面验算。

2.8.2 胶合木结构材质强度

胶合木结构根据规范规定的缺陷标准分等级为 Ⅰb、Ⅱb、Ⅲb 三级。等级不同,木结构构件的用途也就不同。目前我国木结构设计规范尚无胶合木的材料强度设计值等力学指标。

规格材按我国《木结构设计规范》进行机械分等时共分为 M10、M14、M18、M22、M26、M30、M35 和 M40 八级,等级不同,相对应的强度设计值和弹性模量也就不同,具体的有相关的参考书籍可以找到。

2.9 木基结构板材与结构复合木材

木基结构板材与结构复合木材都是工程木中的一种,其特点是将天然木材旋切或刨切成更薄的木片或木条,以一定的规则铺放并施胶、加压、加温养生而成的大张薄板或厚板。薄板即为木基结构板材,厚板即为结构复合木材,后者一般又可剖解为方木使用。

2.9.1 木基结构板材的简述

木基结构板材目前有两种,即结构胶合板和定向木片板。在实际运用中他们被用作轻型木结构的墙面、层屋的板面,主要是起维护作用的,还有用于结构抗侧力系统中作主要的承重构件。结构胶合板和定向木片板尽管在生产工艺和其物理性能方面有很大差异,但对它们的结构性能要求是相同的。

结构胶合板由数层旋切或刨切的单板按一定规则铺放经胶合而成。单板的厚度一般不小于 1.5mm,也不大于 5.5mm。胶合板中心层两侧对称位置上的单板其木纹和厚度相一致,且由物理性能相似的树种木材制成,相邻单板的木纹相互垂直,表层板的木纹方向应与成品板的长度方向平行。结构胶合板的总厚度为 5~30mm,板面尺寸一般为 2440mm×1220mm。

定向木片板由切削成长度约为 100mm、厚度约为 0.8mm、宽度为 35mm以下的木片,施胶加压而成。表层木片的长度方向与成品板的长度方向一致。成品板的厚度为 9.5~28.5mm,板面尺寸亦为 2440mm×1220mm。在物理力学性能上与结构胶合板相比,湿胀较大,抗压强度偏低,轴向劲度(EA)较小。

木基结构板材应满足下列要求,才能允许在轻型木结构中使用。①对于铺设在墙面上的木材来讲,在干态条件下作均布荷载试验,其极限荷载不得小于规定跨度下的允许值;②对于铺设在楼面上的楼面板,需作干态、湿态及湿态重新干燥后的均布荷载试验和集中荷载与冲击荷载作用后的集中力荷载试验,在规定跨度下其极限荷载不得小于规定值和规定荷载下的变形不超规定的限值;③用作屋盖结构上的屋面板,需作干态条件的均布荷载试验,要求极限荷载不小于规定值和规定荷载下的挠度不超过规定值,屋面板尚需作干态和湿态条件的集中力和经冲击荷载作用后的集中力试验,也要求规定跨度下的极限荷载不小于规定值和规定集中力作用下变形不大于规定值。

2.9.2 结构复合性木材

结构复合木材是数种叠层胶合木的总称,已在工程中应用的有如下几种:旋切板胶合木,简称 LVL;平行木片胶合木,简称 PSL;定向木片胶合木,简称 OSL;层叠木片胶合木,简称 LSL。

旋切板胶合木是将旋切成厚度 2.5~4.5mm 的单板,多层平行施胶叠铺,加温加压而成。在美国的北部有这种,还有所用的落叶松、黄檗等;北欧主要有挪威云杉等符合这样的标准。单板层间施胶,铺叠成毛坯送入滚压机并加热,经养护胶层固化后修边切割即为成品。成品板厚度 19～90mm,宽度 63～1200mm,长度可达 20m,含水率为 10%。使用时可在成品板的宽度和长度方向进行切割,但不应在厚度方向再作加工。作受弯构件时,一般均采用单板呈侧立状态,如图 2—27 所示。

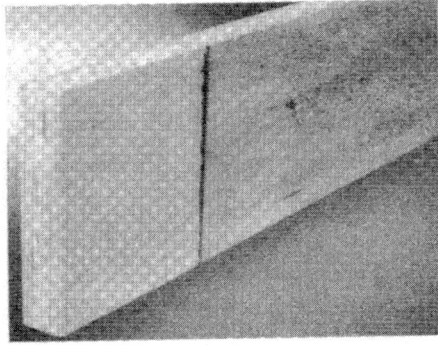

图 2—27　旋切板胶合木

旋切片单板厚度为 3.2mm,尺寸约 1220mm×2440mm(宽×长)。经干燥达到规定含水率后劈成宽度约 19mm 的木片条,并筛选,剔除质量差或长度不足 300mm 的木片后,均匀施胶叠铺并使木片长度方向与成品板长度方向一致,使相邻各木片条的接头彼此错开,形成松软的毛坯后连续地送入滚压机,在密封状态下用微波加热,使胶体固化,制成截面 280mm×482mm,长度约 20m 的成品材,如图 2—28 所示。利用成品材时,长度和宽度方向可切割。它的力学性能可优于同树种制造的 LVL,这是因为它在制作过程中剔除了质量差的木片条且木片条有足够的长度。

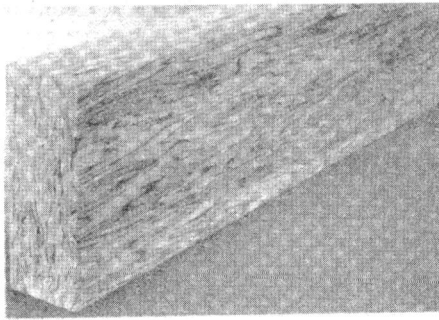

图 2—28　平行木片胶合木

层叠木片胶合木是将削成的薄木片均匀施胶,定向铺装加温、加压而成。采用速生树种如阔叶树白杨为原料,白杨经热水槽浸泡后剥皮,削成木片,片厚 0.9～1.3mm,宽度 13～25mm,长度约 300mm。经筛选去除碎片后干燥至含水率约 3%～7%,搅拌施胶,铺成厚垫并调整片长度方向,使其平行于厚垫的长度方向经加温加压而制成成品。成品材厚度 140mm,宽度约 1.2m,长度约 14.6m,含水率为 6%~8%。使用时可在宽度与长度方向作切割,如图 2—29 所示。

图 2—29 层叠木片胶合木

定向木片胶合木是定向木片板技术的延伸,即仅是板的厚度增加,所用树种通常为白杨、黄杨或南方松,生产工艺类似于 LSL。成品板平面尺寸可达 3.6m×7.4m。胶合木有较高的抗剪强度,它的抗弯强度也高于同树种锯材。

结构复合木材可用以制作木结构的各种承重构件,如梁、柱等。预制工字搁栅的上、下翼缘大多亦采用这类复合木材,如图 2—30 所示。由于结构复合木材目前均为专利产品,应用时的抗力设计指标由厂商提供,设计时尚需考虑到荷载持续时间、尺寸效应以及建筑结构可靠度指标等的影响。

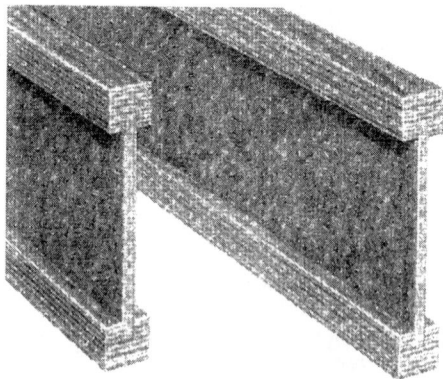

图 2—30 预制工字形搁栅

第 3 章　木结构设计方法与木材设计指标

在木建筑中,用来承受荷载及抵抗变形的骨架,我们称之为木结构。木结构一旦确立并建造,就规定了建筑物的内部空间和外部造型。本章将从设计方法和设计指标两个层面对木结构建筑进行分析。

3.1 结构设计理论的演变

结构设计的基本目标是用科学的手段,设计、建造出经济、安全可靠又适用耐久的建筑物,即所谓在"预期的使用年限内,满足各种预定的使用功能"。与其他结构一样,木结构预定的功能应该包括:安全性、实用性和耐久性。首先,安全性就是指在正常的施工和使用条件下结构可以承受可能出现的各种作用而不至于被损坏,即使是遇到突发的恶劣情况也可以保持一定的稳定性。其次,适用性是指在正常使用过程中即使遇到轻微变形或振动,结构也可以保持良好的功能而正常使用。最后,耐久性则是指在正常的维护条件下,在预期的使用年限内可以实现前面两个特性的目的。结构的是否安全与适用是衡量结构的一种"极限状态",安全通常称为承载能力的极限状态,适用则是被称为正常使用时的极限状态。如果可以准确地掌握了这种极限状态的主旨,那么结构设计的基本目标的实现就相对容易一些。因此也可以说结构设计理论的发展史,归根结底就是对这些"极限状态"的认识和应用的过程。

早期的建筑结构,保证安全的手段主要是依赖经验,因为先前既无试验手段又无计算理论,只能依赖积累的经验。随着科学技术的发展和进步,结构计算成为设计的依据,并由弹性理论逐步过渡到弹塑性理论,设计方法从定值法逐步向概率法发展。19 世纪以后,随着工程力学、试验技术、结构分析、数理统计和概率论等学科的发展和应用,逐渐能用数学方法表达结构的安全性和适用性。设计理论的发展可归纳为如下几个阶段。

3.1.1 木结构的设计要求和方法

木结构的设计要求和方法包括一般规定、设计要求等。

1. 一般规定

一般规定是我国木结构建筑在设计和施工中应遵循的最基本规定。

（1）目前我国建造的木结构主要指由木构架墙、木楼面及木屋面体系构成的居住建筑。

尽管木结构体系在北美、欧洲广泛应用，但对于我国来讲，这种建筑应用时间还不长，缺乏建筑经验，因此目前应用范围主要限制在三层或三层以下的居住建筑中。

（2）木结构采用的各种材料及工程木产品需符合规定。

同其他所有建筑材料一样，材料的质量好坏直接影响建筑物的安全性能。木材是一种天然生长的材料，其材性匀质性较差，质量随生长速度、气候、树种及含水率等因素的变化而变化，天然缺陷较多；此外，目前用于木结构的国产木材较少，以进口为主，而不同进口渠道的材料规格标准不同，有英制的也有公制的，不同单位材料等换时有一定的尺寸误差，这样的误差虽然不会影响结构强度，但对安装有较大影响，所以不同规格系列不得混用。因此，所有的结构材料都必须要有相应的等级标识和证明，质量应满足相关要求。

（3）采用木结构建筑时，应满足当地自然环境和使用环境对建筑物的要求。并应采用可靠措施，防止木结构腐朽和虫蛀，保证结构达到预期的寿命要求。

木材用于建筑材料时必须采取可靠的措施防止其腐朽。一般来讲木材腐朽需同时满足四个条件：充足的氧气、适当的温度（20℃左右）、足够的湿度和木材腐朽所需的营养。因此，需采取适当措施防止木材腐朽。上述四种因素中只有湿度在设计时可通过采取一定的构造措施及利用人工设备来得到保证；此外木材通过一定的化学物质的压力渗透办法，可以达到防腐、防虫（主要是白蚁）的目的。

（4）木结构的平面布置宜规则，质量、刚度变化宜均匀。所有构件之间应有可靠的连接和必要的锚固、支撑，保证结构的强度、刚度和良好的整体性。

与其他建筑材料的结构相比，木结构质量较轻，具有较好的抗震性能；同时，木结构是一种具有高次超静定的结构体系，使结构在地震、风载作用下具有较好的延性。尽管如此，当建筑不规则或有大开口时，会引起结构刚度、质量的分布不均匀。质量或刚度的非对称性必然会导致建筑物质心和侧向力作用点不重合，这样，结构在风载和地震作用等侧向力作用下会导致建筑物绕质心扭转，这对建筑物受力极为不利。

此外，轻型木结构是依靠结构主要受力构件和次要受力构件共同作用的结构受力体系,超静定次数多,如果结构布置非对称,将对结构分析带来很大的复杂性。因此,设计时尽可能采用经过长期实践证明的可靠构造措施,以保证结构的安全性和可靠性。

2.设计要求和方法

按照北美木结构的设计经验,这种结构形式的设计有两种方法。

其一称为工程计算设计方法。这一设计概念的含义在于结构构件、连接等需按照相关的荷载规范、抗震规范计算所受到的内力,然后通过计算确定构件截面和连接。

另一种为基于经验的构造设计法。这种设计方法的含义在于当一栋建筑物满足按照构造设计法进行设计的要求时,它的抗侧力就可不必计算,而是利用结构本身具有的抗侧力构造体系来抵抗侧向荷载,这内在的抗侧力来自于结构密置的墙骨柱、墙体顶梁板、墙体底梁板、楼面梁、屋面椽条以及各种面板、隔墙的共同作用。

无论哪一种设计方法,结构的竖向承载力均需通过计算确定。

(1)工程计算设计法。按照规定计算出作用在建筑物上的各种水平荷载和竖向荷载,用力学分析方法计算出各种构件包括密置的墙骨柱、墙体顶梁板、墙体底梁板、楼面梁、屋面椽条、桁架、剪力墙等的内力以及节点受力,然后再按照构件和连接的计算方法进行构件、连接计算和设计。

水平荷载通过水平的楼屋面板和竖向的剪力墙承受,再传递到基础上。

(2)构造设计法。轻型木结构当满足以下规定时,可按照构造要求进行结构设计,而无须通过内力分析和构件计算确定结构抗侧能力。

①建筑物每层面积不超过 $600m^2$,层高不大于 $3.6m$。

②抗震设防烈度为 6 度、7 度($0.10g$)时,建筑物的高宽比不大于 1.2;抗震设防烈度为 7 度($0.15g$)和 8 度($0.2g$)时,建筑物的高宽比不大于 1.0。此处所述的建筑物高度是指室外地面到建筑物坡屋顶的 1/2 处的高度。

③楼面活荷载标准值不大于 2.5kPa;屋面活荷载标准值不大于 0.5kPa。

④不同抗震设防烈度和风荷载下,构造剪力墙的最小长度符合表 3—1 的有关规定。

表 3—1　按构造要求设计时剪力墙的最小长度

抗震设防烈度	基本风压（kN/m²）					剪力墙最大间距（m）	最大允许层数	每道剪力墙的最小长度					
	地面粗糙度							单层二层或三层的顶层		二层的底层三层的二层		三层的底层	
		A	B	C	D			面板用木基结构板材	面板用石膏板	面板用木基结构板材	面板用石膏板	面板用木基结构板材	面板用石膏板
6 度	—	—	0.3	0.4	0.5	7.6	3	0.25L	0.50L	0.40L	0.75L	0.55L	—
7 度	0.10g	—	0.35	0.5	0.6	7.6	3	0.30L	0.60L *	0.45L	0.90L *	0.70L	
	0.15g	0.35	0.45	0.6	0.7	5.3	3	0.30L	0.60L *	0.45L	0.90L *	0.70L	
8 度	0.20g	0.40	0.55	0.75	0.8	5.3	2	0.45L	0.90L	0.70L	—		

注:1.表中建筑物长度 L 指平行于该剪力墙方向的建筑物长度;

2.当墙体用石膏板作面板时,墙体两侧均应采用;当用木基结构板材作面板时,至少墙体一侧采用;

3.位于基础顶面和底层之间的架空层剪力墙的最小长度应与底层要求相同;

4.* 号表示当楼面有混凝土面层时,面板不允许采用石膏板;

5.采用木基结构板材的剪力墙之间最大间距:抗震设防烈度为 6 度和 7 度(0.10g)时,不得大于10.6m;抗震设防烈度为 7 度(0.15g)和 8 度(0.20g)时,不得大于7.6m;

6.所有外墙均应采用木基结构板作面板,当建筑物为三层、平面长宽比大于 2.5∶1 时,所有横墙的面板应采用两面木基结构板;当建筑物为两层、平面长宽比大于 2.5∶1 时,至少横向外墙的面板应采用两面木基结构板。

此处所说的构造剪力墙不同于上述按工程计算设计法所涉及的剪力墙。构造剪力墙指按构造设计法确定的具有抗侧向承载能力的墙体。而一般意义的剪力墙都是通过计算确定抗侧力能力的剪力墙。应当注意的是,当按构造法设计的剪力墙不满足表 3—1 中有关规定或超出了本节按构造设计法设计的有关规定时,则不得按构造设计法设计,而需按工程计算设计法设计,即必须根据计算结果设计剪力墙和楼屋面来抵抗侧向荷载。在同一幢建筑中,结构的侧向荷载不能一部分依靠工程计算设计的剪力墙来承受,而另一部分依靠按构造法设计的剪力墙来承受。

⑤构造剪力墙的设置应符合图 3—1 的规定。

图 3—1 中,单个墙段的高宽比不大于 2∶1;同一轴线上墙段的水平中心距不大于 7.6m;相邻墙之间横向间距与纵向间距的比值不大于 2.5∶1;墙端

与离墙端最近的垂直方向的墙段边的垂直距离不大于 2.4m;一道墙中各墙段轴线错开距离不大于 1.2m。

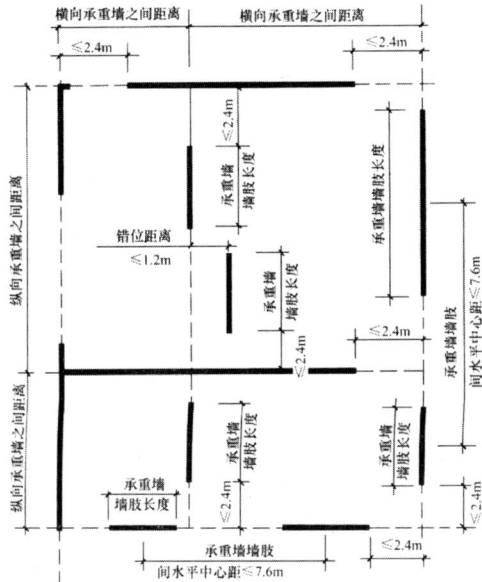

图 3-1　构造剪力墙平面布置及要求

⑥构件的净跨度不大于 12.0m。

⑦除专门设置的梁和柱外,轻型木结构承重构件的水平中心距不大于 600mm。

⑧建筑物屋面坡度不小于 1∶12,也不大于 1∶1;纵墙上檐口悬挑长度不大于 1.2m;山墙上檐口悬挑长度不大于 0.4m。

在木结构中,如果建筑物规模、细部构造及受力等方面不满足上述规定,则结构不能按照构造设计法承担侧向荷载,必须通过工程计算方法设置剪力墙及楼、屋面板来承担侧向荷载。

3.1.2 容许应力设计法

19 世纪以后,以虎克定律为基础的材料力学获得了迅速发展,木结构与其他结构一样,进入了一个容许应力设计方法的阶段,即要求

$$\sigma \leqslant [\sigma] = \frac{f_s}{k}$$

式中:σ 为结构构件控制截面上的最大应力;$[\sigma]$ 为容许应力;f_s 为构件材料的弹性极限强度;k 为安全系数,是根据以往经验确定的一个大于 1 的系数。

可见当时的"极限状态"或破坏状态是以构件控制截面上的最大应力达到材料的弹性极限为准,即认为构件在外荷载作用下,控制截面上的最大应力不超过 f_s / k 时,则结构是安全的。这一设计方法的优点是简单易行,但对破坏状态的理解与实际不符。因为它没有考虑材料具有一定的塑性变形的能力,会影响构件截面上的应力分布,正如木材的清材小试件抗弯强度试验表明的那样,跨中截面受压边缘应力达到木材抗压强度后,由于木材受压时的塑性变形,存在截面应力重分布,可使外荷载继续增大;另一方面,该设计方法没有考虑到荷载和材料强度等方面的变异性(不定性),因此称其为定值设计法;再则基于对荷载和材料强度的认识不足,安全系数由经验而定,缺乏科学依据。

尽管如此,由于该方法可以被工程技术人员理解并轻松掌握,有些国家的木结构设计,如美国在采用极限状态设计法的同时,也允许采用容许应力设计法。而日本仍然完全采用容许应力设计法,当然,在材料强度取值上业已考虑木材的变异性和塑性变形能力等因素的影响。即便是我国的地基基础设计规范,也仍在采用容许应力设计法。采用该方法还应注意到,应力计算使用的是"标准荷载组合效应"。

3.1.3 破损阶段的设计方法

这个设计方法的最大特点是改变了容许应力设计法的"极限状态"概念,将结构构件控制截面最大应力达到材料弹性极限转变到构件控制截面达到承载力限值为"破坏状态",因此要求:

$$\sum S_i \leqslant R(f \cdot A)/k \quad \sum S_i \leqslant R(f \cdot A)/k$$

式中:S_i 为第 i 种荷载的作用效应;$R(f \cdot A)$ 为构件的抗力函数;A 为构件几何参数;f 为构件材料的屈服强度;k 为安全系数。

较之于容许应力设计法,该法从计算构件截面应力转变到采用极限平衡原理计算构件截面的抗力,是个很大的进步。特别是在钢筋混凝土结构设计中,这一点得到了充分的体现。主要不足是安全系数的确定缺乏科学依据,未能考虑到作用效应和抗力的不定性的影响,仍将抗力和作用效应等作定值处理。

3.1.4 多系数极限状态设计法

该方法明确采用结构的承载力和正常使用两种极限状态,以满足建筑结构的安全性和适用性要求。在构件承载力计算中仍采用极限平衡原理,认识到作用效应和结构抗力的不确定性,分别采用了具有一定的保证率的标准荷载和材料标准强度的概念,如钢材标准强度具有 99.73% 的保证率,混凝土标准强度具有 99.87% 的保证率等。更重要的是在承载极限状态下不再采用单一的安全系数,而采用了多系数表达法。在标准荷载基础上考虑超载系数 n,在抗力方面考虑材料的不均匀系数 k 和工作条件系数 m,以反映施工质量、使用环境对安全性的影响。结构承载力极限状态的计算表达式为:

$$\sum n_i c_i q_i \leqslant m R(k_i f_i A_i)$$

式中:c_i、q_i 分别为第 i 种荷载标准值和作用效应系数;A_i 为构件中第 i 种材料的几何参数;k_i、f_i 分别为第 i 种材料的标准强度和不均匀系数。

可见该设计方法又有较大进步,特别是在安全系数上,一定程度上考虑了荷载和抗力不定性的影响,是半经验半概率的方法。但它仍未脱离经验设计的定值设计方法,将结构的安全与不安全绝对化,按这些系数设计的结构就是安全的,否则就是不安全的。事实上,由于荷载、材料强度等诸方面的不定性因素影响,结构的安全性亦具有不确定性。显然这个方法不能给出结构安全性的可靠程度。

在这个时期,木结构从设计表达式的形式上看,仍为容许应力设计法,但其实质有了变化,其木材容许应力 $[\sigma]$ 的取值,以具有 99% 保证率($R-2.33\sigma$)的标准强度为基础,考虑了超载系数平均值 1.2 和施工偏差等工作条件系数平均值 0.19 等影响而确定,因此,它在一定程度上体现了多系数极限状态设计法的基本思想。若仍换算成安全系数,所取木材允许应力,相对于清材小试件强度而言,其顺纹抗拉、顺纹抗压、抗弯及顺纹抗剪分别约为 13.33、4.00、6.67 和 5.00。

3.1.5 基于可靠性理论的极限状态设计法

20 世纪 40 年代,美国学者弗劳腾脱(A.M.Freudenthal)对结构可靠性问题做了开创性研究,提出了结构可靠性理论。1969 年,柯涅尔(C.A.Cornell)提出以 β 值作为衡量结构安全性的统一定量指标,称 β 为"可靠指标"。1971 年,加拿大学者林德(N.C.Lind)把分项系数与可靠指标 β 联系起来,为结构设计使用 β 值衡量结构可靠性提供了一个切实可行的方法,即现行各结构设计规范采用的极限状态分项系数表达式。它在形式上与上述多系数极限状态设计法类似,但在本质上有极大的不同。该设计法着力于改变对结构安全的观念,从可以接受的与国民经济水准相适应的结构功能失效概率(即结构发生事故的概率)出发,将荷载作用效应和结构抗力的不定性联系起来,把原来仅凭经验确定的安全系数或多系数,转变为结构功能满足不大于该失效概率的各种荷载分项系数、效应组合系数和抗力分项系数(或材料分项系数)等。

国际上将结构可靠度设计理论应用划分为三个水准：

水准 I——半概率法

水准 II——近似概率法

水准 III——全概率法

上述多系数极限状态设计大致处于水准 I 的半概率法，仅意识到荷载与材料强度的不定性。基于可靠性理论的极限状态设计法可称为近似概率法，是第二水准，是目前国际上流行的一种设计的方法，应用结构失效概率来处理结构的可靠性问题。至于全概率法，无论在基础数据的统计方面或基于可靠性定量计算方面均有大量工作要做，目前尚处于研究阶段。

3.2 基于可靠性理论的极限状态设计法

结构基于可靠性理论的极限状态设计法，其极限状态分为承载力极限状态与正常使用极限状态两类。下面侧重介绍承载力极限状态，正常使用极限状态将在后面的内容中进行讲解。

3.2.1 结构可靠度的概念

结构可靠度是结构可靠性的定量指标，它被定义为"结构在规定的时间内，和规定的条件下，完成预期功能的概率"，这个概率称为结构的"可靠概率" $Z = R - SP_s$，不能完成预定功能的概率 P_f，称为结构的"失效概率"，显然有 $P_s + P_f = 1$。结构功能所涵盖的内容在前一节内容中已进行了说明，这里不再重复。本书对可靠度仅作概念性介绍，不作可靠度理论和计算方法等方面的阐述。假设结构功能用函数 Z 来表示，它受结构抗力 R 和作用效应 S 控制，若二者均为服从正态分布的随机变量，则函数 Z 可表达为：

$$Z = g(R, S) = R - S$$

显然结构处于极限状态时函数为：

$$Z = R - S = 0$$

即：$Z = 0$，结构处于极限状态；$Z < 0$，结构处于失效状态，不能满足功能要求；$Z > 0$，结构处于可靠状态，能满足功能要求。这个式子被称为结构极限状态方程。

不过需要注意的是，结构抗力 R 和作用效应 S 均为随机变量，结构功能函数 Z 也是随机变量。由数理统计与概率论可证明，当 R、S 为正态分布，其统计参数分别为 $R(\mu_R, \sigma_R)$ 和 $S(\mu_S, \sigma_S)$，则 Z 亦为正态分布，统计参数为 (μ_Z, σ_Z)。因此，用抗力与作用效应各自的平均值 μ_R、μ_S 去计算函数 Z 时其值不是定值,而是落在以平均值 $\mu_Z = \mu_R - \mu_S$ 为中心的、理论上为 $-\infty$ 至 $+\infty$ 的区间,但偏离平均值 μ_Z 越远的取值出现的频数愈少。假定 Z 取值在 0 值以下(不包括 0)的概率为 P_f,则对于正态分布,取值为 0 的点距平均值 μ_Z 的距离为 $\beta\sigma_Z$,如图 3－2 所示。

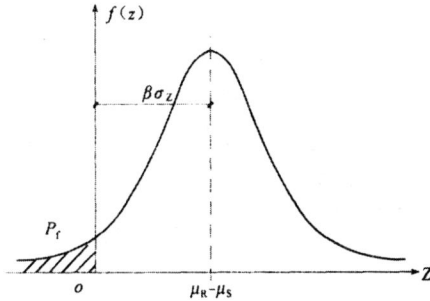

图 3－2 随机变量 Z 概率密度分布曲线

由式子 $Z=R-S=0$ 可知,$Z<0$ 为结构处于失效状态,因此这里的 P_f 即为失效概率。由此,结构在可靠概率 $1-P_f$ 下,其功能函数取值为:

$$Z > \mu_R - \mu_S - \beta\sigma_Z = 0$$

式中 β 称为可靠指标。由于 $\sigma_Z^2 = \sigma_R^2 + \sigma_S^2$,由上式可得结构可靠指标 β 的计算公式为:

$$\beta = \frac{\mu_R - \mu_S}{\sqrt{\sigma_R^2 + \sigma_S^2}}$$

可靠度指标 β 和失效概率 P_f 就是这样联系起来的,两者一一对应,即规定了失效概率 P_f,就规定了 β 值,反之亦然。两者的关系取决于功能函数 Z 的分布规律,函数 Z 为正态分布时的 β 与 P_f 的对应关系,如表 3－2 所示。

表 3－2 可靠度指标与失效概率的对应关系

β	P_f	β	P_f	β	P_f
1.0	1.59×10^{-1}	2.5	6.21×10^{-3}	4.0	3.17×10^{-5}
1.5	6.68×10^{-2}	3.0	1.35×10^{-3}	4.5	3.40×10^{-6}
2.0	2.28×10^{-2}	3.5	6.21×10^{-4}	5.0	2.90×10^{-7}

3.2.2 目标可靠度

我国《建筑结构可靠度设计统一标准》GB 50068,根据国际上可靠指标取值情况,考虑我国国民经济情况和能与前各结构设计规范的安全性相衔接,类比各行业安全事故年发生率,规定了不同安全等级的房屋和结构构件不同破坏性质的结构可靠指标,又称目标可靠度。对于承载力极限状态,如表 3－3 所示。我国建筑的设计基准周期为 50 年,对表中规定的失效概率除以 50 为年失效概率。如对安全等级为二级的一般建筑物,若延性破坏,则年均失效概率为 1.36×10^{-5},比交通工具中年失效概率最低的飞机失效概率 1.0×10^{-5} 要高一些。需说明的是房屋结构失效是功能失效,并不一定是安全伤亡事故或房屋倒塌,而飞机失事往往伴随着人员伤亡。

表 3－3　国家标准对设计基准期为 50 年的结构目标可靠指标 β_0 的规定及重要性系数 γ_0

破坏类型	安全等级					
	一		二		三	
	β_0	P_f	β_0	P_f	β_0	P_f
延性	3.7	1.0×10^{-4}	3.2	6.8×10^{-4}	2.7	3.4×10^{-3}
脆性	4.2	0.13×10^{-4}	3.7	1.0×10^{-4}	3.2	6.8×10^{-4}
重要性系数 γ_0	1.10		1.0		0.90	

3.3 承载力极限状态和木材强度设计值

3.3.1 承载力极限状态的分项系数表达式

将 $Z > \mu_R - \mu_S - \beta\sigma_Z = 0$ 转化成分项系数表达式:

$$\mu_R - \mu_S = \beta\sigma_Z = \beta\sqrt{\sigma_R^2 + \sigma_S^2} = \beta\sigma_Z \frac{\sigma_R^2 + \sigma_S^2}{\sigma_Z^2}$$

$$\mu_S + \beta\frac{\sigma_S^2}{\sigma_Z} = \mu_R - \beta\frac{\sigma_R^2}{\sigma_Z}$$

取作用效应变异系数 $V_S = \frac{\sigma_S}{\mu_S}$,抗力变异系数 $V_R = \frac{\sigma_R}{\mu_R}$,并设抗力标准值 $R_K = \mu_R(1 - \alpha_R V_R)$,作用效应标准值 $S_k = \mu_S(1 - a_s v_s)$。其中 α_R 和 α_S 分别为抗力和荷载作用效应具有一定保证率的分位值,与它们的分布函数形式有关。

则上面的分项系数表达式可以转化为:

$$S_K(1+\beta\frac{V_S\sigma_S}{\sigma_Z})\frac{1}{1+\alpha_S V_S}=R_K(1-\beta\frac{V_R\sigma_R}{\sigma_Z}\frac{1}{1-\alpha_R V_R})$$

令荷载作用分项系数　　　　$\gamma_{SF}=\dfrac{1+\beta\dfrac{V_S\sigma_S}{\sigma_Z}}{1+\alpha_S V_S}$

抗力分项系数　　　　$\gamma_R=\dfrac{1-\alpha_R V_R}{1-\beta\dfrac{V_R\sigma_R}{\sigma_Z}}$

则上面的分项系数就可以继续简化写成承载能力极限状态分项系数设计表达式的原始形式：

$$S_K \cdot \gamma_{SF}=R_K/\gamma_R$$

由原始形式可以看出,多系数极限状态设计法中各系数,或容许应力设计法中的安全系数已被结构抗力分项系数和作用效应分项系数所代替,还有一点就是由上面的 γ_{SF} 和 γ_R 两个式子可以看出,两分项系数是建立在可靠指标 β 及抗力和作用效应的变异性基础之上的,与由经验确定的多系数或安全系数存在本质上的区别。

我国各机构设计规范根据《建筑结构可靠度设计统一标准》规定,对荷载作用效应分项系数做了明确规定,以安全等级二级为基础,而且用一个附加的结构重要性系数 γ_0 来对荷载效应分项系数进行及时修正,是适应性得到提升,以此来规定一、二级安全等级的结构,如前文表 3-2 所示。

再加上从木结构的材料强度影响设计使用年限的角度考虑,木结构设计规范对重要性系数的要求又在表 3-2 的基础上做了进一步扩展,具体表现在以下方面：当安全等级为一级,使用年限在 100 年以上时 γ_0 应不小于1.2,则不足 100 年的取 1.10；当安全等级为二级或使用年限为 50 年的 γ_0 应不小于 1.0；当安全等级为三级,使用年限为 25 年的 γ_0 应不小于 0.95,使用年限 5 年的 γ_0 不小于 0.90。只是从这个角度考虑还有一点需要注意,那就是这种方法是基于荷载作用效应的调节来实现的,而不是依靠调整抗力的方法。

荷载作用分项系数和抗力分项系数都是建立在它们的标准值基础之上的。对于单一材料组成的钢结构、木结构可令抗力设计值或承载力计算值为

$$R=\frac{R_K}{\gamma_R}=\frac{R(f_K \cdot A_K)}{\gamma_R}=R(f_K/\gamma_R \cdot A_K)$$

式中：$R(\cdot)$ 为抗力函数；f_K 为材料强度标准值；A_K 为材料截面几何参数。

再令荷载效应基本组合：$S=S_K \cdot \gamma_{SF}$

则结合结构重要性系数 γ_0,分项系数的原始形式就可写成结构承载力极限状态的设计表达式：

$$\gamma_0 S \leqslant R$$

抗力分项系数也被称为材料强度分项系数。一般来说，构件抗力与材料强度呈线形关系。因此，对于钢结构、木结构是由单一材料构成的一种特殊性，上面的抗力设计值或承载力计算值又可写成：

$$R = \frac{f_K}{\gamma_R} R(A_K)$$

式中：$R(A_K)$ 可称为抗力截面系数，如抗弯截面系数 W（抵抗矩）、截面积 A、惯性矩 I、面积矩 S 等。

所以结构承载力极限状态的设计表达式又可以写成：

$$\frac{\gamma_0 S}{R(A_K)} \leqslant \frac{f_K}{\gamma_R} = f$$

式中：f 为材料强度设计值。这一计算法在形式上与容许应力设计法有很多相似之处，是我国现行《木结构设计规范》GB 50005 实际采用的承载力极限状态的设计表达式，虽易被工程师所接受，但为了避免产生混淆，本书将按式 $\gamma_0 S \leqslant R$ 的形式对木结构的设计原理进行叙述。

3.3.2 荷载分项系数

结构所承受的荷载有可变荷载和永久荷载之分，可变荷载又包括雪荷载、风荷载、楼面荷载和施工荷载，可能还有偶然的地震作用等。

而这些荷载对应的分布函数是各不相同的，因此用一个统一的荷载作用效应分项系数 γ_{SF} 不能将不同荷载类型的不定性对结构可靠指标产生的影响进行表达，基于这种考虑给不同荷载类型设置不同的分项系数就显得很有必要。

当有数个可变荷载同时作用时还应给出它们的组合系数，因为这些可变荷载同时达到标准值的可能性就更小了。为简单说明原理，取永久荷载和仅有一种可变荷载的情况加以说明。假设作用效应符合线性叠加原理，则有：

$$S = S_G + S_Q = C_G \cdot G + C_Q \cdot Q$$

式中：C_G、C_Q 分别为永久荷载和可变荷载的作用效应系数。不过有一点需要注意，G、Q 是随机变量，所以作用效应就是随机函数。假定 G、Q 均符合正态分布，则作用效应的平均值 μ_S 和标准差 σ_S 分别为：

$$\left. \begin{array}{l} \mu_S = C_G \mu_G + C_Q \mu_Q \\ \sigma_S^2 = (C_G \sigma_G)^2 + (C_Q \sigma_Q)^2 \end{array} \right\}$$

式中：μ_G、σ_G 分别为永久荷载的平均值与标准差；μ_Q、σ_Q 分别为可变荷载的平均值与标准差。荷载标准值和平均值间有下列关系：

$$G_K = \mu_G (1 + \alpha_G V_G) \\ Q_K = \mu_Q (1 + \alpha_Q V_Q) \Bigg\}$$

式中：G_K、V_G 分别为永久荷载的标准值和变异系数；Q_K、V_Q 为可变荷载的标准值和变异系数；α_G、α_Q 分别为永久荷载和可变荷载某一保证率下的分位值的计算系数。

由上式可知分项系数的表达式左边的是作用效应，将上面两组式子代入其中得：

$$\mu_S + \beta \frac{\sigma_S^2}{\sigma_Z} = C_G G_K \left(1 + \beta \frac{C_G V_G \sigma_G}{\sigma_Z} \right) \frac{1}{1 + \alpha_G V_G}$$
$$+ C_Q Q_K \left(1 + \beta \frac{C_Q V_Q \sigma_Q}{\sigma_Z} \right) \frac{1}{1 + \alpha_Q V_Q}$$

即：

$$S = C_G G_K \gamma_G + C_Q Q_K \gamma_Q = S_{GK} \gamma_G + S_{QK} \gamma_Q$$

式中：S_{GK}、S_{QK} 分别为永久荷载和可变荷载的标准作用效应；γ_G、γ_Q 分别为永久荷载和可变荷载的分项系数，分别为：

$$\gamma_G = \frac{1 + \beta \dfrac{C_G V_G \sigma_G}{\sigma_Z}}{1 + \alpha_G V_G} \\[4mm] \gamma_Q = \frac{1 + \beta \dfrac{C_Q V_Q \sigma_Q}{\sigma_Z}}{1 + \alpha_Q V_Q} \Bigg\}$$

对两种或两种以上可变荷载组合作用时，《建筑结构荷载规范》GB 50009 做出如下规定：

$$S = S_{GK} \gamma_G + S_{QK1} \gamma_{Q1} + \sum_{i=2}^{n} \gamma_{Qi} \varphi_{ci} S_{Qik}$$

式中：S_{QK1}、γ_{Q1} 分别为可变荷载中作用效应最大的一个的标准作用效应及其分项系数；S_{Qik}、γ_{Qi} 分别为其余各可变荷载的标准作用效应和荷载分项系数；φ_{ci} 为第 i 个可变荷载效应组合系数。考虑到各类结构的情况，统一规定了各荷载分项系数和组合系数的取值，如仅有一种可变荷载时，永久荷载分项系数为 1.20，可变荷载分项系数为 1.40；但当结构以永久荷载起控制作用时，上式右边第二项也要并入第三项中。这时永久荷载分项系数就是 1.35，可变荷载分项系数仍为 1.4，但组合系数取 0.7（但也有少数情况下可变荷载用 0.9 表示）。

3.3.3 木结构抗力的不定性与抗力分项系数

木结构是单一材料的结构，因此它的抗力表达式比较简单，即为：

$$R = R(f_a \cdot A)$$

式中：f_a 为结构木材的实际强度；A 为材料的实际几何参数；$R(\cdot)$ 为抗力函数。由此可见，木材结构的抗力不定性是由三方面的原因共同作用所决定的：第一，结构木材强度的不定性。一般树种木材都有自身的平均强度，只是在实际中由于构件木材受到多方面因素的影响，实际强度与该树种平均强度是不完全相同的。第二，结构构件几何参数的不定性。设计尺寸为 A_k，实际施工后的尺寸则可能与 A_k 存在一定差异，这个微小的差异在一定范围内是被允许的。第三，计算模式的不定性。换句话说就是计算公式（抗力函数 $R(\cdot)$）是有一定误差的，如目前的结构构件抗力一般被表达为与其材料强度呈线性关系，极限平衡状态计算方法的实质是考虑材料塑性变形能力对承载力的影响，主要是从调整计算模式的角度来解决，如钢结构采用塑性设计时采用"塑性截面模量"而保持钢材强度指标不变，实际受弯构件的塑性模量取决于材料控制截面上塑性区的范围，而理论计算时被假设为全截面达到塑性，这种计算模式会存在一定的差异。

基于这三方面原因的考虑，在计算抗力设计值时对抗力的不定性进行了解是很有必要的。

1.木结构材料强度的不定性

木结构材料强度的不定性可用以下随机变量 k_F 表示：

$$k_F = \frac{f_a}{\omega_0 f_k} = \frac{1}{\omega_0} \cdot \frac{f_a}{f_0} \cdot \frac{f_0}{f_k} = \frac{1}{\omega_0} \cdot k_g \cdot k_\theta$$

式中：f_a、f_0 分别为结构构件木材和试件木材的实际强度；f_k 为由试件木材测得的具有 95% 保证率的强度标准值；ω_0 为考虑试件木材与结构木材所处条件不同而规定的一个系数，是一个定值。试件木材强度是在标准环境和试验条件下进行试验得到的，而实际结构可能处于各种不同环境承受荷载作用，强度上需作适当调整；k_g、k_θ 分别为反映结构木材和试件木材强度差异和试件木材强度变异的随机变量。

由随机变量统计运算法则，若 k_F 符合正态分布，则木结构材料强度不定性的平均值 $\bar{K}_F$ 和变异系数 V_{kf} 可由下式表示：

$$\left.\begin{array}{l} \bar{K}_F = \dfrac{1}{\omega_0 f_k} \bar{K}_g \cdot m_f \\[2mm] V_{kf} = \sqrt{V_{kg}^2 + V_{k\theta}^2} \end{array}\right\}$$

式中：$\bar{K}_g$ 为结构木材与试件木材强度差异的平均值；m_f 为某树种木材试件的强度平均值；V_{kg}、$V_{k\theta}$ 分别为反映结构木材与试件木材差异和试件木材强度差异的变异系数。

另外,式中的统计参数 $\overline{K}_{\mathrm{g}}$ 和 V_{kg} 在实际应用中测得时是存在一定难度的,目前还需要借助经验评估的支持。对于木材试件强度方面的统计参数 m_{f} 和 $V_{k\theta}$ 的获得又与木材的试件形式有关。我国《木结构设计规范》GB 50005 仍基于无疵清材小试件试验确定某树种木材的强度,而国际上目前比较流行的是基于足尺试件试验确定某树种某规格木材的强度,两者在 m_{f} 和 $V_{k\theta}$ 存在较大差别。

设某树种结构木材试件与清材小试件实测强度之比为 k_{θ},实现上述转化涉及对随机变量 k_{θ} 的分析。结构木材试件是指含有各种强度影响因素的木材,主要从以下不确定因素进行考虑。首先是木材的天然缺陷如节疤、斜纹等,用随机变量 $k_{\theta1}$ 表示;二是木材在干燥过程中形成的干裂等缺陷,用随机变量 $k_{\theta2}$ 表示;三是尺寸效应对强度的影响,用随机变量 $k_{\theta4}$ 表示;最后是无疵清材小试件强度的不定性 V'_{f}。上述这些随机变量的共同作用构成了随机变量 k_{θ}。如果在这些因素的共同作用下,k_{θ} 是与正态分布相符合的,则其平均值 K_{θ} 和变异系数 $V_{k\theta}$ 都可以用下面的式子进行表示:

$$\overline{K}_{\theta} = \frac{m_{\mathrm{f}}}{m'_{\mathrm{f}}} = \overline{K}_{\theta1}\,\overline{K}_{\theta2}\,\overline{K}_{\theta4}$$

$$V_{k\theta} = \sqrt{V_{\theta1}^{2} + V_{\theta2}^{2} + V_{\theta4}^{2} + V_{f}^{'2}}$$

式中:m'_{f}、V'_{f} 为某树种无疵清材小试件强度的平均值和变异系数;$\overline{K}_{\theta1}$、$\overline{K}_{\theta2}$、$\overline{K}_{\theta4}$ 分别为随机变量 $k_{\theta1}$、$k_{\theta2}$、$k_{\theta4}$ 的平均值;$V_{\theta1}$、$V_{\theta2}$、$V_{\theta4}$ 分别为随机变量 $k_{\theta1}$、$k_{\theta2}$、$k_{\theta4}$ 的变异系数。这样木材试件强度标准值就可以表示为:

$$f_{\mathrm{k}} = m_{\mathrm{f}}(1 - 1.645V_{k\theta})$$

需要说明的是上述随机变量 $k_{\theta1}$、$k_{\theta2}$、$k_{\theta4}$ 等联合作用对结构木材试件强度影响,即随机变量 k_{θ} 是否符合正态分布还有待进行深层研究,不过通常还是与对数正态分布相符的。但为便于读者了解如何处理各种不确定性因素对木材强度影响的过程,这里仍假设它是与正态分布相符的。

$$\left.\begin{array}{c} m'_{\mathrm{f}} = \displaystyle\sum_{1}^{n} p_{\mathrm{i}} \cdot m'_{\mathrm{fi}} \\[3mm] V'_{\mathrm{f}} = \displaystyle\sum_{1}^{n} p_{\mathrm{i}} V'_{\mathrm{FI}} \end{array}\right\}$$

式中:p_{i} 为加权值,用相对木材储量体现。

清材小试件强度标准值 f'_{k} 取分布函数的 0.05 分位值,即具有 95% 的保证率：

$$f'_k = m'_f(1 - 1.0645V'_f)$$

我国《木结构设计规范》GB 50005 根据大量调查统计，给出了上述各随机变量 $k_{\theta1} \sim k_{\theta4}$ 的统计参数，如表 3−4 所示。

表 3−4　木材强度与构件抗力统计参数

受力类型		受弯	顺纹受压	顺纹受拉	顺纹受剪
天然缺陷	$\bar{K}_{\theta1}$	0.75	0.80	0.66	—
	$V_{\theta1}$	0.16	0.14	0.19	—
干燥缺陷	$\bar{K}_{\theta2}$	0.85	—	0.90	0.82
	$V_{\theta2}$	0.04	—	0.04	0.10
长期荷载	$\bar{K}_{\theta3}$	0.72	0.72	0.72	0.72
	$V_{\theta3}$	0.12	0.12	0.12	0.12
尺寸效应	$\bar{K}_{\theta4}$	0.89	—	0.75	0.90
	$V_{\theta4}$	0.06	—	0.07	0.06
几何参数	$\bar{K}_A$	0.94	0.96	0.96	0.96
	V_A	0.08	0.06	0.06	0.06
方程精确性	$\bar{K}_P$	1.00	1.00	1.00	0.97
	V_P	0.05	0.05	0.05	0.08

注：本表摘自《木结构设计规范》GB 50005。

对比 $f_k = m_f(1 - 1.645V_{k\theta})$ 和 $f'_k = m'_f(1 - 1.0645V'_f)$ 可以看出，前者实际上是在数理统计方法的基础上推算出的相当于结构木材的强度标准值，后者是清材小试件的强度标准值。这个推算结果显然不如采用足尺实验结果的准确度高，这是国际上倾向于采用足尺试验方法确定结构木材强度的一个重要原因。

2.木结构构件几何参数和计算模式存在的不定性

木结构构件几何参数的不定性是指由于构件制作、安装偏差等引起的几何参数与设计规定不一致。几何参数不定性可用随机变量 K_A 来表示：

$$K_A = \frac{A}{A_K}$$

式中：A 为木结构构件制作安装后的实际几何参数；A_K 为设计的标准几何参数。它的平均值和变异系数分别为 $\bar{K}_A$ 和 V_A。

计算模式不定性主要是指在进行抗力计算时采用的基本假设和计算公式的不精确性，导致与实际构件的抗力有差异。它可用随机变量 K_P 来表示：

$$K_P = \frac{R_s}{R_c}$$

式中：R_s 为构件实际抗力；R_c 是按结构构件实际几何参数和结构材料实际强度计算的抗力。其平均值和变异系数分别为 $\bar{K}_P$ 和 V_P。

表 3-4 最后 2 项列出了木结构的这些统计参数。

3.木结构抗力存在的不定性

根据对木结构抗力表达式 $R = R(f_a \cdot A)$ 和材料强度不定性、几何参数不定性以及计算模式不定性的分析，抗力随机变量可通过下面的式子表达：

$$R = K_P(K_F \omega_0 f_k) \cdot (K_A A_K) = K_P \cdot K_F \cdot K_A \cdot R_K$$

将其无量纲化，则可表达为：

$$K_R - \frac{\mu_R}{R_K} = K_P \cdot K_F \cdot K_A$$

假定抗力随机变量符合正态分布，则其平均值 $\bar{K}_R$ 和变异系数 V_R 为：

$$平均值：\bar{K}_R = \bar{K}_P \cdot \bar{K}_F \cdot \bar{K}_A$$

$$变异系数：V_R = \sqrt{V_P^2 + V_A^2 + V_F^2}$$

4.木结构抗力的分项系数

综上所述，在可靠性理论的基本概念以及木材强度和木结构构件抗力的不定性的基础上，并基于国家标准规定的可靠指标 β_0 和各类荷载分项系数取值，可从理论上计算出木结构构件的抗力分项系数取值。但《木结构设计规范》GB 50005 与其他结构规范一样，在认定原结构设计规范安全系数，或多系数取值基本符合实际的情况下，为使结构安全性水准不发生过大变动，常采用"校准法"来确定抗力分项系数，即将原规范安全系数或超载系数、工作条件系数等换算成等效的抗力分项系数（或材料分项系数），并考虑各种荷载效应组合和可变荷载与永久荷载的不同效应比，在给定荷载分项系数的条件下，反算可靠指标 β 是否满足国家标准的规定值，不满足则调整抗力分项系数。

木结构规范校准可靠度时,采用的荷载统计参数如表 3-5 所示。可变荷载与永久荷载作用效应比 ρ 对于木屋盖取 0.2~0.5;对于楼盖、办公类建筑取 1.5,并以结构安全等级为二级作衡量标准。受压、受弯以延性破坏,受拉、受剪以脆性破坏作为结构构件破坏特征。可靠指标校准的结果如表 3-6 所示。

表 3-5 荷载或荷载效应统计参数

荷载种类	平均值/标准值	变异系数
永久荷载	1.06	0.07
办公楼面可变荷载	0.524	0.288
住宅楼面可变荷载	0.644	0.233
雪荷载	1.14	0.22

注:本表摘自《木结构设计手册》第三版。

表 3-6 可靠指标校准结果

受力性质 荷载组合	顺纹受拉	顺纹受压	受弯	顺纹受剪
G+L	4.72	4.29	4.26	4.36
G+S	3.93	3.40	3.37	3.47

注:1.G 永久荷载,L 可变荷载,S 雪荷载;

2.本表摘自《木结构设计手册》第三版。

顺纹受拉 $\gamma_R = 1.95$;顺纹受剪 $\gamma_R = 1.50$;

顺纹受压 $\gamma_R = 1.45$;顺纹受弯 $\gamma_R = 1.60$。

3.3.4 木材强度设计值的计算

前面的内容已经对木结构是单一材料制作的结构、构件进行了阐述,因此可知抗力分项系数即为材料分项系数,这样根据式 $R = \dfrac{R_K}{\gamma_R} = \dfrac{R(f_K \cdot A_K)}{\gamma_R} = R(f_K / \gamma_R \cdot A_K)$,按设计使用年限为 50 年计算,得出木材强度设计值理论上应为:

$$f = \frac{f_k \overline{K}_{\theta 3}}{\gamma_R}$$

但《木结构设计规范》GB 50005 根据可靠指标 β 等于或接近国家规定的

目标可靠指标 β_0 为依据，并考虑到了某些树种如落叶松、云南松和马尾松等树种木材的天然、干燥缺陷特别严重的情况，并不是单纯按上述抗力分项系数来确定材料强度设计值，而是根据主要使用地区的经验作了适当调整，使得设计指标与工程经验相一致。《木结构设计规范》GB 50005 将我国常用建筑木材树种归类，按其抗弯强度设计值划分为若干强度等级。针叶树种划分为 TC17、TC15、TC13 和 TC11 四个强度等级，并按其抗拉、抗压和抗剪能力的不同，每一强度等级又分为 A、B 两组；阔叶树种划分为 TB20、TB17、TB15、TB13 和 TB11 五个强度等级。按照这样的划分，给出了各强度等级木材的弯、拉、压、剪等强度设计值，如表 3－7 所示。

表 3－7　木材的强度设计值和弹性模量（N／mm²）

| 强度等级 | 组别 | 抗弯 f_m | 顺纹抗压及承压 f_c | 顺纹抗拉 f_t | 顺纹抗剪 f_v | 横纹承压 $f_{c,90}$ | | | 弹性模量 E |
						全面积	局部齿面	受拉螺栓垫板下	
TC10	A	17	16	10	1.7	2.3	3.5	4.6	10000
	B		15	9.5	1.6				
TC15	A	15	13	9.0	1.6	2.1	3.1	4.2	10000
	B		12	9.0	1.5				
TC13	A	13	12	8.5	1.5	1.9	2.9	3.8	10000
	B		10	8.0	1.4				9000
TC11	A	11	10	7.5	1.4	1.8	2.7	3.6	9000
	B		10	7.0	1.2				
TB20		20	18	12	2.8	4.2	6.3	8.4	12000
TB17		17	16	11	2.4	3.8	5.7	7.6	11000
TB15		15	14	10	2.0	3.1	4.7	6.2	10000
TB13		13	12	9.0	1.4	2.4	3.6	4.8	8000
TB11		11	10	8.0	1.3	2.1	3.2	4.1	7000

注：1.当矩形截面尺寸边不小于 150mm 时，强度可提高 10%；

　　2.本表摘自《木结构设计规范》GB 50005。

　　木材强度受结构的使用环境影响会有一定的变化,上述木材强度设计值适用于结构处于正常的使用环境,否则尚需调整。表 3－8 针对一些环境条件,给出了强度调整系数。设计使用年限以 50 年为基准期,少于或多于 50 年时也作调整,如表 3－9 所示。对于普通层板胶合木,其强度设计值仍可按表 3－10 取用。但当将其用作受弯构件时,需按截面尺寸不同对其抗弯强度设计值进行修正,如表 3－11 所示。当构件做成工字形或 T 字形截面时,尚需乘以 0.99 的修正系数。

表 3－8　不同使用环境的木材设计指标调整系数

使用环境	调整系数	
	强度设计值	弹性模量
露天环境	0.9	0.85
长效高温,表面温度 45℃～50℃	0.8	0.8
按恒载验算	0.8	0.8
施工,维修时短暂使用	1.2	1.0

注:本表摘自《木结构设计规范》GB 50005。

表 3－9　不同使用年限时木材强度设计值和弹性模量的调整系数

设计使用年限	调整系数	
	强度设计	弹性模量
5 年	1.1	101
25 年	1.05	1.05
50 年	1.0	1.0

注:本表摘自《木结构设计规范》GB 50005。

表 3－10　普通层板胶合木受弯构件强度设计值修正系数

宽度(mm)	截面高度(mm)						
	＜150	150－500	600	700	800	1000	≥1200
$b<150$	1.00	1.00	0.95	0.90	0.85	0.80	0.75
$b\geqslant150$	1.00	1.15	1.05	1.00	0.90	0.85	0.80

注:本表摘自《木结构设计规范》GB 50005。

对于进口规格材的强度设计值,《木结构设计规范》GB 50005 规定可按表 3－11～表 3－13 取用。

表 3－11　北美地区目测分级进口规格强度设计值和弹性模量

名称	等级	截面最大尺寸 (mm)	设计值（N/mm²）					
			抗弯 f_m	顺纹抗压 f_c	顺纹抗拉 f_t	顺纹抗剪 f_v	顺纹承压 $f_{c,90}$	弹性模量 E
花旗松落叶松类（南部）	Ⅰc	285	16	18	11	1.9	7.3	13000
	Ⅱc		11	16	7.2	1.9	7.3	12000
	Ⅲc		9.7	15	6.2	1.9	7.3	11000
	Ⅳc，Ⅴc		5.6	8.3	3.5	1.9	7.3	10000
	Ⅵc	90	11	18	7.0	1.9	7.3	10000
	Ⅶc		6.2	15	4.0	1.9	7.3	10000
花旗松落叶松类（北部）	Ⅰc	285	15	20	8.8	1.9	7.3	13000
	Ⅱc		9.1	15	5.4	1.9	7.3	11000
	Ⅲc		9.1	15	5.4	1.9	7.3	11000
	Ⅳc，Ⅴc		5.1	8.8	3.2	1.9	7.3	10000
	Ⅵc	90	10	19	6.2	1.9	7.3	10000
	Ⅶc		5.6	16	3.5	1.9	7.3	10000
铁一冷杉（南部）	Ⅰc	285	15	16	9.9	1.6	4.7	11000
	Ⅱc		11	15	6.7	1.6	4.7	10000
	Ⅲc		9.1	14	5.6	1.6	4.7	9000
	Ⅳc，Ⅴc		5.4	7.8	3.2	1.6	4.7	8000
	Ⅵc	90	11	17	6.4	1.6	4.7	9000
	Ⅶc		5.9	14	3.5	1.6	4.7	8000

铁一冷杉（北部）	I_c	285	14	18	8.3	1.6	4.7	12000
	II_c		11	16	6.2	1.6	4.7	11000
	III_c		11	16	6.2	1.6	4.7	11000
	IV_c，V_c		6.2	9.1	3.5	1.6	4.7	10000
	VI_c	90	12	19	7.0	1.6	4.7	10000
	VII_c		7.0	16	3.8	1.6	4.7	10000
南方松	I_c	285	20	19	11	1.9	6.6	12000
	II_c		13	17	7.2	1.9	6.6	12000
	III_c		11	16	5.9	1.9	6.6	11000
	IV_c，V_c		6.2	8.8	3.5	1.9	6.6	10000
	VI_c	90	12	19	6.7	1.9	6.6	10000
	VII_c		6.7	16	3.8	1.9	6.6	9000
云杉一松一冷杉类	I_c	285	13	15	7.5	1.4	4.9	10300
	II_c		9.4	12	4.8	1.4	6.6	9700
	III_c		9.4	12	4.8	1.4	6.6	9700
	IV_c，V_c		5.4	7.0	2.7	1.4	6.6	8300
	VI_c	90	11	15	5.4	1.4	6.6	9000
	VII_c		5.9	12	2.9	1.4	6.6	8300
其他北美树种	I_c	285	9.7	11	4.3	1.2	3.9	7600
	II_c		6.4	9.1	2.9	1.2	3.9	6900
	III_c		6.4	9.1	2.9	1.2	3.9	6900
	IV_c，V_c		3.8	5.4	1.6	1.2	3.9	6200
	VI_c	90	7.5	11	3.2	1.2	3.9	6900
	VII_c		4.3	9.4	1.9	1.2	3.9	6200

注：本表摘自《木结构设计规范》GB 50005。

表 3－12　尺寸调整系数

等级	截面高度（mm）	抗弯		顺纹抗压	顺纹抗拉	其他
		截面宽度（mm）				
		40 和 65	90			
I_c, II_c, III_c, IV_c, V_c	≤90	1.5	1.5	1.15	1.5	1.0
	115	1.4	1.4	1.1	1.4	1.0
	140	1.3	1.3	1.1	1.3	1.0
	185	1.2	1.2	1.05	1.2	1.0
	235	1.1	1.2	1.0	1.1	1.0
	285	1.0	1.1	1.0	1.0	1.0
VI_c, VII_c	≤90	1.0	1.0	1.0	1.0	1.0

注：本表摘自《木结构设计规范》GB 50005。

表 3－13　北美地区目测规格材等级与中国目测规格材等级的对应关系

中国目测规格材等级	北美地区目测规格材等级	中国目测规格材等级	北美地区目测规格材等级
I_c	Select structural	V_c	Stud
II_c	No.1	VI_c	Construction
III_c	No.2	VII_c	Standard
IV_c	No.3		

注：本表摘自《木结构设计规范》GB 50005。

我国机械分级木材的强度设计值和弹性模量及与国外产品的对应关系如表 3－14 和表 3－15 所示。

表 3—14　机械分等规格材强度设计值和弹性模量

强度	强度等级							
	M10	M14	M18	M22	M26	M30	M35	M40
抗弯 f_m	8.20	12	15	18	21	25	29	33
顺纹抗拉 f_t	5.0	7.0	9.0	11	13	15	17	20
顺纹抗压 f_c	14	15	16	18	19	21	22	24
顺纹抗剪 f_v	1.1	1.3	1.6	1.9	2.2	2.4	2.8	3.1
顺纹承压 $f_{c,90}$	4.8	5.0	5.1	5.3	5.4	5.6	5.8	6.0
弹性模量 E	8000	8800	9600	10000	11000	12000	13000	14000

注：本表摘自《木结构设计规范》GB 50005。

表 3—15　我国机械分等规格材强度与其他国家的对应表

中国规范采用等级	M10	M14	M18	M22	M26	M30	M35	M40
北美采用等级		1200f—1.2E	1450f—1.2E	1650f—1.2E	1800f—1.2E	2100f—1.2E	2400f—1.2E	2850f—1.2E
新西兰采用等级	MSG6	MSG8	MSG10		MSG12		MSG15	
欧洲采用等级		C14	C18	C22	C27	C30	C35	C40

注：本表摘自《木结构设计规范》GB 50005。

3.4 正常使用极限状态和木材弹性模量取值

3.4.1 正常使用极限状态与设计表达式

与承载力极限状态类似，正常使用极限状态同样采用近似概率法设计。由于它不直接涉及结构安全，可接受较大的失效概率。我国建筑结构可靠度设计统一标准规定可靠指标 β 为 0～1.5，失效概率大致为 0.5～0.0668。木结

构受弯构件取 β 为 1.5。正常使用极限状态的设计表达式为：

$$S_d \leqslant C$$

式中：S_d 为荷载效应的标准组合作用下的变形计算值；C 为根据结构构件正常使用要求规定的变形限值。

也就是说，在荷载效应标准组合的作用下，结构的变形不得超过规定的限值。这里需要正确理解变形限值的含义，它是指在荷载效应标准组合作用下的变形容许值，不是允许变形的极限值，极限值应比规定的限值 C 大。例如木檩条其限值 C 为 $l/200$，而对应的极限值约为 $l/150$，只有这样规定限值 C，才能保证在规定的失效概率 P_f 下檩条的挠度不超过极限值 $l/150$。即若木檩条设计时满足 $l/200$ 的限值要求，则可由 6.68% 的概率推定，檩条实际挠度可能达到 $l/150$。

3.4.2 木材弹性模量

木材弹性模量是一种材性指标，一般可以在正常使用极限状态下对结构构件变形进行验算。《木结构设计规范》GB 50005 规定木材弹性模量也要用清材小试件进行测定，取其平均值为弹性模量设计指标 $E_0 = \mu_E$。木材定级方法不同，其弹性模量的变异系数也会有所差异。一般目测定级木材取 0.25，机械评级木材取 0.15，机械应力定级木材取 0.11，截面组坯 6 层以上的层板胶合木可取 0.10。

一方面，由于原木大多是没有经过锯解加工的，因此保持了木纤维原有的连续性，所以即使是在同等荷载作用效应下，原木檩条的挠度也要比半圆木或方木檩条的小。这样一来原木的弹性模量就允许比规定值提高 15%。另一方面，结构所处的工作环境条件对木材弹性模量也会有不同程度的影响，因此弹性模量也会做出相应调整。

第 4 章　木结构房屋及结构连接

木结构房屋主要由三部分组成,包括木构架墙体、木楼盖和木屋盖,它们共同起到担负作用,这些作用力主要来源是加载于结构上的负重。这些木结构构件主要包括那些用来建造结构框架的规格材(实心木)或工程木产品(再造木),以及用来覆盖在框架上作为覆面板之用的板材,如胶合板或定向刨花板等。

4.1 木结构房屋简介

4.1.1 常见的房屋分类

轻型木结构的房屋之所以比一般的钢筋混凝土结构更具优越性,主要是体现在性能上,只不过这类建筑物的成本略高。但是又由于木结构房屋的工期很短,所以即使投资高一些,也可以在较短的时间内收获较好的回报率。

1.独栋(独立式)住宅

最近几年内,在一线城市的一些地方许多独栋轻型木结构住宅纷纷建立,这些建筑大都是面积较大、装饰豪华的高档住宅,可供部分高收入人群选择。其中,那些面积较小的独栋住宅满足的是城市郊区内中等偏上收入人群的需求,也可作为农村或较小城镇中高收入人群的选择。

据有关数据显示,在性价比接近的情况下,轻型木结构住宅的竞争优势可能比混凝土和钢结构形式的还要高一些。另外,这从另一个角度也可以说明轻型木结构住宅还可以为我国的环保事业贡献一分力量。

2.多户(联体式)住宅

两层或三层联体木结构住宅在我国的城市近郊或较小城市中出现,由于人口密度较高,对独户住宅用地的限制,这种形式的住宅应运而生。一般来讲,联体住宅有两到三层高度,户与户之间用以耐火极限达到三小时以上的材料分隔。轻型木结构多户住宅的建造技术与独栋住宅一样,遵循相同的建筑规范系统。每户面积一般在 $100\sim300\,\mathrm{m}^2$ 之间,可为中等收入人群提供基本或者园林式的豪华住宅产品。

四层及四层以上木结构多户住宅比联体住宅更能解决人口密度大地区的住宅需求,五层和六层的木结构单元楼在一些国家已有建造。这类住宅中,各单元一般在同一楼层,并以阻燃材料分隔。虽然这种形式的住宅在其他国家已经广为应用,但我国目前尚未允许建造四层及四层以上木结构住宅。

3.混合式结构

混合式结构大多用在商住两用楼上,这种结构一般底部为四层以内的混凝土结构,多用来办公或开设商店;上部为最多三层的木结构,这部分可用来当作住宅。在一些情况下,混合结构因其实用、省时和性价比高的优势成为施工时的首选。另外,由于木结构建筑的节能和抗震优点,在寒冷和地震多发区建造尤其具有优势。

4.混凝土结构中的木结构填充墙和楼盖

当采用木结构填充墙作为外墙时,与传统的混凝土或钢结构相比,这种木结构填充墙可在相当程度上提高该建筑的节能水平。作为内隔墙时,在室内空间分隔灵活性、防火安全、隔声和是否易改建等方面发挥出优势。木结构填充墙属于非承重结构的范畴,具有重量轻和可在工厂提前定制的特点,因此适用范围相对较广。

在建筑规范和防火规范允许的地区,木结构楼盖系统已应用于混凝土结构中。实践证明,这种结构形式可有效节省造价成本。

5.新旧混凝土结构中的木结构屋盖系统

目前,我国在城市更新中对建筑物的平改坡改造的过程中多处使用了木结构的桁架,这种设置在工程完成后使建筑物的防水功能得到一定提升,也增加了美观性。如果在屋盖空腔内装有矿棉保温隔热材料,还能降低建筑物的能耗。

这种系统,不仅在平改坡项目中替换旧的混凝土屋顶时具有成本优势,而且在新建混凝土房屋进行安装时,同样具有成本优势。

6.特殊用途的商业和娱乐建筑设施

使用胶合梁、结构用组合板材等木料产品,建造出的木结构建筑物不仅造型美观而且空间较大。再加上工程设计的帮助,木结构可以大大拓宽建筑设计的适用范围,并使屋盖的跨度即使没有中间支承的作用依然可以使长度加大。

此类木结构建筑通常用于作为体育场馆或综合性体育设施、工业建筑、购物中心、办公区建筑等。

7.使用交叉层积材的中层建筑

目前,交叉层积材作为一种木结构形式结构可以说是一直处于行业的领先地位,可以为高度在 6～10 层的建筑物提供结构上的支撑。只是在世界范围内这种技术还比较新颖,只在欧洲小部分进行使用,我国现还没有引进。

8.景观工程中的木材产品

景观项目(包括露台、步道、隔墙以及小型结构如储物房、凉亭等)所使用的材料已经经过化学防腐等方面的处理,在耐久性方面得到了大幅度提升,从另一个角度来说还可以为环保做出贡献。

4.1.2 现代木结构房屋特点

1.强功能性

轻型木结构功能多样丰富,主要表现在以下几个方面。

①结构。墙体的设计是可以承受分别来自横向和竖向的荷载,这些荷载包括侧风和地震等。另外,墙体和楼盖及之间连接的构件都可以分担一部分荷载。

②强度。轻型木结构在构件的共同作用和复合作用下具有了很高的材料强度和刚度。当荷载增加时,轻型木结构构件就要发挥重要作用了,经过它们的共同努力为分散荷载提供了渠道。

构件的复合作用是指当将覆面板和木框架连接在一起时,覆面板和木框架能共同承受和传递作用于结构上的荷载。轻型木结构中木质材料受力时表现出一定的柔性,再加上材料本身的重量比较轻,因此这种结构就具有了很好的抗震性能。

③围护结构。一方面,覆面板可以作为围护结构为建筑物提供保护,这主要来自于它为墙体和屋盖提供了刚度。另一方面,还可以在覆面板及其后面的框架上铺设外装修材料形成包覆层,这样一来还具有了密封和节能的作用。

④保温和装修。第一,结构框架的存在为填充保温材料提供了充足的空间,为达到节能效果而做准备。第二,可作为结实的平面在上面进行气密层、

防潮层及内部装修材料的铺设。第三,保温材料不仅适宜居住,而且还很好地节省了成本。

2.低碳建筑

木材产品在生产过程中消耗的能量远低于混凝土和钢材,所以每年木结构建筑节省的能源都要比同类的材料多出很多。这就是说,对矿物能源消耗减少的同时也降低了对空气的污染。

还有就是,木材产品是可再生的资源,木材的供应可以循环。木材的经济意义,对林业的可持续发展有着积极的意义。

3.可提前制订

由前面我们已经知道,轻型木结构房屋可以在工厂或施工现场提前进行加工,如桁架、橱柜和楼梯等都可以在车间里制作完成。从整个建筑来讲,整栋房屋中的面板部分或者可模块化生产的部分,均可在工厂化环境中先生产装配,然后再运到工地进行组装。

4.结构尺寸丰富

无论是独栋还是多户住宅,抑或是商业、公共建筑(学校、诊所、仓库、托儿所、体育场馆等),娱乐用建筑,轻型木结构的造价的竞争力都是很高的。对于跨度较大的建筑物可以使用屋盖桁架和工程木产品。

5.强的适应性和耐久性

轻型木结构房屋的使用环境非常广泛,甚至包括天气多变、地势条件恶劣的地区。轻型木结构房屋的耐久性主要体现在它的装修和设计上,所以即使外部环境恶劣也能不被摧毁,这是在长时间检验的基础上得出的结论。

6.设计灵活

轻型木结构的建筑和结构设计满足的情况是非常多的。这种设计上的灵活性,主要体现在处理各种对建筑物外观上的要求时,优势会更加凸显。

7.易改建

轻型木结构具有方便改建和升级的特点。一方面,如果在施工过程中出现失误或者设计需要修改,都可以很轻松地实现。另一方面,如果后续过程中需要进行升级,也只需要很小的代价就可以使其得到改造。

8.成本优势

目前,在一些发达国家,轻型木结构房屋和其他建筑相比具有很明显的竞争优势。而且,木结构建筑在其生命周期里,能为使用者提供更好的质量、更高的性能、更低的能耗。当然,为最大化地体现木结构的功能,应运用正确的建造技术进行木结构施工。

4.2 结构构件

4.2.1 概述

木结构建筑的围护结构一般是由外墙、屋盖/吊顶、门窗、楼盖(与外墙交界处)以及基础/基础板或者首层楼盖五部分构件组成的。

围护结构可以将室内外的空气进行区分和隔离,围护结构将外界的自然空气与室内经过空调处理的空气隔离开来。有些地区规定,整个围护结构均应被连续的气密层覆盖,以防止空气通过构件,从室内或室外向相反方向泄露。空气的流动不仅可以经过围护结构将热量带走,从而提高能耗成本,还能使潮湿的空气从室外进入室内。保温材料、气密层和水汽阻隔层在围护结构中的作用就是阻隔热量、空气和湿气的流通。

如果是两层的木结构房屋,可以将上层的楼盖与下层的墙顶进行连接,这样就可以为建造二层的墙体框架提供工作的平台。如果房屋是三层的可重复前面的程序多进行一次建造。

由木材和覆面板(屋面板)制成的屋盖应安装在顶楼的墙顶上,并与墙顶连接在一起。这是轻型木结构房屋的最后一道安装程序。

墙体框架应该在安装门和窗的地方留有开口。楼盖应在设置楼梯的地方留有开口。屋面材料,如瓦或沥青瓦,应固定在屋面板上。外墙饰面可用灰泥粉刷或用砖块、木挂板及其他饰面材料。内墙通常用石膏板覆盖。

通常会在外饰面以下,墙体或屋盖覆面板以上,加一层薄膜类面层,以抵御各种气候因素的侵袭。如果位于雨水较多的地区,由于风压和雨水的作用,需要在墙体覆面板和外墙饰面之间设置一个防雨幕墙的空腔系统,这样就可以顺利将透入外墙饰面的雨水排出。

一个二层楼的轻型木结构房屋的结构构件及体系如图 4-1 所示。一个建筑物的围护结构和气密层如图 4-2 所示。

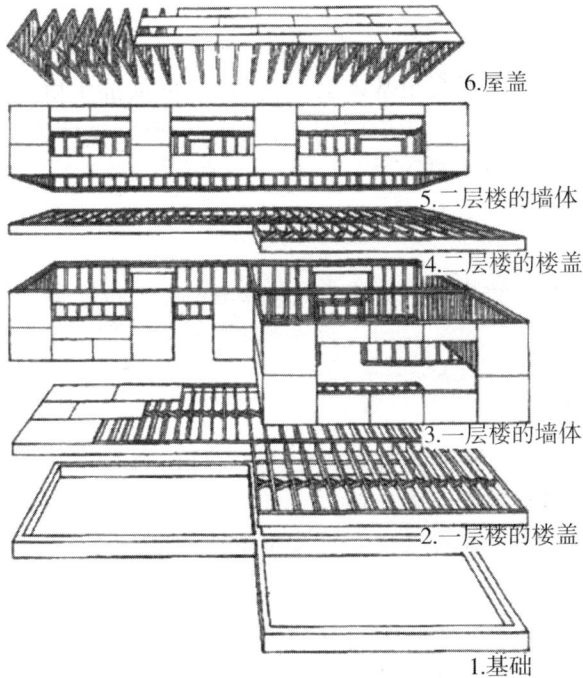

图 4—1　轻型木结构房屋的结构构件及体系

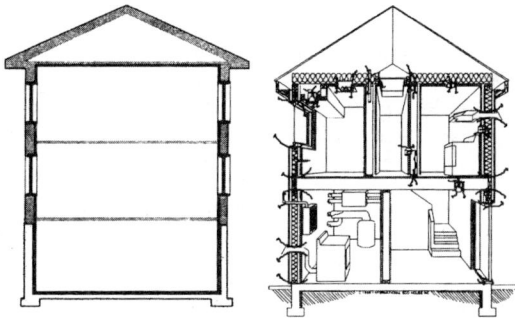

图 4—2　建筑物围护结构和气密层

4.2.2 结构构件的基本组成

轻型木结构房屋中的各种主要结构构件由 16 部分组成,具体如下。

1.地梁板

一种水平结构构件,锚固于基础墙的顶部,并支承搁置在其上面的楼盖搁栅。地梁板作为一种规格材是经过防腐处理的。

2.地梁板锚固螺栓

将地梁板锚固于混凝土基础上的钢螺栓,可抵抗作用于结构构件上的上拔力及侧向力。埋在混凝土中的钢螺栓的端头通常设计成弯曲的状态,以增强钢螺栓和混凝土间的锚固力。

3.搁栅

这是一组水平结构构件,用于支承楼板、吊顶和屋盖。搁栅可采用规格材或工程木产品。

4.封头搁栅

这是一组水平结构的构件,它和平行放置的搁栅末端呈垂直状态。封头搁栅可采用规格材或工程木产品。

5.底梁板

一种水平结构构件,与墙骨柱的底部连接并固定于楼面板和楼面板下的楼盖搁栅。底梁板可采用规格材。

6.木底撑

一种水平支撑,固定于搁栅底部作为加劲杆之用。木底撑采用小尺寸的规格材。

7.梁

梁作为一种较大规格的水平结构构件,是楼盖与屋盖搁栅的支撑力量。梁可以采用规格材组合梁或工程木产品。

8.楼面板

水平铺设的结构面板,彼此相接,并固定于搁栅顶部。一般为固定尺寸的针叶材胶合板或定向木片板。

9.墙骨柱

一种用于外墙和内墙框架的垂直构件;由规格材建造而成。

10.承重内墙

能承担由上面楼盖和墙体传递下来的荷载的内墙;大多数的外墙为承重墙。

11.顶梁板

置于墙骨柱顶端的水平结构构件。一般使用两层顶梁板,顶梁板和顶梁板相互叠合。上层顶梁板将墙肢连接在一起,并支撑搁置在其上面的楼盖搁栅或屋面桁架,顶梁板采用规格材。

12.外墙面板

一种相邻竖直放置的结构面板,和墙骨柱外侧固定在一起,墙面板之间应有一定的空隙。墙面板由具有特定规格的胶合板或定向刨花板制作而成。

13.剪刀撑

在楼盖搁栅之间作为加劲杆的短交叉斜撑;采用规格材。

14.桁架

这是一组垂直放置的结构框架,主要是支撑屋盖以及转移作用于屋盖上的荷载。桁架与墙的顶梁板一般通过钉连接或金属连接板连接,桁架跨越的两个外墙为桁架提供所有的支承。

15.椽条

这是一组倾斜的结构构件,用来支撑屋盖以及作用于屋盖上的荷载。在建造屋盖的时候,桁架也可以用椽条和屋盖搁栅来代替。

16.屋面板

覆盖在屋盖坡面上的结构面板,并固定在桁架的顶部,相邻屋面板的长边用金属夹连接,以加强屋面板在桁架或椽木之间的强度。屋面板由特定规格的胶合板或定向刨花板制作而成。

4.2.3 结构构件的基本计算

构件组成了结构的基本单元,上述构件按照受力的形式又可分为轴心受拉构件、轴心受压构件、受弯构件和拉弯或压弯构件。在不同的受力情况下其承载能力极限状态和正常使用极限状态的具体计算方法如下。

1.轴心受拉构件

轴心受拉构件是所受拉力通过截面形心的构件,如木桁架的下弦杆、支撑体系中的拉杆等。轴心受拉构件的控制截面往往出现在该构件与其他构件的连接处或构件截面因开槽、开孔等的削弱处。如果桁架受拉的下弦杆受拉力较大时，也可用钢拉杆，因钢材抗拉强度要高得多。受拉木构件表现出脆性破坏的特点，因此抗拉强度设计值确定时，其可靠指标要高些。

轴心受拉构件的强度即承载能力验算按下式进行。

$$\frac{N}{A_n} \leqslant f_t$$

式中　f_t——木材顺纹抗拉强度设计值（N/mm²）；

　　　N——轴心受拉构件拉力设计值（N）；

　　　A_n——受拉构件的净截面面积（mm²），计算 A_n 时应扣除分布在 150mm 长度上的缺孔投影面积，如图 4-3 所示。

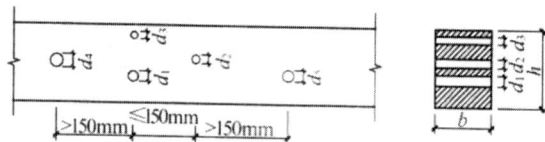

图 4-3　轴拉构件及缺孔投影

对于图 4-3 所示的轴拉构件，净截面强度计算时其面积 A_n 为：$b(h-d_1-d_2-d_3)$、$b(h-d_4)$、$b(h-d_5)$ 三者中的较小者。

木构件受拉时可能会沿着相距不远的缺孔间形成的曲折路线断裂，所以净截面计算时规范规定沿受力方向 150mm 范围的缺孔均需去除。受拉构件设计时一定要避免斜纹或横纹受拉，否则会大大降低抗拉强度。一般情况下，木材不给出横纹抗拉强度设计值。

2. 轴心受压构件

轴心受压构件的可能破坏形式有强度破坏和整体失稳破坏。

当轴心受压构件的截面无削弱时一般不会发生强度破坏，因为整体失稳总发生在强度破坏之前。当轴心受压构件的截面有较大削弱时，则有可能在削弱处发生强度破坏。

整体失稳是轴心受压构件的主要破坏形式。轴心受压构件在轴心压力较小时处于稳定平衡状态，如有微小干扰力使其偏离平衡位置，则在干扰力去除后仍能回复到原先的平衡状态。随着轴心压力的增大，轴心受压构件会由稳定平衡状态逐步过渡到随遇平衡状态，这时如有微小干扰力使其偏离平衡位置，则在干扰力去除后，将停留在新的位置而不能回复到原先的平衡位置。这时的随遇平衡状态就称为临界状态，这时构件承受的轴心压力则为临界压力。当轴心压力超过临界压力后，构件就不能维持平衡而发生失稳破坏。

为保证轴心受压构件的刚度,构件尚需满足一定的长细比要求。

(1)强度计算

轴心受压构件的强度,应按下式进行验算。

$$\frac{N}{A_n} \leqslant f_c$$

式中: f_c 为木材顺纹抗压强度设计值(N/ mm²); N 为轴心受压构件拉力设计值(N); A_n 为受压构件的净截面面积(mm²)。

(2)稳定计算

轴心受压构件的稳定承载力很大程度上取决于构件的长细比。在树种、材质等级及构件截面等条件相同的情况下,长细比越大,稳定承载力越低,因此短柱总比细长柱具有更大的稳定承载力。

轴心受压构件的稳定按下式进行验算。

$$\frac{N}{\varphi A_0} \leqslant f_c$$

式中: A_0 为受压构件截面的计算面积(mm²); φ 为轴心受压构件稳定系数。

①受压构件稳定计算时截面的计算面积 A_0 的确定方法。稳定计算时受压构件截面的计算面积 A_0 与构件是否有缺口及缺口的位置有关。

(a)无缺口时, A_0 按下式进行计算。

$$A_0 = A$$

式中: A 为受压构件的全截面面积(mm²)。

(b)有缺口时,根据缺口的不同位置确定 A_0 ,缺口的位置如图4-4所示。

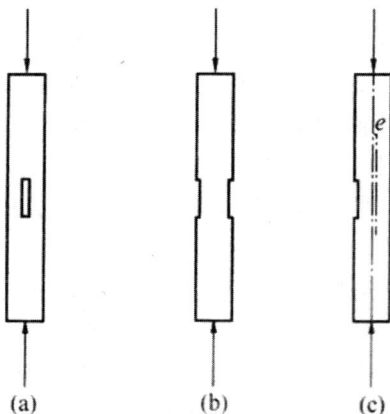

图 4-4　受压构件缺口位置

(a)缺口不在边缘;(b)缺口在边缘且对称;(c)缺口在边缘达但不对称

缺口不在边缘时,如图4-4(a)所示,取 $A_0 = 0.9A$;

缺口在边缘且对称时,如图 4—4(b)所示,取 $A_0 = A_n$;

缺口在边缘但不对称时,如图 4—4(c)所示,应按偏心受压构件计算。

验算稳定时,螺栓孔不作为缺口考虑。

3.受弯构件

只受弯矩作用或受弯矩与剪力共同作用的构件称为受弯构件。按弯曲变形情况不同,受弯构件可能在一个主平面内受弯即单向弯曲,也可能在两个主平面内受弯即双向弯曲或称为斜弯曲。受弯构件的计算包括抗弯强度、抗剪强度、弯矩作用平面外侧向稳定和挠度等几个方面。

(1)抗弯强度

受弯构件的抗弯强度,按下式验算。

$$\frac{M}{W_n} \leqslant f_m$$

式中 f_m 为木材抗弯强度设计值(N/mm^2); M 为受弯构件弯矩设计值($N \cdot mm$); W_n 为受弯构件的净截面抵抗矩(mm^3)。

受弯构件的抗弯承载能力一般可按弯矩最大处的截面进行验算,但在构件截面有较大削弱,且被削弱截面不在最大弯矩处时,尚应按被削弱截面处的弯矩对该截面进行验算。

(2)抗剪强度

受弯构件的抗剪强度,应按下式验算。

$$\frac{VS}{Ib} \leqslant f_v$$

式中: f_v 为木材顺纹抗剪强度设计值(N/mm^2); V 为受弯构件剪力设计值(N); I 为构件的全截面惯性矩(N/mm^2); b 为构件的截面宽度(mm); S 为剪切面以上的截面面积对中和轴的面积矩(mm^3)。

荷载作用在梁的顶面,计算受弯构件的剪力 V 值时,可不考虑在距离支座等于梁截面高度范围内的所有荷载的作用。

受弯构件设计时应尽可能减少截面因切口而引起应力集中。如采用逐渐变化的锥形切口形式,而避免直角切口,使构件截面积缓缓变化。

简支梁支座处受拉边的切口深度,锯材不应超过梁截面高度的1/4;层板胶合木不应超过梁截面高度的1/10。

有可能出现负弯矩的支座处及其附近区域不应设置切口。

当矩形截面受弯构件支座处受拉面有切口时,该处实际抗剪承载能力应按下式验算。

$$\frac{3V}{2bh_n}\left(\frac{h}{h_n}\right) \leqslant f_v$$

式中：f_v 为木材顺纹抗剪强度设计值（N/mm²）b 为构件的截面宽度（mm）；h 为构件的截面高度（mm）；h_n 为受弯构件在切口处净截面高度（mm）；V 为剪力设计值（N），与无切口受弯构件抗剪承载能力计算不同的是：计算该剪力 V 时应考虑全跨度内所有荷载的作用。

（3）弯矩作用平面外受弯构件的侧向稳定

受弯构件受到弯矩作用时，截面受压侧类同于压杆，当压应力达到一定值时有受压屈曲的倾向。由于受弯构件一般总绕着强轴作用弯矩，因此在弯矩作用平面内刚度较大，不会在弯矩作用平面内失稳，从而弯矩作用平面外成为受弯构件的唯一失稳可能。受弯构件抵抗平面外失稳的能力与侧向抗弯刚度和抗扭刚度有关，其临界弯矩表达式如下式。

$$\frac{M}{\varphi_l W} \leqslant f_m \qquad M_{cr} = \frac{\pi}{l}\sqrt{EI_y GI_t}$$

式中：l 为受弯构件受压缘侧向支撑点间的距离；EI_y 为侧向抗弯刚度；GI_t 为抗扭刚度。

按规范木结构受弯构件侧向稳定按下式验算。

$$\frac{M}{\varphi_l W} \leqslant f_m$$

式中：f_m 为木材抗弯强度设计值（N/mm²）；M 为构件在荷载设计值作用下的弯矩（N·mm）；W 为受弯构件的全截面抵抗矩（mm³）；φ_l 为受弯构件的侧向稳定系数。

当受弯构件的两端支座处设有防止其侧向位移和侧倾的侧向支撑，并且截面的最大高度 h 对其截面宽度 b 之比不超过下列数值时，侧向稳定系数 φ_l 取等于 1。

$h/b = 4$，未设有中间的侧向支撑；

$h/b = 5$，在受弯构件的受压缘由类似檩条等构件作为侧向支撑；

$h/b = 6.5$，有足够刚度的铺板或间距不大于 600mm 的搁栅铺设在受弯构件的受压缘并与受压缘牢固连接；

$h/b = 7.5$，有足够刚度的铺板或间距不大于 600mm 的搁栅，并且受弯构件之间安装有侧向支撑，其间距不超过受弯构件截面高度 h 的 8 倍；

$h/b = 9$，受弯构件的上、下边缘在长度方向上都被固定。

当受弯构件的两端支座处设有防止其侧向位移和侧倾的侧向支撑，且有可靠锚固，但不满足上述条件时，侧向稳定系数 φ_l 应按下式计算。

$$\varphi_l = \frac{(1 + 1/\lambda_m^2)}{2c_m} - \sqrt{\left[\frac{1 + 1/\lambda_m^2}{2c_m}\right]^2 - \frac{1}{c_m \lambda_m^2}}$$

$$\lambda_{\mathrm{m}} = \sqrt{\sqrt{\frac{4 l_{\mathrm{ef}} h}{\pi b^2 k_{\mathrm{m}}}}}$$

式中：φ_l 为受弯构件的侧向稳定系数；c_{m} 为考虑受弯构件木材有关的系数；当木构件为锯材时，$c_{\mathrm{m}} = 0.95$；λ_{m} 为考虑受弯构件侧向刚度的因数，按式 $\lambda_{\mathrm{m}} = \sqrt{\sqrt{\frac{4 l_{\mathrm{ef}} h}{\pi b^2 k_{\mathrm{m}}}}}$ 计算；k_{m} 为梁的侧向稳定验算时，与构件木材强度等级有关的系数，按表 4—1 采用；h、b 为受弯构件的截面高度、宽度；l_{ef} 为验算侧向稳定时受弯构件的有效长度，按等于实际长度乘以表 4—1 中所示的计算长度系数。

表 4—1　计算长度系数

梁的类型和荷载情况	荷载作用在梁的部位		
	顶部	中部	底部
简支梁,两端相等弯矩	1.0		
简支梁,均匀分布荷载	0.95	0.90	0.85
简支梁,跨中一个集中荷载	0.80	0.75	0.70
悬臂梁,均匀分布荷载		1.2	
悬臂梁,在悬端一个集中荷载		1.7	

在梁的支座处应设置用来限制侧向位移和侧倾的侧向支撑。在梁的跨度内,若设置有类似檩条能阻止侧向位移和侧倾的侧向支撑时,实际长度应取侧向支撑点之间的距离；若未设置有侧向支撑时,实际长度应取两支座之间的距离或悬臂梁的长度。

（4）挠度验算

受弯构件的挠度,应按下式验算。

$$\omega \leqslant [\omega]$$

式中：$[\omega]$ 为受弯构件的挠度限值（mm）,如表 4—2 所示；ω 为构件按荷载效应的标准组合计算的挠度（mm）,对于原木构件,挠度计算时按构件中央的截面特性取值。

表 4－2　受弯构件的挠度限值

项次	构件类型		挠度限值 $[\omega]$
1	檩条	$l \leqslant 3.3\mathrm{m}$	$l/200$
		$l > 3.3\mathrm{m}$	$l/250$
2	椽条		$l/150$
3	吊顶中的受弯构件		$l\,250$
4	楼板梁和搁栅		$l/250$

注：l ——受弯构件的计算跨度。

4.拉弯或压弯构件

桁架的上弦杆在桁架静力分析时往往受压,同时由于屋面板的铺设又有弯矩作用,所以是压弯构件;轻型木结构中的墙架既受竖向荷载作用,在墙骨柱中施加轴向压力,又受水平风载作用,在墙骨柱中产生弯矩,所以墙骨柱也是压弯构件。在结构体系中有许多类似的既有轴力又有弯矩作用的构件,称为拉弯或压弯构件。

（1）拉弯构件的承载能力

拉弯构件的承载能力即强度,按下式验算。

$$\frac{N}{A_n f_t} + \frac{M}{W_n f_m} \leqslant 1$$

式中：N 、M 为轴向压力设计值（N）、弯矩设计值（N·mm）；A_n 、W_n 为按轴心受拉构件相同方法计算的构件净截面面积（ mm^2 ）、净截面抵抗矩（ mm^3 ）；f_t 、f_m 为木材顺纹抗拉强度设计值、抗弯强度设计值（N/ mm^2 ）。

（2）压弯构件的承载能力

压弯构件的承载能力,分强度和稳定两部分,而稳定又分为平面内稳定和平面外稳定两方面。

①强度验算

$$\frac{N}{A_n f_c} + \frac{M}{W_n f_m} \leqslant 1$$

$$M = N e_0 + M_0$$

②弯矩作用平面内稳定验算

$$\frac{N}{\varphi \varphi_m A_0} \leqslant f_c$$

$$\varphi_m = (1 - K)^2 (1 - kK)$$

$$K = \frac{Ne_0 + M_0}{Wf_{\mathrm{m}}\left(1 + \sqrt{\dfrac{N}{Af_{\mathrm{c}}}}\right)}$$

$$k = \frac{Ne_0}{Ne_0 + M_0}$$

式中：φ、A_0 为轴心受压构件的稳定系数、计算面积，按轴心受压构件章节计算；A 为构件全截面面积；φ_{m} 为考虑轴力和初始弯矩共同作用的折减系数；N 为轴向压力设计值（N）；M_0 为横向荷载作用下跨中最大初始弯矩设计值（N·mm）；e_0 为构件的初始偏心距（mm）；f_{c}、f_{m} 为考虑不同使用条件下木材强度调整系数后的木材顺纹抗压强度设计值、抗弯强度设计值（N/ mm²）。

4.3 轻型木结构

4.3.1 概述

轻型木结构包括平台框架和轻型框架两种类型，如图 4—5 和图 4—6 所示。前者是将墙直接置于下一层的楼盖上，将其作为工作平台建造房屋；而后者是将墙骨从一层直通屋盖。轻型框架在 19 世纪后期和 20 世纪早期是最常用的类型。自从 20 世纪 40 年代后期开始，平台框架就占主导地位，现今已成为常规做法。

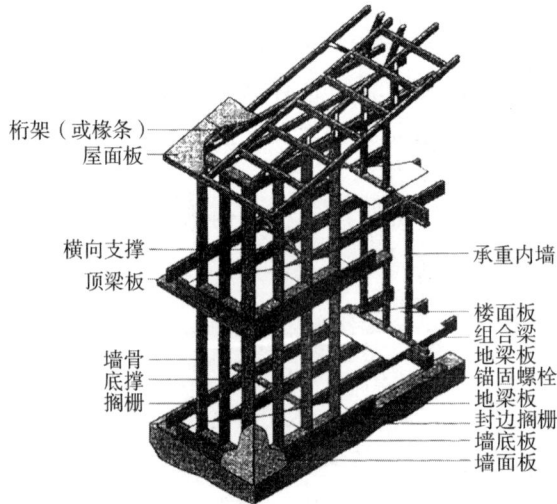

图 4—5 平台框架结构

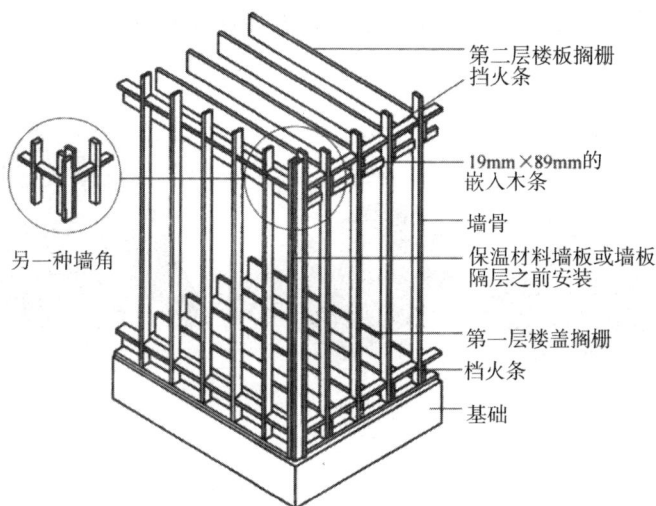

图 4－6　轻型框架结构

　　北美和北欧的住宅 90％以上采用的都是平台框架结构，这种结构隔热性良好且居住舒适。而且全部构件都是在工厂制作完成后再运到工地进行组装，节省了施工时间。

4.3.2　结构原理

　　轻型木结构房屋通常由屋盖、楼盖与墙体组成。墙体除了能将从屋盖、楼盖传来的竖向荷载传递至基础外，还需承受风荷载或水平地震作用，其中与这些横向荷载平行的墙体，因承受并传递剪力而称为剪力墙。

　　屋盖和楼盖除了将竖向荷载传递至墙体或柱子之外，尚应将从正面墙体传来的横向荷载传递至剪力墙。因此，它们必须具有足够的刚度，起横隔的作用。

　　水平的屋盖和楼盖是理想的横隔，但斜坡屋盖、尖顶屋盖及弧型屋盖也可用作横隔，如图 4－7 所示为典型的剪力墙和横隔。

　　木制剪力墙和横隔的作用在于束紧一个简单的箱形建筑承担风荷载，如图 4－8 所示。侧面墙简支在屋盖和基础上，将荷载传递至两端的剪力墙，转而传递至基础。

　　剪力墙与横隔的区别在于它们的荷载和在边界的支撑条件。屋盖横隔承受作用在侧墙的风压传来的垂直力，并由端部剪力墙支承。

　　端部剪力墙承受屋盖平面从屋盖横隔传来的剪力，并由基础的剪力支反力和垂直力支反力平衡。剪力墙必须与基础锚固以抵抗提升力。

　　虽然剪力墙和横隔在钢、钢筋混凝土及木结构中得到大量的应用，而这里对于这些构件的讨论,将着重于在轻型木结构中应用,因为其通常用于住宅建筑。

垂直的剪力墙
和水平的横隔

垂直的剪力墙
和弧形的横隔

混合的斜坡形
剪力墙横隔

图 4—7　典型的剪力墙和横隔

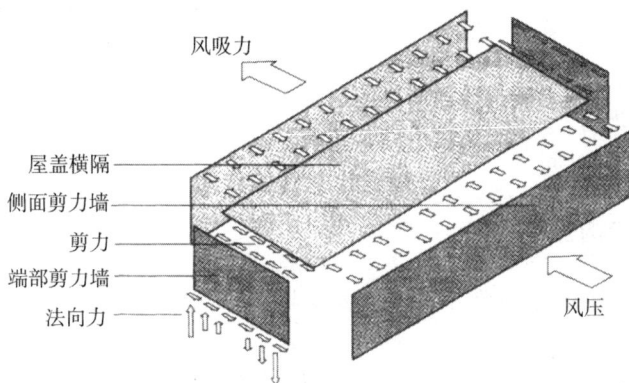

风吸力

屋盖横隔

侧面剪力墙

剪力

端部剪力墙

法向力

风压

图 4—8　剪力墙和横隔作用力分解

板材组合的轻型木结构体系,是一种最有效的抗侧向荷载的体系,主要包括以下方面的原因。

①屋盖、墙体和楼盖板材具有多种用途,既是承重的构件,同时又是整个结构经常的保护层。

②凭借相邻板材之间连续的连接,形成了三维的箱形体系,有利于非对称荷载的分布,并且克服了房屋体系的非连续性。

③钉连接的木制剪力墙属于高次超静定结构,因此不受最薄弱构件的影响。

④可以利用等级相对较低的木材形成非常可靠的体系。

⑤简便的房屋体系既不需要专门的设备,也不要求高超的木工技巧和建造及安装的工艺。

⑥基于钉与周边木材的形变能力,木制剪力墙具有非常好的延性。

⑦这种体系易于开孔或维护。

⑧非结构构件,例如墙的覆面层往往提供显著的附加抗力。

剪力墙与普通墙体在本质上还是有一定区别的。剪力墙是经过专门设计的,不仅要承受竖向荷载和作用在表面的压力,还需要承受剪力。而普通墙体只需要承受自身的压力。

从功能的观点来看,横隔与剪力墙类似,但是其构造迥然不同,因此分别阐述。

1.剪力墙和横隔工作原理

剪力墙由边框与密置的墙骨或搁栅组成,在其一侧或两侧覆盖木基板材或木板,通常承受三种类型的荷载:

①垂直其表面的荷载,例如作用于剪力墙的风荷载,以及作用于横隔的活荷载、风荷载或雪荷载。

②平行于墙骨平面作用于剪力墙的材料和构件自重,以及作用于横隔的风或地震作用。

③从其他板块传来的水平荷载和起源于风或地震作用引起的平面内的剪切荷载。

平面外的荷载通过覆面板承受传递至墙骨或搁栅,而使其受弯。竖向荷载由墙骨承担,类同柱子,而其侧向因钉入覆面板而得到支承。当有垂直表面的侧向荷载作用时,则墙骨应按压弯构件设计。

2.横隔的作用

由于覆面的木基结构板材通常比墙体小很多而不得不在接缝处连接起来,将剪力从一块板材传递到另一块。在剪力墙中,垂直缝通常与墙骨重合,而毗邻的板材钉在同一根墙骨上就能实现横向传递剪力。在墙骨之间仍然需要设置专门的横撑,用以传递上、下板材之间的剪力,同时也保证了墙体的刚度。

在横隔中,搁栅可用来钉相邻的板材而成为传递剪力的接头,横向板材之间往往缺乏这种接头或者不设横撑,而成为这个体系的薄弱环节。为了传递横向荷载,重要的是提供一种剪切连接件,用以防止板材边缘局部的位移。为了这一目的,往往提供 H 形夹子,它可传递平面内的剪力。当在平面的剪力非常高时,最好还是提供木横撑。

4.3.3 结构用材

轻型木结构由板材和方木组。板材包括结构胶合板、定向木片板和石膏板,其尺寸皆按模数生产。规格材按材质分为 7 个等级,与北美规格材的对应关系如表 4-3 所示。

表 4-3 轻型木结构用规格材的材质等级与北美规格材等级对应关系

材质等级	主要用途	北美规格材等级
Ⅰ$_c$	用于对强度、刚度和外观有较高要求的构件	优选结构级
Ⅱ$_c$		一级
Ⅲ$_c$	用于对强度、刚度有要求对外观只有一般要求的构件	二级
Ⅳ$_c$	用于对强度、刚度有要求而对外观无要求的普通构件	三级
Ⅴ$_c$	用于墙骨柱	墙柱等级
Ⅵ$_c$	除上述用途外的构件	建筑级
Ⅶ$_c$		标准级

4.3.4 楼盖

楼盖搁栅间距不大于 600mm，截面尺寸按计算确定。可采用规格材或预制工字形搁栅。搁栅两端支承在墙体的顶梁板上，支承长度不小于 40mm，并用两枚长度为 80mm 的钉子斜向钉牢在顶梁板（或地梁板）上。楼盖沿外墙四周应有封头和封边搁栅，这些搁栅的外侧与墙骨外侧一致，它们用长度 60mm 的圆钉以间距不大于 150mm 斜向钉牢在顶梁板（或地梁板）上，封头搁栅还需与每根楼盖搁栅用三枚钉长为 80mm 的圆钉垂直地钉牢，以防止楼盖搁栅支座处发生歪扭。为增强楼盖刚度和搁栅平面外稳定，楼盖搁栅间需连续设置剪刀撑或搁栅横撑，如图 4-9 所示，必要时搁栅底部还可设置通长的木底撑，剪刀撑或搁栅横撑的间距和距离一般不小于 2.1m。

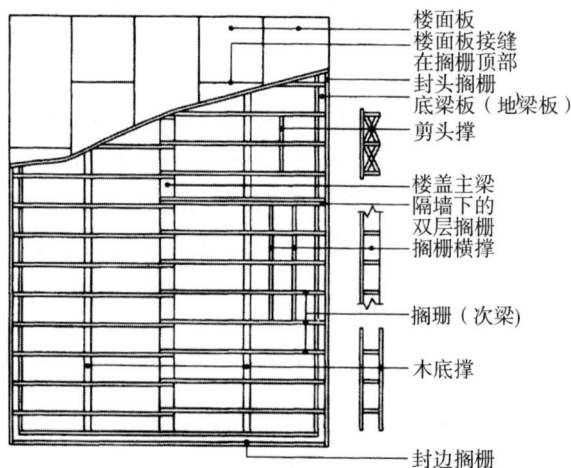

图 4-9 楼盖构造

轻型木结构楼盖中使用的主梁是规格材组合梁,不过近几年也有使用结构复合木材制作的主梁。有时候楼盖上也需要开洞口,但洞口边长不宜超过 3.5m 或楼盖边长的 1/2,洞口边缘距外墙边不宜小于 600mm。

楼盖的覆面板(楼面板)采用结构胶合板或定向木片板,板厚取决于楼盖搁栅间距和楼面活荷载,其参照规定如表 4—4 所示。楼面板应尽量整张铺钉,其长向应垂直于楼盖搁栅方撑上,如果没有横撑则板缝间最好设置 H 形金属联结件,防止面板在接缝处上下移动。

表 4—4　楼面板厚度及允许楼面活荷载标准值

最大搁栅间距/mm	木结构板材的最小厚度/mm	
	$qk2.5kN/m^2 < qk <$ $5.0kN/m^2 qk \leqslant 2.5kN/m^2$	$qk2.5kN/m^2 < qk <$ $5.0kN/m^2$
400	15	15
500	15	18
600	18	22

4.3.5　墙体

承重墙的墙骨应采用材质等级为 Vc 及其以上的规格材;非承重墙的墙骨材质等级无专门要求。墙骨在层高内应连续,可用指形接头连接,但不得用连接板连接。

墙骨间距 400~600mm,承重墙墙骨截面尺寸应按计算确定。

墙体转角处墙骨数量不得少于 2 根,如图 4—10 所示。

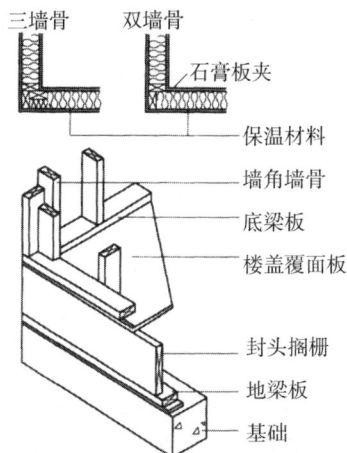

图 4—10　墙体转角处墙骨布置

内隔墙与外墙交接处设 2 根墙骨,如图 4—11 所示。各规格材之间用长 80mm、钉距小于 750mm 的圆钉钉牢。开孔宽度大于墙骨间距的墙体,孔两侧应采用 2 根墙骨;开孔宽度小于或等于墙骨间距并位于墙骨之间的墙体,孔的两侧可用单根墙骨。墙体底部应有底梁板或地梁板,其宽度不得小于墙骨的截面宽度,在支座上突出的尺寸不得大于墙体宽度的 1/3。

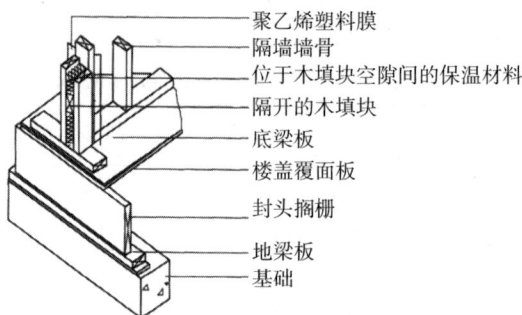

聚乙烯塑料膜
隔墙墙骨
位于木填块空隙间的保温材料
隔开的木填块
底梁板
楼盖覆面板
封头搁栅
地梁板
基础

图 4—11　内隔墙与外墙交接处的墙骨布置

墙体顶部应设顶梁板,其宽度应大于墙骨截面的高度,承重墙的顶梁板通常为 2 层,但当从楼盖、屋盖传来的集中荷载与墙骨的中心距小于 50mm 时,可只设 1 层顶梁板。非承重墙仅设 1 层顶梁板。

4.4 木结构常用连接方式和需注意的问题

4.4.1 概述

木材因天然尺寸有限或结构受力构造的需要,用拼合、接长和节点连接等方法,将木料连接成构件和结构。连接是木结构的关键部位,设计与施工要求应严格,传力应明确,韧性和紧密性应良好,构造应简单,制作和质量检查应方便。

潮湿木材的连接强度低于干燥木材,经过防火处理木材的连接强度也低于未经处理的木材,设计时不能忽略这些因素。大尺寸原木、方木一般自然干燥,而干燥时间可能长达数年;结构外露的木构件在使用过程中含水率会发生变化;因此连接设计需考虑防止木材干燥或含水率变化而开裂。梁柱节点处用钢板和螺栓将梁连于柱顶,且梁也在柱顶拼接。梁的木纹沿着长度方向,梁端有 2 排平行于木纹的螺栓用于拼接两端的梁,但这 2 排螺栓间距较大,约束了木材可能的横纹变形,因此在使用过程中如果木材含水率发生变化则很容易引起木材端部开裂,从而增大连接受力、削弱连接的有效性,如图

4－12 所示。为避免连接中的这类开裂,两排螺栓所用的钢板可断开,如图
4－13 所示。

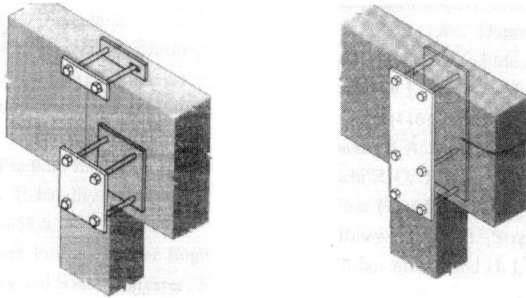

图 4－12　梁端连接与开裂　　图 4－13　合理的梁端连接

　　连接设计时应注意的一些问题:可能情况下尽量使连接制作安装时的木材含水率接近于结构使用时的含水率;尽可能使用钉子类连接件,连接件多而细,从而增加连接处延性;可能情况下设计成平行于木纹方向的单排连接或尽可能减小垂直于木纹方向的连接长度,从而减少节点板对木材变形的约束。

　　木结构连接形式很多,有特定的木与木的连接,如斗拱、榫卯、齿和销等;而现代木结构中更多的则是通过钢板及螺栓、钉、销等将木构件联系起来。连接的破坏形式很多,随连接方式的变化而变化,设计人员必须精心设计,在特定的部位使用最合适的连接方式,以保证连接的安全性。不同的国家有不同的常用连接方式,当从国外引进特殊的连接方式时需要认定该种连接在国内结构计算体系中承载力的确定方法。

4.4.2 连接方式

1.齿连接

　　齿连接是用于传统的普通木桁架节点的连接方式。将压杆的端头做成齿形,直接抵承于另一杆件的齿槽中,通过木材承压和受剪传力。为了提高其可靠性,压杆的轴线须垂直于齿槽的承压面,并通过承压面的中心。这样使压杆的垂直分力对齿槽的受剪面有压紧作用,提高木材的抗剪强度。

2.螺栓连接和钉连接

　　在木结构中,螺栓和钉的工作原理是相同的。螺栓和钉阻止构件的相对移动,使得孔壁承受挤压,螺栓和钉主要承受剪力。当力较大时,如果螺栓和

钉材料的塑性较好,则会弯曲。为了充分利用螺栓和钉受弯、与木材相互间挤压的良好韧性,避免因螺栓和钉过粗、排列过密或构件过薄而导致木材剪坏或劈裂,在构造上对木材的最小厚度、螺栓和钉的最小排列间距等需作规定。在螺栓群连接中,即一个节点上有多个螺栓共同工作时,沿受力方向布置的多个螺栓中受力分布是不均匀的,端部螺栓比中间螺栓承受更大的力,螺栓的螺栓群总体承载能力小于单个螺栓的承载力。钉连接在这方面也有与螺栓同样的性质。

3.齿板连接

齿板在表面已经处理过的钢板的作用下形成带齿板,这种板主要用于轻型木结构中桁架节点的连接或受拉杆件的加长。齿也会在外界条件的影响下而存在差异,不过只要设计合理,方法正确,采用这种方式连接的轻型木桁架跨度可达 30 多米。

4.5 齿连接

4.5.1 概述

齿连接有单齿连接和双齿连接两种形式,如图 4－14 和图 4－15 所示。双齿的木材承压面和抗剪面往往都大于单剪的相应尺寸,所以可以承受更大的构件压力。

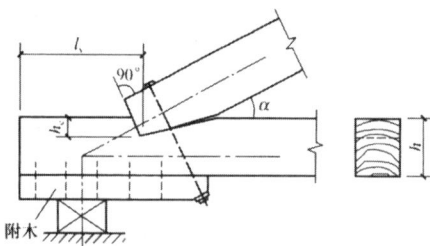

图 4－14　单齿连接　　　　　　图 4－15　双齿连接

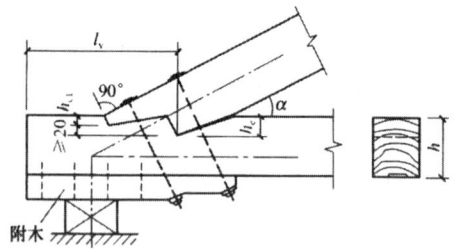

齿连接在构造上应符合下面的相关规定。

①齿连接的承压面,应与所连接的压杆轴线垂直。

②单齿连接应使压杆轴线通过承压面中心。

③木桁架支座节点的上弦轴线和支座反力的作用线,当采用方木或板材时,宜与下弦净截面的中心线交汇于一点;当采用原木时,可与下弦毛截面的中心线交汇于一点。此时,刻齿处的截面可按轴心受拉验算。

④齿连接的齿深,对于方木不应小于 20mm;对于原木不应小于 30mm。木桁架支座节点齿深应小于 $h/3$,中间节点的齿深不应大于 $h/4$(h 为沿齿深方向的构件截面高度,对于方木和板材为截面的高度,对于原木为削平后的截面高度)。

⑤双齿连接中,第二齿的齿深 h_c 应比第一齿的齿深 h_{c1} 至少大 20mm;第二齿的齿尖应位于上弦轴线与下弦上表面的交点。单齿和双齿第一齿的剪面长度不应小于该齿齿深的 4.5 倍。

⑥当采用湿材制作时,应考虑木材端部发生开裂的可能性,因此木桁架支座节点齿连接的剪面长度应比计算值加长 50mm。

⑦木桁架支座节点必须设置保险螺栓、附木,附木厚度不小于截面高度 h 的 1/3;支座处附木下面还需设置经过防腐药剂处理的垫木,以防木桁架与其他材料支座接触处的木材腐蚀。

4.5.2 单齿连接计算

单齿连接主要考虑齿面的木材承压强度和齿槽处沿木纹方向的抗剪强度。

①木材承压。木材在齿面上的承压强度可由如下方式计算获得。

$$\frac{N}{A_c} \leqslant f_{ca}$$

式中:f_{ca} 为木材斜纹承压强度设计值(N/mm^2);N 为作用于齿面上的轴向压力设计值(N);A_c 为齿的承压面面积(mm^2)。

②木材受剪。木材有可能在齿槽根部沿顺纹方向发生剪切破坏,因此木材需按下面的公式计算出抗剪强度。

$$\frac{V}{l_v b_v} \leqslant \varphi_v f_v$$

式中:f_v 为木材顺纹抗剪强度设计值(N/mm^2);V 为作用于剪面上的剪力设计值(N);l_v 为剪面计算长度(mm),其取值不得大于齿深 h_c 的 8 倍;b_v 为剪面宽度(mm);φ_v 为沿剪面长度剪应力分布不均匀的强度降低系数,如表 4-5 所示。

表 4-5　单齿连接抗剪强度降低系数

l_v/h_c	4.5	5	6	7	8
φ_v	0.95	0.89	0.77	0.70	0.64

剪面长度除根据计算满足式 $\frac{V}{l_v b_v} \leqslant \varphi_v f_v$ 要求外,还需满足构造要求:介

于 $4.5h_c$ 和 $8h_c$ 之间。

③木材受拉净截面验算。木桁架的下弦杆在齿槽处有较大的截面削弱，因此需进行受拉净截面强度验算，公式如下。

$$\frac{N_t}{A_n} \leqslant f_t$$

式中：f_t 为木材抗拉强度设计值（N/mm²）；N_t 为受拉的下弦杆件中的拉力设计值（N）；A_n 为刻齿处的净截面面积（mm²），计算中应扣除由于设置保险螺栓、附木等造成的截面削弱。

4.5.3 双齿连接

双齿连接计算仍包含齿面的木材承压强度和齿槽处沿木纹方向的抗剪强度等几个方面。

①木材承压。双齿连接的承压，仍按式 $\frac{N}{A_c} \leqslant f_{ca}$ 验算，但其承压面面积应取两个齿承压面面积之和。

②木材受剪。双齿连接的受剪仅考虑第二齿剪面的工作，按式计算，并符合下列规定：

A.计算受剪应力时，全部剪力 V 应由第二齿剪面承受。

B.第二齿剪面的计算长度 l_v 的取值，不得大于齿深 h_c 的 10 倍。

C.双齿连接沿剪面长度剪应力分布不匀的强度降低系数 φ_v 值，如表 4—6 所示。

表 4—6 双齿连接抗剪强度降低系数

l_v / h_c	6	7	8	10
φ_v	1.00	0.93	0.85	0.71

双齿连接时第二齿剪面的计算长度 l_v 介于 $6h_c$ 和 $10h_c$ 之间。

4.5.4 桁架支座节点齿连接

桁架支座节点采用齿连接时，必须设置保险螺栓，但不考虑保险螺栓与齿的共同工作。保险螺栓应与上弦轴线垂直。保险螺栓应满足国家标准《钢结构设计规范》GB 50017 的要求，进行净截面抗拉验算，所承受的轴向拉力应由下式确定。

$$N_b = N\tan(60° - \alpha)$$

式中：N_b 为保险螺栓所承受的轴向拉力（N）；N 为弦轴向压力的设计值（N）；α 为上弦与下弦的夹角（°）。

保险螺栓的抗拉强度设计值应乘以 1.25 的调整系数。这是因为正常情况下节点由齿连接传递荷载,保险螺栓只有当齿连接的受剪面万一破坏时起一个保险作用,为整个结构抢修提供必要的时间。考虑保险螺栓受力的短暂性,其强度设计值乘以大于 1.0 的调整系数。

4.6　螺栓连接和钉连接

4.6.1　概述

螺栓连接和钉连接具有连接紧密、韧性好、制作简单及安全可靠等优点,因此是现代木结构中用得最为广泛的连接形式;它们可以直接将木构件连接起来,也可以通过钢板将木构件连成整体,还可以将木构件连接到钢构件和混凝土结构上。

钉子的类型非常多,有普通圆钢钉、麻花钉、螺纹圆钉和 U 形钉等,其尺寸、强度变化也很多,因此选用时需谨慎,钉入方式、各种间距等应满足规范要求。

4.6.2　螺栓、钉的构造要求

无论螺栓连接还是钉连接,从受力角度分析,则以抗剪连接为主。抗剪连接中根据连接板件的数量常常有双剪连接和单剪连接两大类。

螺栓和钉的抗剪连接承载能力受木材剪切、劈裂、承压以及螺栓和钉的弯曲等因素的影响,其中以充分利用螺栓和钉的抗弯能力最能保证连接的受力安全。试验表明:在很薄构件的连接处,其破坏多从螺栓或钉孔处木材劈裂开始。工程实践中也可以发现:拼合很薄的构件时,木材很容易被敲裂。因此为了避免螺栓和钉连接处木材裂开,要求木构件的最小厚度应符合规定,如表 4-7 所示。

表 4-7　螺栓连接和钉连接中木构件的最小厚度

连接形式	螺栓连接		钉连接	连接形式	螺栓连接		钉连接
	$a<18$ mm	$d\geqslant18$mm			$d<18$ mm	$d\geqslant18$mm	
双剪连接	$c\geqslant5d$ $a\geqslant2.5d$	$c\geqslant5d$ $a\geqslant4d$	$c\geqslant8d$ $a\geqslant4d$	单剪连接	$c\geqslant7d$ $a\geqslant2.5d$	$c\geqslant7d$ $a\geqslant4d$	$c\geqslant10d$ $a\geqslant4d$

注:表中 a 为边部构件的厚度或单剪连接中较薄构件的厚度;c 为中部构件的厚度或单剪连接中较厚构件的厚度;d 为螺栓或钉的直径。

对于钉连接,表 4－5 中木构件厚度 a 或 c 值,应取钉在该构件中的实际有效长度。在未被钉穿的构件中,计算钉的实际有效长度时,应扣去钉尖长度(按 1.5d 计)。若钉尖穿出最后构件的表面,则该构件计算厚度也应减少 1.5d。

另外,钉的排列可采用并列、错列或斜列等布置形式。同样为保证钉连接的承载能力不受钉之间木材剪切、板边缘木材剪切等的影响,钉排列的各种距离应符合有关规定,如表 4－8 所示。对于软质阔叶材,其顺纹中距和端距应按表中规定增加 25%;对于硬质阔叶材和落叶松采用钉连接时应预先钻孔,若无法预先钻孔,则不应采用钉连接。在每一个钉节点中,钉的数量不得少于两颗。

表 4－8　钉排列的最小间距

a	顺纹		横纹		
	中距 s_1	端距 s_0	中距 s_2		边距 s_3
			齐列	错列或斜列	
$a \geqslant 10d$ $10d > a > 4d$ $a = 4d$	15d 取插入值 25d	15d	4d	3d	4d

注:d 为钉的直径;a 为构件被钉穿的厚度。

4.6.3 设计承载力

1.螺栓连接或钉连接的计算原理

螺栓和钉都是细而长的杆状连接件,因此也统称为销类连接件。销类连接件的受力特点是承受的荷载与连接件长度方向垂直,故是抗剪连接。由于销杆细长,它的抗剪是通过杆弯曲、孔壁木材承压来体现的,销杆抗弯、木材承压都有较好的韧性,所以销连接受力性能可靠。但是,在设计时仍需注意避免采用杆径过大、木材厚度过小的销连接,这种连接可能发生木材剪裂和劈裂等脆性破坏。

螺栓连接和钉连接的承载力应可按照下式进行验算。

$$N \leqslant n_b n_v V$$

式中:N 为由螺栓或钉传递的构件轴向力设计值(N);n_b 为连接中的螺栓或钉的个数;n_v 为螺栓或钉的剪切面数,单剪连接取 $n_v = 1$,双剪连接取 $n_v = 2$;V 为每个螺栓或钉的每一剪切面上的承载力设计值(N),其值应取各种屈服模式中的最小值。

从上述计算原理可知,螺栓连接或钉连接承载能力受销杆抗弯曲能力和销孔孔壁木材压能力等多种因素的影响。当连接构件木材厚度足够大时,承载能力不再受孔壁木材承压强度的控制,而仅是由销径抗弯确定。

2. 螺栓连接或钉连接设计承载力计算

为简化计算和确保连接受力安全,《木结构设计规范》GB 50005 对螺栓连接和钉连接中的木构件作了最小厚度的规定,当木构件最小厚度符合规定,且螺栓或钉的各种距离如端距、栓距及边距等也满足要求时,螺栓连接或钉连接顺纹受力的每一剪面的设计承载力按下式计算。

$$N_v = k_v d^2 \sqrt{f_c}$$

式中:N_v 为螺栓或钉连接每一剪面的承载力设计值(N);f_c 为木材顺纹承压强度设计值(N/ mm^2);d 为螺栓或钉的直径(mm);k_v 为螺栓或钉连接设计承载力计算参数,如表 4—9 所示。

表 4—9　螺栓或连接设计承载力计算参数 k_v

连接形式	螺栓连接				钉连接				
a/d	2.5~3	4	5	≥6	4	6	8	10	≥11
k_v	5.5	6.1	6.7	7.5	7.6	8.4	9.1	10.2	11.1

采用钢夹板时,计算系数 k_v 取上表中螺栓或钉的最大值。当木构件使用湿度较大的材料制作时,螺栓连接的计算系数足 k_v 应小于 6.7。

在单剪连接中,若受条件限制,木构件厚度不能满足表 4—5 的规定时,则每一剪面的承载力设计值 N_v 除按公式 $N_v = k_v d^2 \varphi_\alpha \sqrt{f_c}$ 计算外,且不得大于 $0.3cd\varphi_\alpha^2 f_c$。$\varphi_\alpha$ 计算值如表 4—10 所示。

表 4—10　斜纹承压的降低系数 φ_α

角度 α (°)	螺栓直径(mm)					
	12	14	16	18	20	22
≤10	1	1	1	1	1	1
10<α<80	1~0.84	1~0.81	1~0.78	1~0.75	1~0.73	1~0.71
≥80	0.84	0.81	0.78	0.75	0.73	0.71

若螺栓的传力方向与构件木纹呈口角时,每一剪面的承载力设计值应按下式计算,即承载力设计值乘以木材斜纹承压的降低系数 φ_α^2,不过对于钉连

接,可以不考虑斜纹承压所带来的影响。

$$N_v = k_v d^2 \varphi_a \sqrt{f_c}$$

4.7 齿板连接

4.7.1 概述

齿板主要用于轻型木结构建筑中由规格材制成的轻型木桁架的节点连接以及受拉杆件的接长。齿板中齿的形状、齿板承载能力等因生产厂商不同而变化。

齿板材料很薄,如果处于腐蚀环境、潮湿或有冷凝水环境中极易锈蚀,从而降低承载力,甚至导致结构破坏。所以齿板连接的轻型木桁架不能用于腐蚀环境、潮湿或有冷凝水的环境。另外,由于齿板很薄,受压极易失稳,所以齿板不得用于传递压力,也就是说,受压构件不能用齿板接长。

4.7.2 设计承载力

齿板连接计算内容包括:应按承载能力极限状态荷载效应的基本组合验算齿板连接的板齿承载力、齿板受拉承载力、齿板受剪承载力和剪——拉复合承载力;按正常使用极限状态标准组合验算板齿的抗滑移承载力。

1.板齿设计承载力计算

$$N_r = n_r k_h A e$$

式中:n_r 为齿承载力设计值(N/mm^2);A 为齿板表面净面积(mm^2),是指用齿板覆盖的构件面积减去相应端距 a 及边距 e 内的面积,如图 4—16 所示;端距 a 应平行于木纹量测,并取 12mm 或 1/2 齿长的较大者;边距 e 应垂直于木纹量测,并取 6mm 或 1/4 齿长的较大者;k_h 为桁架支座节点弯矩系数。

桁架支座节点弯矩影响系数 k_h,可按下式计算。

$$k_h = 0.85 - 0.05(12\tan\alpha - 2.0)$$

$$0.65 \leqslant k_h \leqslant 0.85$$

式中:α 为桁架支座处上下弦间夹角。

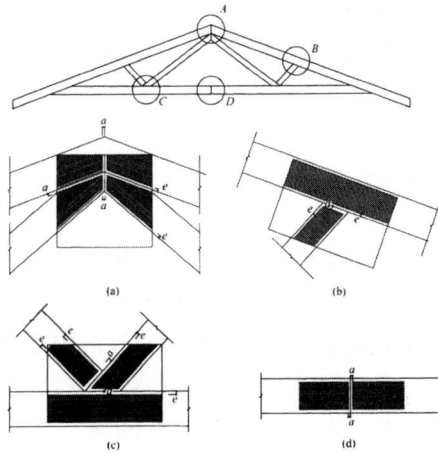

图 4-16　齿板的端距和边距

2.齿板受拉设计承载力计算

$$T_t = t_r b_t$$

式中：b_t 为垂直于拉力方向的齿板截面宽度（mm）；t_r 为齿板受拉承载力设计值（N/mm）。

3.齿板受剪设计承载力计算

$$V_r = v_r b_v$$

式中：b_v 为平行于剪力方向的齿板受剪截面宽度（mm）；v_r 为齿板受剪承载力设计值（N/mm）。

4.板齿抗滑移承载力计算

$$N_s = n_s A$$

式中：n_s 为齿抗滑移承载力（N/mm²）；A 为齿板表面净面积（mm²）。

承载力设计值 n_r、t_r、v_r、n_s 的确定。

（1）齿板承载力设计值 n_r

①若荷载平行于齿板主轴（$\theta = 0°$）：

$$n_r = \frac{P_1 P_2}{P_1 \sin^2 \alpha + P_2 \cos^2 \alpha}$$

②若荷载垂直于主板（$\theta = 90°$）：

$$n'_r = \frac{P'_1 P'_r}{P'_1 \sin^2 \alpha + P'_r \cos^2 \alpha} k$$

式中：α 为荷载与木纹夹角；θ 为荷载与齿板主轴夹角。

P_1、P_2、P'_1 和 P'_2 取值为 10 个与 α、θ 相关的齿极限承载力试验中的 3 个最小值的平均值除以系数 k。确定 P_1、P_2、P'_1 和 P'_2 时所用的 θ 与 α 取值如下。

P_1:$\alpha = 0° \theta = 0°$;P_2:$\alpha = 90° \theta = 0°$

P'_1:$\alpha = 0° \theta = 90°$;P'_2:$\alpha = 90° \theta = 90°$

③系数足应按下式计算。

对阻燃处理后含水率小于或等于 15% 的规格材:

$$k = 1.88 + 0.27r$$

对阻燃处理后含水率大于 15% 且小于 20% 的规格材:

$$k = 2.64 + 0.38r$$

对未经阻燃处理含水率小于或等于 15% 的规格材:

$$k = 1.69 + 0.24r$$

对未经阻燃处理含水率大于 15% 且小于 20% 的规格材:

$$k = 2.11 + 0.3r$$

式中:r 为恒载标准值与活载标准值之比,$r = 1.0 \sim 5.0$;若 $r < 1.0$ 或 $r > 5.0$,则取 $r = 1.0$ 或 5.0。

④当齿板主轴与荷载方向夹角 θ 不等于 $0°$ 或 $90°$ 时,齿承载力设计值应在 n_r 与 n'_r 之间用线性插值法确定。

(2)齿板受拉承载力设计值 t_r

取 3 个受拉极限承载力校正试验值中两个最小值的平均值除以 1.75 即得出 t_r 的值。

(3)齿板受剪承载力设计值 v_r

取 3 个受剪极限承载力校正试验值中的两个最小值的平均值除以 1.75 即得出 v_r 的值。若齿板主轴与荷载方向夹角不同于试验方法中的角度,则齿板受剪承载力设计值应按线性插值法确定。

4.7.3 齿板连接设计案例

【例 4-1】完成腹杆和下弦杆节点连接的设计验算。设齿板主轴平行于下弦杆,采用的齿板为 178mm×228mm 规格的 SK-20,如图 4-17 所示。

解:节点几何位置的水平正交坐标系如图 4-18 所示。

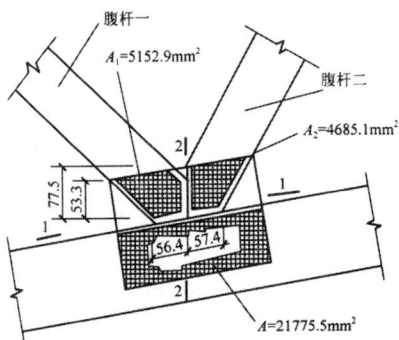

图 4—17　腹杆和下弦杆节点连接

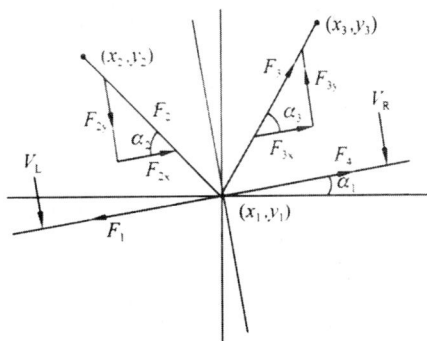

图 4—18 节点几何位置

根据图 4—17 可知：

节点合力中心位置：$x_1 = 394.97$，$y_1 = 69.80$；

腹杆一方向坐标：$x_2 = 321.56$，$y_2 = 137.95$；

腹杆二方向坐标：$x_3 = 468.38$，$y_3 = 199.11$；

下弦坡度：1/6；

根据加拿大相关机构（Canadian Construction Material Center）对 SK—20 齿板的评估报告，可知 SK—20 性能参数如下：

齿板极限承载力（MPa）：$p_1 = 1.92$，$p_2 = 1.35$，$p_3 = 1.97$，$p_4 = 1.35$；

齿板极限抗滑移承载力（MPa）：$p_{s1} = 2.03$，$p_{s2} = 1.04$，$p_{s3} = 1.97$，$p_{s4} = 1.23$；

齿板极限抗拉承载力（N/mm）：$T_0 = 180.11$，$T_{90} = 136.23$；

齿板极限抗剪承载力如表 4—11 所示。

表 4—11　SK—20 齿板极限抗剪承载力（N/mm）

齿板与纤维板交角	0°	30°	60°	90°	120°	150°
极限抗剪承载力	$V_0 = 85.39$	$V_{30C} = 84.11$ $V_{30T} = 115.93$	$V_{60C} = 91.70$ $V_{60T} = 146.10$	$V_{90} = 105.51$	$V_{120C} = 74.97$ $V_{120T} = 89.78$	$V_{150C} = 88.23$ $V_{150T} = 114.93$

注：表中 C 符号代表减压破坏，T 代表剪拉破坏。

对各节点设计验算如下。

（1）下弦杆齿板节点

①板齿承载力验算

下弦杆与水平轴的夹角：$\alpha_1 = \tan^{-1}(1/6) = 9.462°$；

腹杆一与下弦杆的夹角：$\alpha_2 = \tan^{-1}\left(\dfrac{y_2 - y_1}{x_2 - x_1}\right) + \alpha_1 = 52.335°$；

腹杆二与下弦杆的夹角：$\alpha_2 = \tan^{-1}\left(\dfrac{y_3 - y_1}{x_3 - x_1}\right) + \alpha_1 = 50.955°$；

作用在下弦杆齿板上的合力 F

$F_{2x} = -F_2\cos\alpha_2 = 0.593\text{kN}$

$F_{2y} = F_2\sin\alpha_2 = -0.768\text{kN}$

$F_{3x} = F_3\cos\alpha_3 = 3.914\text{kN}$

$F_{3Y} = F_3\sin\alpha_3 = 4.826\text{kN}$

$F = \sqrt{F_x^2 + F_y^2} = \sqrt{(F_{2x} + F_{3x})^2 + (F_{2y} + F_{3y})^2} = 6.063\text{kN}$

合力与下弦杆的夹角：$\alpha_F = |\tan^{-1}(F_y/F_x)| = 42.004°$；

荷载与下弦杆木纹间的夹角：$\alpha = \alpha_F = 42.004°$；

荷载与齿板主轴间的夹角：$\theta = \alpha_F = 42.004°$；

齿板承载设计值为

$$n_r = \frac{p_1 p_2}{p_1 \sin^2\alpha + p_2 \cos^2\alpha}$$
$$+ \frac{\theta}{90}\left(\frac{p_3 p_4}{p_3 \sin^2\alpha + p_4 \cos^2\alpha} - \frac{p_1 p_2}{p_1 \sin^2\alpha + p_2 \cos^2\alpha}\right)$$
$$= 1.42\text{MPa}$$

齿板设计承载力为

$N_r = n_r K_h A = 1.42 \times 1.0 \times 21775.5\text{N} = 30.92\text{kN} > F = 6.063\text{kN}$

②板齿抗滑移承载力验算

板齿抗滑移承载力为

$$n_s = \frac{p_{s1} p_{s2}}{p_{s1} \sin^2\alpha + p_{s2} \cos^2\alpha}$$
$$+ \frac{\theta}{90}\left(\frac{p_{s3} p_{s4}}{p_{s3} \sin^2\beta + p_{s4} \cos^2\beta} - \frac{p_{s1} p_{s2}}{p_{s1} \sin^2\alpha + p_{s2} \cos^2\alpha}\right)$$
$$= 1.21$$

板齿抗滑移设计承载力为

$N_s = n_s A = 1.21 \times 21775.5\text{N} = 16.35\text{kN} > F = 6.063\text{kN}$

③齿板剪－拉承载力验算

节点沿 1－1 方向被齿板覆盖的长度：$L_1 = 228\text{mm}$；

沿 L_1 齿板抗剪设计承载力：$V_{r1} = V_0 = 85.39\text{N/mm}$；

沿 L_1 齿板抗拉设计承载力：$T_{r1} = T_{90} = 136.23\text{N/mm}$；

荷载与 L_1 夹角：$\theta_1 = \theta = 42.004°$；

沿 L_1 齿板剪－拉复合设计承载力：

$$C_{r1} = V_{r1} + \frac{\theta_1}{90}(T_{r1} - V_{r1}) = 109.12\text{ N/mm}；$$

齿板剪－拉复合设计承载力为

$$C_r = C_{rl} L_1 = 109.12 \times 228 \mathrm{N} = 24.88 \mathrm{kN} > F = 6.063 \mathrm{kN}$$

（2）腹杆一齿板节点

① 板齿承载力验算

作用在腹杆一上的设计合力：

$$F = \sqrt{F_{2x}^2 + (0.65 \times F_{2y})^2} = 0.775 \mathrm{kN}$$（由于桁架齿板不能用来传递压力，因此在齿板设计时板齿承载力设计值不小于该杆轴向压力的 65%）；

荷载与腹杆一木纹间夹角：$\alpha = 0°$；

荷载与齿板主轴间夹角：$\theta = \alpha_2 = 52.335°$；

板齿承载力设计值为

$$n_r = \frac{p_1 p_2}{p_1 \sin^2 \alpha + p_2 \cos^2 \alpha}$$

$$+ \frac{\theta}{90} \left(\frac{p_3 p_4}{p_3 \sin^2 \alpha + p_4 \cos^2 \alpha} - \frac{p_1 p_2}{p_1 \sin^2 \alpha + p_2 \cos^2 \alpha} \right)$$

$$= 1.949 \mathrm{MPa}$$

板齿设计承载力为

$$N_r = n_r K_h A = 1.949 \times 1.0 \times 5152.9 \mathrm{N} = 10.04 \mathrm{kN} > F = 0.775 \mathrm{kN}$$

② 板齿抗滑移承载力验算

板齿抗滑移承载力为

$$n_s = \frac{p_{s1} p_{s2}}{p_{s1} \sin^2 \alpha + p_{s2} \cos^2 \alpha}$$

$$+ \frac{\theta}{90} \left(\frac{p_{s3} p_{s4}}{p_{s3} \sin^2 \beta + p_{s4} \cos^2 \beta} - \frac{p_{s1} p_{s2}}{p_{s1} \sin^2 \alpha + p_{s2} \cos^2 \alpha} \right)$$

$$= 1.995 \mathrm{MPa}$$

板齿抗滑移设计承载力为

$$N_s = n_s A = 1.995 \times 5152.9 \mathrm{N} = 10.28 \mathrm{kN} > F = 0.775 \mathrm{kN}$$

③ 齿板剪－拉承载力验算

腹杆一沿 1－1 方向被齿板覆盖的长度：$L_1 = 114 \mathrm{mm}$；

沿 L_1 齿板抗剪设计承载力：

$$V_{rl} = V_0 = 85.39 \mathrm{N/mm}；$$

沿 L_1 齿板抗拉设计承载力：$T_{rl} = T_{90} = 136.23 \mathrm{N/mm}$；

荷载与 L_1 夹角：$\theta_1 = \theta = 52.335°$；

沿 L_1 齿板剪－拉复合设计承载力：

$$C_{rl} = V_{rl} + \frac{\theta_1}{90}(T_{rl} - V_{rl}) = 114.95 \ \mathrm{N/mm}；$$

腹杆一沿 2－2 方向被齿板覆盖的长度：$L_1 = 77.5\text{mm}$；

齿板主轴与 L_2 的夹角：$\beta = 90° - \tan^{-1}(1/6) = 80.538°$；

沿 L_2 齿板抗剪设计承载力为

$$V_{r2} = V_{60C} + (\beta - 60)\frac{V_{90} - V_{60C}}{90 - 60}$$

$$= 91.7 + 20.538 \times \frac{105.51 - 91.7}{30} = 101.154\text{N/mm}$$

沿 L_2 齿板抗拉设计承载力为

$$T_{r2} = T_0 + (90 - \beta)\frac{T_{90} - T_0}{90 - 0} = 180.11 + 9.462 \times \frac{136.23 - 180.11}{90}$$

$$= 175.5\text{N/mm}$$

荷载与 L_2 夹角：$\theta_2 = 90° + \alpha_1 - \alpha_2 = 47.127°$；

沿 L_2 齿板剪－拉复合设计承载力：$C_{r2} = V_{r2} + \frac{\theta_2}{90}(T_{r2} - V_{r2}) = 140.08$
N/mm；

齿板剪－拉复合设计承载力为

$$C_{r1} = C_{r1}L_1 + C_{r2}L_2 = (114.95 \times 114 + 140.08 \times 77.5)\text{N}$$

$$= 23.96 > - F_2 = 0.97\text{kN}$$

（3）腹杆二齿板节点

① 板齿承载力验算

作用在腹杆二上的设计合力：

$F = F_3 = 6.214\text{kN}$；

荷载与腹杆二木纹间夹角：$\alpha = 0°$；

荷载与齿板主轴间夹角：$\theta = \alpha_3 = 50.955°$；

板齿承载力设计值为

$$n_r = \frac{p_1 p_2}{p_1 \sin^2\alpha + p_2 \cos^2\alpha}$$

$$+ \frac{\theta}{90}\left(\frac{p_3 p_4}{p_3 \sin^2\alpha + p_4 \cos^2\alpha} - \frac{p_1 p_2}{p_1 \sin^2\alpha + p_2 \cos^2\alpha}\right)$$

$$= 1.948\text{MPa}$$

板齿设计承载力为

$$N_r = n_r K_h A = 1.948 \times 1.0 \times 4685.1\text{N} = 9.126\text{kN} > F = 6.214\text{kN}$$

② 板齿抗滑移承载力验算

板齿抗滑移承载力为

$$n_s = \frac{p_{s1} p_{s2}}{p_{s1} \sin^2\alpha + p_{s2} \cos^2\alpha}$$

$$+ \frac{\theta}{90} \left(\frac{p_{s3} p_{s4}}{p_{s3} \sin^2 \beta + p_{s4} \cos^2 \beta} - \frac{p_{s1} p_{s2}}{p_{s1} \sin^2 \alpha + p_{s2} \cos^2 \alpha} \right)$$

$$= 1.996 \text{MPa}$$

板齿抗滑移设计承载力为

$$N_s = n_s A = 1.996 \times 4685.1 \text{N} = 9.35 \text{kN} > F = 6.21 \text{kN}$$

③齿板剪－拉承载力验算

腹杆二沿 1－1 方向被齿板覆盖的长度：$L_1 = 114 \text{mm}$；

沿 L_1 齿板抗剪设计承载力：$V_{r1} = V_0 = 85.39 \text{N/mm}$；

沿 L_1 齿板抗拉设计承载力：$T_{r1} = T_{90} = 136.23 \text{N/mm}$；

荷载与 L_1 夹角：$\theta_1 = \theta = 50.955°$；

沿 L_1 齿板剪－拉复合设计承载力：

$$C_{r1} = V_{r1} + \frac{\theta_1}{90} (T_{r1} - V_{r1}) = 114.17 \text{ N/mm}；$$

腹杆二沿 2－2 方向被齿板覆盖的长度：$L_1 = 77.5 \text{mm}$；

齿板主轴与 L_2 的夹角：$\beta = 90° - \tan^{-1}(1/6) = 80.538°$；

沿 L_2 齿板抗剪设计承载力为

$$V_{r2} = V_{60C} + (\beta - 60) \frac{V_{90} - V_{60C}}{90 - 60} = 91.7 + 20.538 \times \frac{105.51 - 91.7}{30}$$

$$= 101.154 \text{N/mm}$$

沿 L_2 齿板抗拉设计承载力

$$T_{r2} = T_0 + (90 - \beta) \frac{T_{90} - T_0}{90 - 0} = 180.11 + 9.462 \times \frac{136.23 - 180.11}{90}$$

$$= 175.5 \text{N/mm}$$

荷载与 L_2 夹角：$\theta_2 = 90° - \alpha_1 - \alpha_3 = 29.58°$；

沿 L_2 齿板剪－拉复合设计承载力：

$$C_{r2} = V_{r2} + \frac{\theta_2}{90} (T_{r2} - V_{r2}) = 125.59 \text{ N/mm}；$$

齿板剪－拉复合设计承载力为

$$C_r = C_{r1} L_1 + C_{r2} L_2 = (114.17 \times 114 + 125.59 \times 77.5) \text{N} = 22.75 \text{kN} >$$

$F_3 = 6.214 \text{kN}$

【例 4－2】弦杆端点设计。如图 4－19 所示，弦杆端点齿板连接，上弦坡度 1/3，下弦水平，$F_1 = 11.845 \text{kN}$，$F_2 = 11.298 \text{kN}$，采用齿板为 SK－20，试进行弦杆端点齿板连接强度验算。

解：对各节点验算如下。

（1）上弦杆齿板节点

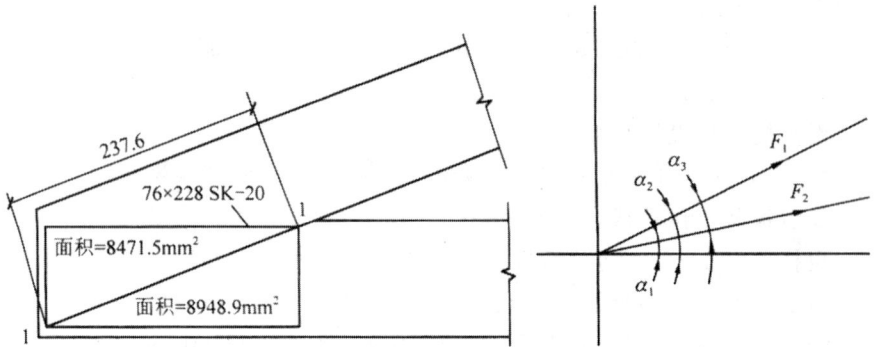

图 4—19 弦杆端点齿板连接示意图(单位:mm)

①板齿承载力验算

下弦杆与水平方向的夹角:$\alpha_1 = 0°$;

上弦杆与水平方向的夹角:$\alpha_2 = \tan^{-1}(1/3) = 18.435°$;

上下弦杆之间的夹角:$\alpha_3 = \alpha_2 - \alpha_1 = 18.435°$;

作用在上弦杆齿板上的合力:$F = F_1 = 11.845\text{kN}$;

合力与上弦杆上的夹角:$\alpha_F = 0°$;

荷载与齿板主轴之间的夹角:$\theta = \alpha_3 = 18.435°$;

桁架支座节点弯矩系数:$K_h = 0.85 - 0.05 \times (12 \times \tan\alpha_3 - 2.0) = 0.75$;

板齿承载力设计值为

$$n_r = \frac{p_1 p_2}{p_1 \sin^2\alpha + p_2 \cos^2\alpha}$$
$$+ \frac{\theta}{90}\left(\frac{p_3 p_4}{p_3 \sin^2\alpha + p_4 \cos^2\alpha} - \frac{p_1 p_2}{p_1 \sin^2\alpha + p_2 \cos^2\alpha}\right)$$
$$= 1.93\text{MPa}$$

板齿设计承载力为

$N_r = n_r K_h A = 1.3 \times 0.75 \times 8471.5\text{N} = 12.268 \text{ kN} > F = F_1 = 11.845\text{kN}$

②板齿抗滑移承载力验算

板齿抗滑移承载力为

$$n_s = \frac{p_{s1} p_{s2}}{p_{s1} \sin^2\alpha + p_{s2} \cos^2\alpha}$$
$$+ \frac{\theta}{90}\left(\frac{p_{s3} p_{s4}}{p_{s3} \sin^2\beta + p_{s4} \cos^2\beta} - \frac{p_{s1} p_{s2}}{p_{s1} \sin^2\alpha + p_{s2} \cos^2\alpha}\right)$$
$$= 1.995\text{MPa}$$

板齿抗滑移设计承载力为

$N_s = n_s A = 2.02 \times 8471.5\text{N} = 17.11\text{kN} > F = F_1 = 11.845\text{kN}$

③齿板剪－拉承载力验算

节点沿 $1-1$ 方向被齿板覆盖的长度：$L_1 = 114\text{mm}$；

齿板主轴与 L_1 的夹角：$\beta = \alpha_1 = 18.435°$；

荷载与 L_1 夹角：$\theta_1 = 0°$；

沿 L_1 齿板抗剪设计承载力：$V_{r1} = V_0 + \beta\left(\dfrac{V_{30T} - V_0}{30 - 0}\right) = 104.16\text{N/mm}$；

沿 L_1 齿板剪－拉复合设计承载力：$C_{r1} = V_{r1} = 104.16\text{N/mm}$；

齿板剪－拉复合设计承载力为

$C_r = C_{r1}L_1 = 104.16 \times 237.6\text{N} > F_1 = 11.845\text{kN}$

（2）下弦杆齿板节点

①板齿承载力验算

下弦杆与水平方向的夹角：$\alpha_1 = 0°$；

上弦杆与水平方向的夹角：$\alpha_3 = \alpha_2 - \alpha_1 = 18.435°$；

作用在下弦杆齿板上的合力：$F = F_2 = 11.928\text{kN}$；

合力与下弦杆上的夹角：$\alpha_F = 0°$；

荷载与下弦杆木纹之间的夹角：$\alpha = 0°$；

荷载与齿板主轴之间的夹角：$\theta = \alpha_1 = 0°$；

桁架支座节点弯矩系数：$K_h = 0.85 - 0.05 \times (12 \times \tan\alpha_3 - 2.0) = 0.75$；

板齿承载力设计值为

$$n_r = \frac{p_1 p_2}{p_1 \sin^2\alpha + p_2 \cos^2\alpha}$$
$$+ \frac{\theta}{90}\left(\frac{p_3 p_4}{p_3 \sin^2\alpha + p_4 \cos^2\alpha} - \frac{p_1 p_2}{p_1 \sin^2\alpha + p_2 \cos^2\alpha}\right)$$
$$= 1.92\text{MPa}$$

板齿设计承载力为

$N_r = n_r K_h A = 1.92 \times 0.75 \times 8948.9\text{N} = 12.886\text{ kN} > F = F_2 = 11.298\text{kN}$

②板齿抗滑移承载力验算

板齿抗滑移承载力为

$$n_s = \frac{p_{s1} p_{s2}}{p_{s1} \sin^2\alpha + p_{s2} \cos^2\alpha}$$
$$+ \frac{\theta}{90}\left(\frac{p_{s3} p_{s4}}{p_{s3} \sin^2\beta + p_{s4} \cos^2\beta} - \frac{p_{s1} p_{s2}}{p_{s1} \sin^2\alpha + p_{s2} \cos^2\alpha}\right)$$
$$= 2.03\text{MPa}$$

板齿抗滑移设计承载力为

$N_s = n_s A = 2.03 \times 8948.9\text{N} = 18.166\text{kN} > F = F_2 = 11.298\text{kN}$

③齿板剪—拉承载力验算

上下弦杆齿板剪—拉承载力完全一致,因上弦杆齿板剪—拉承载力验算复合强度要求,因此不需要进行重复验算。

4.8 构造连接示意图

4.8.1 概述

轻型木结构建筑不仅要掌握正确的结构设计方法,还需要特别注意的是在施工和安装过程中的一些构造细节,如此一来,对结构的持久性和应有的设计强度都有一个很好的保证。本章主要从屋盖和墙体两方面入手,对各部分构造以示意图的形式展示出来,增加了阅读的趣味性。

4.8.2 屋盖构造示意图

本节提供了轻型木结构屋盖各构件之间的构造示意图,就比较重要的一些连接部位,如椽条与屋脊梁的连接,椽条的悬挑等进行了较为详细地图示。图 4-20 是屋盖的示意图。

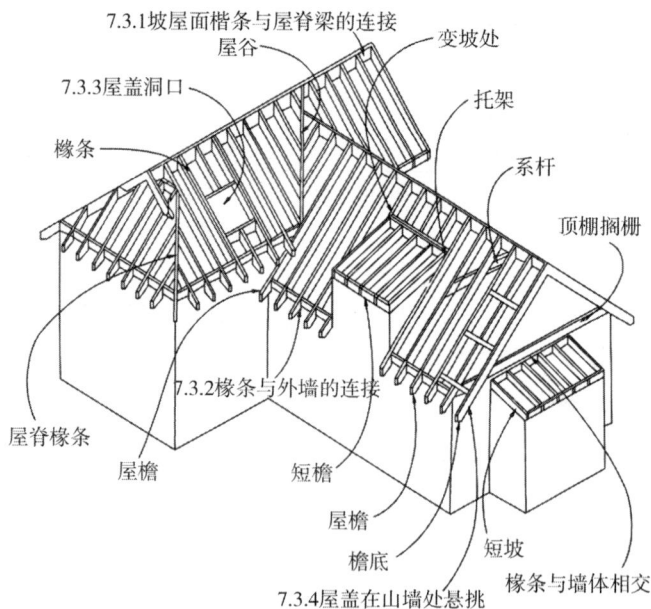

图 4-20　屋盖示意图

1.坡屋面椽条与屋脊梁的连接

在坡屋面中,屋脊梁有承重型和非承重型两种,椽条与屋脊梁的连接方式也有各种不同的做法,其中承重型屋脊梁与椽条的连接如图4—21(a)所示;坡屋面椽条与屋脊梁的连接情况如图4—21(b)所示。

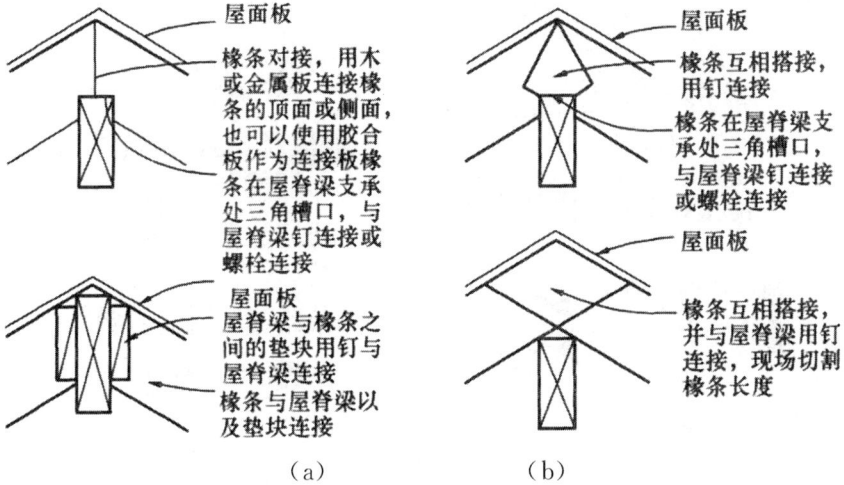

图4—21 坡屋面椽条与屋脊梁连接示意图

2.椽条与外墙的连接

屋盖椽条悬挑部分与外墙的连接示意图,如图4—22所示。其中(a)为室内天花板有吊顶,(b)为室内天花板无吊顶构造情况。

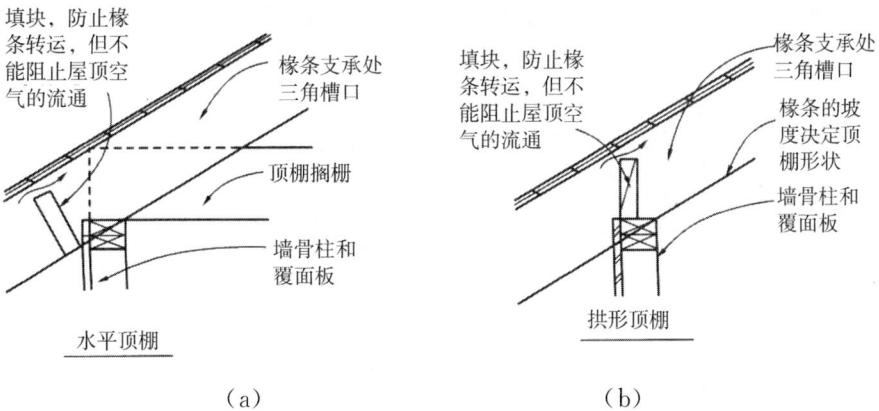

图4—22 屋盖椽条与外墙连接示意图

3.屋盖洞口

屋盖开设天窗或老虎窗的构件示意图如图 4－23 所示。其中（a）所示为屋顶天窗构造,（b）所示为屋顶老虎窗构造情况。

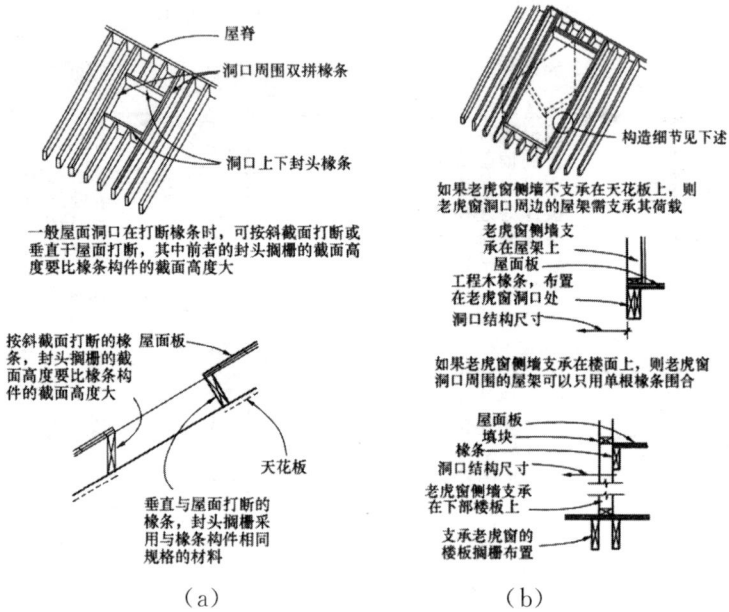

图 4－23 屋盖洞口示意图

4.8.3 墙体构造示意图

这一节内容提供了典型的轻型木结构墙体各构件之间的构造示意图,如图 4－24所示。其中（a）为墙体与其他结构构件之间的连接,（b）为典型墙体结构。

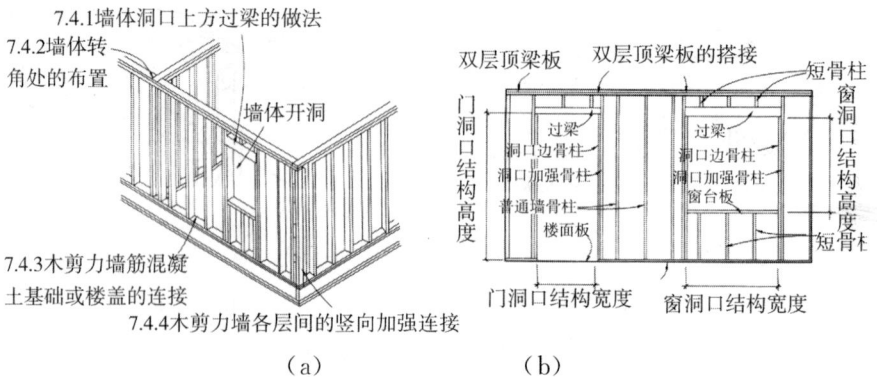

图 4－24 轻型木结构墙体示意图

1.墙体洞口上方过梁的做法

洞口上方的过梁有各种不同的布置方式,几种常用的做法如图 4－25 所示。

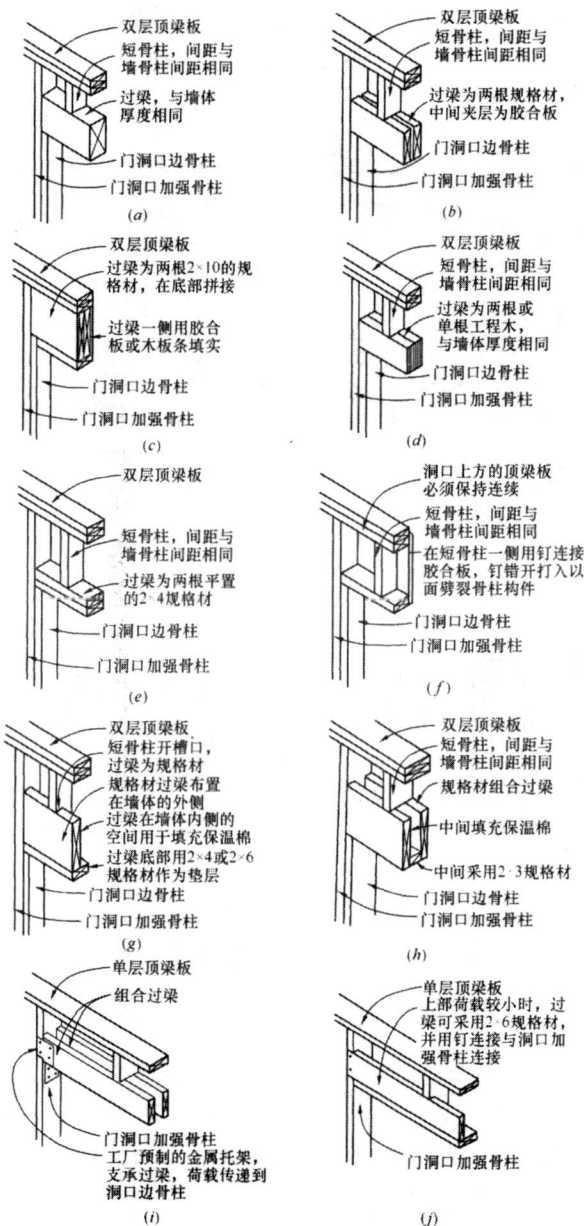

图 4－25　洞口上方过梁的不同做法

2.墙体转角处的布置

内外墙转角处墙骨柱的布置有多种不同的方法,可根据实际情况选择合适的转角布置,但总的来说,转角的布置要能够方便覆面板材的连接以及墙体内保温材料的铺设,如图 4—25 所示。其中(a)所示为几种常见的转角处墙骨柱的布置方式(b)为金属拉条在转角处的应用。

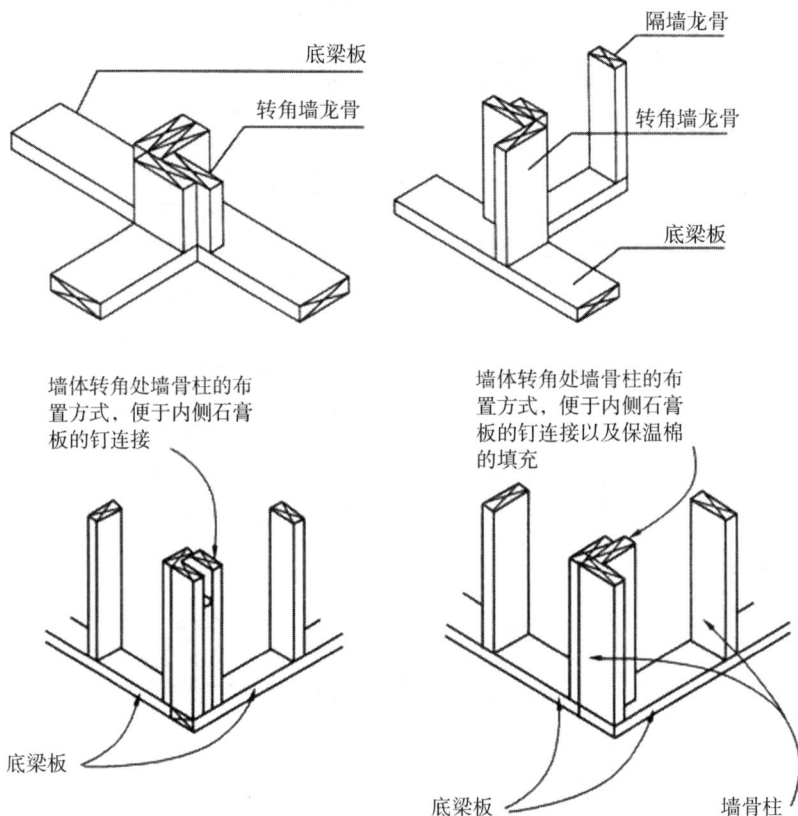

图 4—25　常见墙体转角布置方式

3.木剪力墙与钢筋混凝土基础或楼盖的连接

木剪力墙与钢筋混凝土基础或楼盖的连接示意图,如图 4—26 所示。当墙体受到较大的水平荷载时,在剪力墙的端部要根据计算安装抗拔紧固件,或使用锚杆等将墙体与基础或楼盖牢固连接在一起。

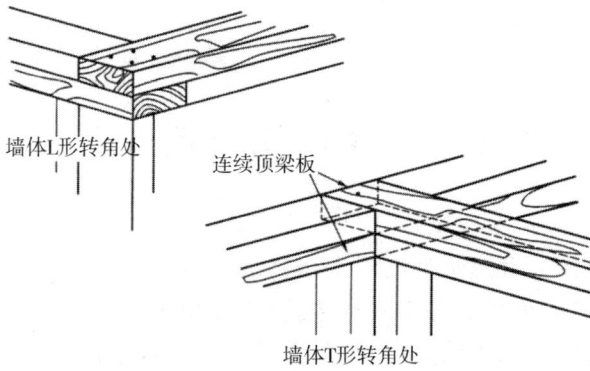

墙体L形转角处

连续顶梁板

墙体T形转角处

图 4—26　木剪力墙与钢筋混凝土基础或楼盖的连接

第5章 木结构形式与应用

在木建筑(包括木构建)中,用来承受荷载及抵抗变形的骨架,叫木建筑的结构。显然作为木建筑骨架的木结构,是每项木建筑不可或缺的,而且它要先行建造,然后再建造各个木构造,直到该项木建筑完成。因此木建筑中的结构一旦确定并建造,它就规范了木建筑的内部空间,也约定了木建筑的外部造型。

我们把木结构的承载能力称作"强度",把木结构的抵抗变形能力称作"刚度",把木结构的形状称作"结构形态"。木结构因其构成的不同可以有不同的类型,同一类型又可以有多种不同的形式。每一种型式(类型及形式)的木结构都有它自身强度、刚度特征和一定的结构形态。当然我们要求建筑的结构强度、刚度足够,以避免建筑破坏或不能正常使用;同时也要求建筑的结构强度、刚度不过剩,以避免建筑笨重造成使用上不方便及材料浪费;更要求建筑的结构形态与建筑内、外空间布局取得一致。因此,当我们开始构思某项木建筑(包括木构建)方案时就要一同为该方案选择合理的结构型式,才能使该建筑方案落实下来。

本章把木建筑可能选择的木结构按不同类型分节讲述,每节都讨论它可能出现的各种形式,并介绍每种型式的结构工作特点及在建筑中的应用情况。我们将从最简单的梁结构类型开始,再从木梁结构的演进逐个推出其他类型的木结构。

5.1 木结构的结构形式及组成

木结构的主要结构形式为"梁柱结构体系"和"轻型木结构体系"两种,当然也有一些其他木结构体系或"杂交体系"。

5.1.1 梁柱结构体系

梁柱结构体系是一种传统的建筑形式,它是由跨距较大的梁、柱结构形成主要的传力体系,无论竖向荷载还是水平荷载,都由梁柱结构体系承受,并最后传递到基础上。我国《木结构设计规范》中普通木结构和胶合木结构均属于梁柱结构体系的建筑。

5.1.2 轻型木结构体系

轻型木结构是北美住宅建筑大量采用的、由构件断面较小的规格材均匀密布连接组成的一种结构形式,它由主要结构构件和次要结构构件等共同作用、承受各种荷载,最后将荷载传递到基础上,具有经济、安全、结构布置灵活的特点。当这种结构通过合理设计,部分结构体系(如楼面均匀密布的梁采用轻型木桁架)能够承受和传递跨距较大的荷载时,它也能用于其他大型的工业和民用建筑。这种结构称之为"轻型木结构体系",并不是说它只能承受较小的荷载,而是以它单个构件的断面较小、结构整体上自重较轻而得名。

5.1.3 其他木结构体系

除了上述最常见的梁柱木结构和轻型木结构体系外,还有重型木桁架、门式框架、拱结构、穹顶结构等常见的木结构体系。重型木桁架相对于均匀密布的轻型木桁架来说,桁架间距往往较大,桁架构件采用截面较大的原木或方木制成,重型木桁架构件之间一般采用受力可靠的螺栓等连接;木结构门式框架与钢框架类似,采用两铰或三铰形式,往往用于单层工业建筑;拱结构大都用于桥梁或大型屋面结构,曲拱两端的推力较大,由两者之间的拉杆来平衡是最为经济的,当然设置拉杆会在使用功能方面有所限制;穹顶结构将屋面荷载传递到下方的周边构件上,如果下方的这些构件有足够承载力和刚度,则穹顶结构跨度可做得很大,且穹顶杆件的截面高度较小。

5.2 木结构设计的一般要求

5.2.1 普通木结构设计的一般要求

为了保证木结构能安全、可靠及尽可能长久地工作,以获得良好的技术经济效果,普通木结构设计应符合以下要求:

①木结构中,木材宜用于结构的受压或受弯构件,对于在干燥过程中容易翘裂的树种木材,当用做桁架时,宜采用钢下弦;若采用木下弦,对于原木,其跨度不宜大于 15m,对于方木,不应大于 12m,且应采取有效防止裂缝危害的措施。

②应积极创造条件采用胶合木构件或胶合木结构。

③木屋盖宜采用外排水,若必须采用内排水时,不应采用木制天沟。

④必须采取通风和防潮措施,以防木材腐朽和虫蛀。

⑤合理地减少构件截面的规格,以符合工业化生产的要求。

⑥应保证木结构特别是钢木桁架在运输和安装过程中的强度、刚度和稳定性,必要时应在施工图中提出注意事项。

⑦地震区设计木结构,在构造上应加强构件之间、结构与支承物之间的连接,特别是刚度差别较大的两部分或两个构件(如屋架与柱、檩条与屋架、木柱与基础等)之间的连接必须安全可靠。

⑧其他要求:

a.在可能造成风灾的台风地区和山区风口地段,木结构的设计应采取有效措施,以加强建筑物的抗风能力。尽量减小天窗的高度和跨度;采用短出檐或封闭出檐;瓦面(特别在檐口处)宜加压砖或座灰;山墙采用硬山;檩条与桁架(或山墙)、桁架与墙(或柱)、门窗框与墙体等的连接,均应采取可靠锚固措施。

b.抗震设防烈度为 8 度和 9 度地区设计木结构建筑,根据需要可采用隔震、消能设计。

c.在结构的同一节点或接头中有两种或多种不同的连接方式时,计算时应只考虑一种连接传递内力,不得考虑几种连接的共同工作。

d.杆系结构中的木构件,当有对称削弱时,其净截面面积不应小于构件毛截面面积的 50%;当有不对称削弱时,其净截面面积不应小于构件毛截面面积的 60%。

e.在受弯构件的受拉边,不得打孔或开设缺口。

f.圆钢拉杆和拉力螺栓的直径,应按计算确定,但不宜小于 12mm。

g.圆钢拉杆和拉力螺栓的方形钢垫板尺寸,可按下列公式计算。

垫板面积(mm^2):

$$A = \frac{N}{f_{ca}} \qquad (5-1)$$

垫板厚度(mm):

$$t = \sqrt{\frac{N}{2f}} \qquad (5-2)$$

式中:N 为轴心拉力设计值(N);f_{ca} 为木材斜纹承压强度设计值(N/mm^2),根据轴心拉力垫板下木构件木纹方向的夹角确定;f 为钢材抗弯强度设计值(N/mm^2)。

h.系紧螺栓的钢垫板尺寸可按构造要求确定,其厚度不宜小于 0.3 倍螺栓直径,其边长不应小于 3.5 倍螺栓直径;当为圆形垫板时,其直径不应小于 4 倍螺栓直径。

i.桁架的圆钢下弦、三角形桁架跨中竖向钢拉杆、受震动荷载影响的钢拉杆、直径等于或大于 20mm 的钢拉杆和拉力螺栓,都必须采用双螺母。

j.木结构的钢材部分,应有防锈措施。

k.在房屋或构筑物建成后,应按《木结构设计手册》中关于"木结构的防护"的要求对木结构进行检查和维护。对于用湿材或新利用树种木材制作的木结构,必须加强使用前和使用后的第 1～2 年内的检查和维护工作。

5.2.2 设计方法

根据木结构的特点,其设计方法可归结为两种:工程计算设计法和构造设计法。

工程计算设计法即常规的结构工程设计程序。先根据建筑所在场地、建筑设计确定荷载类别和性质。据此进行结构布置并进行结构内力、变形等分析。按木结构设计规范的有关规定,验算主要承重构件和连接的承载力、变形,并提出必要的构造措施等。

构造设计则是基于经验的一种设计方法,满足一定条件的房屋,如单体住宅,建筑面积不大,层数限于一、二层,则可以不作结构内力分析,特别是抗侧力分析。只要进行结构构件的竖向承载力分析验算,根据构造要求即可施工。至于构件的竖向承载力验算,其中主要是受弯构件,一般亦可从木材供应商或手册中的表格上查得需要的材料规格,如所谓的"跨度表"(不同跨度和荷载情况下应选择的树种、木材等级及截面尺寸)可供选择。这种设计方法可极大地提高工作效率,避免不必要的重复劳动。

5.2.3 轻型木结构设计的一般规定和要求

1.木结构遵循的原则

①轻型木结构应由符合规定的剪力墙和横隔组成,建筑层数不应超过三层,超过三层者,下部应为砌体或混凝土结构。

②轻型木结构所选用的材料应是合格的规格材、木基结构板材或其他结构复合木材或其制品。

③轻型木结构的结构布置宜规则、对称,剪力墙上下层贯通,建筑物质量中心和结构刚度中心应重合,特别在抗震设防区,这一点尤为重要。所有结构构件应有可靠的连接和必要的锚固,保证结构的稳定性。

地震的水平作用可用基底剪力法计算,结构自振周期可按经验公式 $T = 0.05H^{0.75}$ 计算,(H 为建筑物高度)。抗震验算中承载力调整系数可取 $\gamma_{RE} = 0.8$,阻尼比可取 0.05。

④应根据建筑物所在地的自然环境和使用环境,采取可靠措施防止木材腐朽、虫蛀等侵害,保证结构能达到预期的设计使用年限。

2.轻型木结构设计准则

符合下列条件的轻型木结构可按构造设计法设计:

①建筑物每层面积不超过 $600m^2$,层高不大于 3.6m。

②抗震设防烈度为 6 度和 7 度(0.1g)地区,建筑物高宽比不大于 1.2;7 度和 8 度(0.2g)地区,不大于 1.0(建筑物高度指室外地面至坡屋顶的 1/2 高度处)。

③楼面可变荷载标准值不大于 $2.5kN/m^2$,雪荷载符合建筑结构荷载规范规定,屋面其他可变荷载不大于 $0.5kN/m^2$。

④木构件最大跨度不大于 12m,除梁、柱外,其余承重构件如搁栅、椽条、齿板桁架等间距不大于 600mm。

⑤建筑物坡屋面坡度不小于 1∶12,也不大于 1∶1,檐口外挑长度不大于 1.2m,山墙檐口外挑不大于 0.4m。

3.墙面设计应该遵循的要求

①单肢的高宽比不大于 2∶1;

②同一轴线上各肢中心距不大于 7.6m;

③相邻剪力墙间的横向间距与纵向间距的比值不大于 2.5∶1;

④一道剪力墙各肢轴线错开的距离不大于 1.2m,具体要求如图 5-1 所示;

⑤不同抗震设防烈度和风荷载作用下剪力墙的最小宽度应满足表 5-1 的规定。

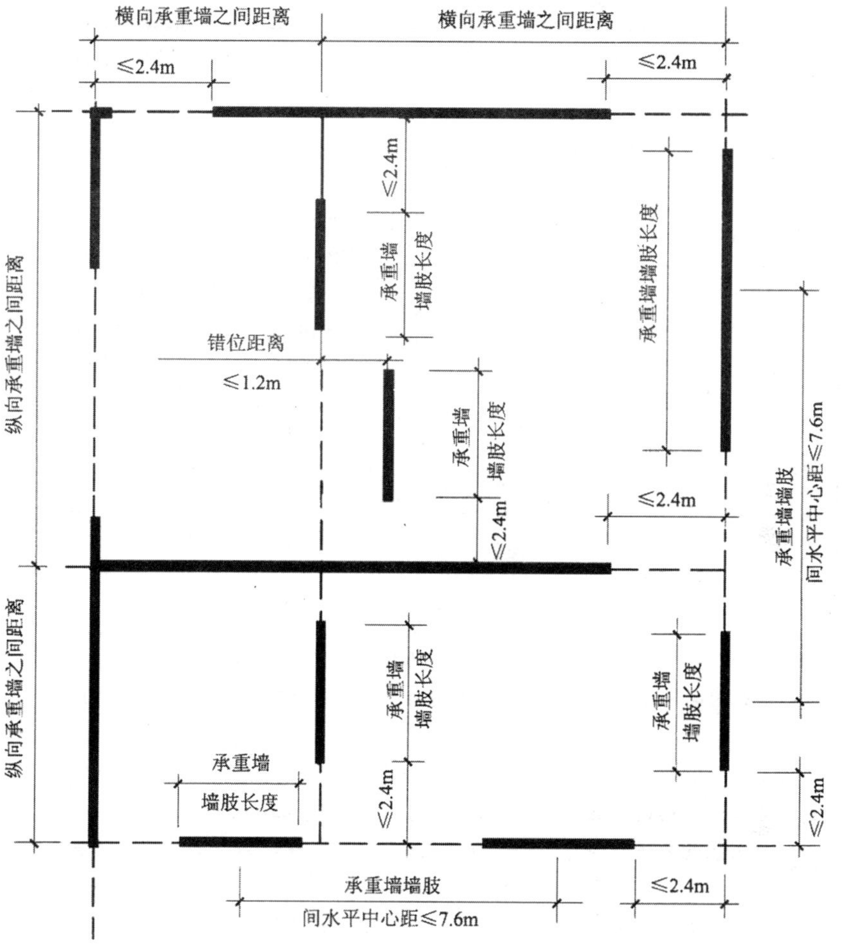

图 5—1　剪力墙及剪力墙平面布置

表 5－1　剪力墙的最小宽度要求

抗震设防烈度	基本风压(kN/m²)				剪刀力墙最大间距（m）	最大允许层数	每道剪力墙的最小宽度					
	地面粗糙度						单层二层或三层的顶层		二层的底层三层的二层		三层的底层	
	A	B	C	D			面板用木基结构板材	面板用石膏板	面板用木基结构板材	面板用石膏板	面板用木基结构板材	面板用石膏板
6 度		0.3	0.4	0.5	7.6	3	0.25L	0.50L	0.40L	0.75L	0.55L	
7 度	0.10g		0.35	0.5	0.6	7.6	3	0.30L	0.60L*	0.45L	0.90L*	0.70L	
	0.15g	0.35	0.45	0.6	0.7	5.3	3	0.30L	0.60L*	0.45L	0.90L*	0.70L	
8 度	0.20g	0.40	0.55	0.75	0.8	5.3	2	0.45L	0.90L	0.70L			

注：1.表中建筑物长度 L 指平行于该剪力墙方向的建筑物长度；

2.当墙体用石膏板做面板时,墙体两侧均应采用；当用木基结构板材做面板时,至少墙体一侧采用；

3.位于基础顶面和底层之间的架空层剪力墙的最小长度应与底层要求相同；

4.＊号表示当楼面有混凝土面层时,面板不允许采用石膏板；

5.采用木基结构板材的剪力墙之间最大间距:抗震设防烈度为 6 度和 7 度(0.01g)时,不得大于 10.6m；

抗震设防烈度为 7 度(0.15g)和 8 度(0.20g)时,不得大于 7.6m；

6.所有外墙均应采用木基结构板做面板,当建筑物为三层、平面长宽比大于 2.5∶1 时,所有横墙的面板均应采用两面木基结构板；当建筑物为二层、平面长宽比大于 2.5∶1 时,至少横向外墙的面板应采用两面木基结构板。

5.3 梁结构

　　所有的木建筑甚至包括木构建,都存在众多水平放置和斜置的木梁,这些木梁的作用是用来承受屋面和楼面以及其他荷载的。当木梁承受荷载之后,每根木梁仅沿着本梁的轴线方向,把所承受的荷载传给支承它的构件(如柱),称为单向受力的梁。如图 5－2 所示,梁系结构中每一根木梁都是单向受力梁。如图 5－3 所示的梁系结构,在节点上承受荷载 p 之后,不同方向的木梁将荷载分担,各传给支承它的构件(见图 5－3(a)图的支座,(b)图的边梁或柱),称为多向受力的梁。注意梁的单向或多向受力是从梁工作情况区分的,与梁结构的布置无关。如图 5－2 所示的向心交叉梁系是多次分级的主、次梁系:其中每一根直梁都是单向受力梁。

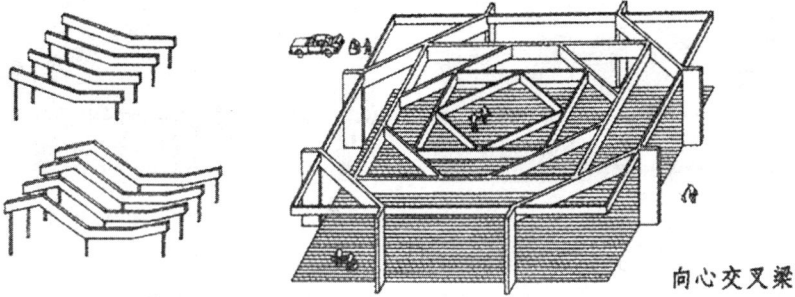

向心交叉梁

图 5－2　单向受力梁

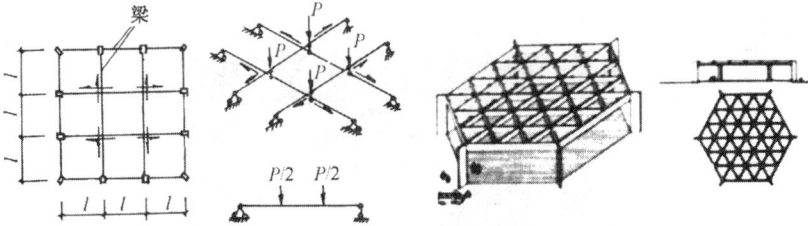

图 5－3(a) 双向受力图模型　　　图 5－3(b) 三向受力图模型

5.3.1 单向受力的梁

单向受力的梁有许多不同的工作形式,我们将它划分为简单的单向受力梁、叠合的单向受力梁、叠置的单向受力梁三种。

1.简单的单向受力梁

每单向受力梁仅是一根木料的梁(含胶合木梁),是梁结构中最简单的工作情况,如图 5－4 和图 5－5 所示,列举了一些简单的单向受力梁模型。下面我们来介绍它的应用例子。

如图 5－4(a)、5－4(b)所示的各单向受力木梁是"平行排列"和"平置"的(每梁两端标高相同)。其中图 5－4(a)为平行排列的矩形截面胶合木梁,是中庭采光天棚的承重结构;图 5－4(b)是一仿古木建筑,在每一"排架"两柱之间的方木梁,是承托屋顶三根短柱传来荷重的单向受力梁;而各排架柱顶(含三短柱)的檩条(平行排列且平置,但标高各有不同),则是直接支承双坡屋面的圆木单向受力梁。

图 5—4(a) 平行排列的矩形
截面胶合木梁

图 5—4(b) 平置排列的单向
受力木梁

单向受力梁的布置以平行排列居多,但也不排除其他布置方式。如图5—5所示就是放射式排列的例子,其稍微斜置的方木梁外端支承在木墙架上,集合的内端则支承在一根主合木柱的柱顶(带垫)上。

图 5—5 放射性排列单向受力梁

2.叠合的单向受力梁

当单向受力梁的跨度较大或荷载较重,若仍采用简单的(单根木料)单向受力梁,就需要较大的木梁截面,才能满足梁的强度、刚度要求。目前大尺寸的木料(伟材)稀缺,胶合木梁的供应又不多,此时可以采用叠合的单向受力梁,代替单根木料的梁。

如图5—6所示是一行人木桥,较大的桥面荷载由左右两条木梁承担,每条木梁是四根方木沿竖向叠合在一起所组成的叠合单向受力梁。每梁的承载能力是四根方木梁承载能力之和,但梁高较大。某些应用在室内的叠合单向梁要避免梁高过大,影响室内净高,则可以并排放置。如图5—7所示是四根方木两层叠合并列双排组成的、梁高减小的叠合单向受力梁,其承载能力也是四根方木梁承载能力之和。

图 5-6 竖向叠合的单向受力梁

图 5-7 并列叠合的单向受力梁

3.叠置的单向受力梁

出于与木建筑的构造配合或木结构组成的需要,有时要将叠合梁各层料木分开放置到不同的标高,这就形成了叠置的单向受力梁。

如图 5-8(a)所示,有支撑两"童柱"的三层叠置单向梁。当木建筑某些上部柱位与下部柱的柱位不相同,上部柱就需要使用木梁来承托。托柱的木梁一般受力较大,若用多层的叠合梁,其强度是满足的,但上柱与托梁只有一个连接节点,难以保证上柱与下柱能在同一平面内工作(即结构竖向整体性不佳)。若将叠合梁改成如图 5-8(a)所示叠置的梁,梁与上下柱将有多处连接,能增加结构竖向整体性。叠置的各层单梁可以采用同一截面料木,但出于造型美观,往往采用截面大小不同的方木。如图 5-8(b)所示是一桥廊木建筑,其中央的"脊柱"不能落地,由支撑在左、右廊柱的四层叠置梁来承托(若计入中部的木屏,则有六层叠置梁)。本桥廊两侧的"童柱"同样不能落地,因托柱梁跨度(廊柱至檐柱),荷载也不大,只采用了单根的单向受力梁(带悬挑段)。

图 5-8(a) 三层叠置单向受力梁

图 5-8(b)四层叠置单向受力梁

图 5-9(a)、(b)是庑殿建筑的横向排架,左右两金柱间的屋顶,通过脊檩与金檩,全部重量由称作五架梁与三架梁的两层叠置梁来承托。它上层的三

架梁比下层的五架梁短，又用瓜柱（柁墩）架在五架梁上，这是与建筑屋面排水构造及屋顶造型相配合的。那么它与前述图 5—4(b)的三个瓜柱直接架在五架梁上有什么区别呢？计算表明，后者五架梁最大弯矩，比前者增加 33.3％，也就是要用较大截面的木料了。

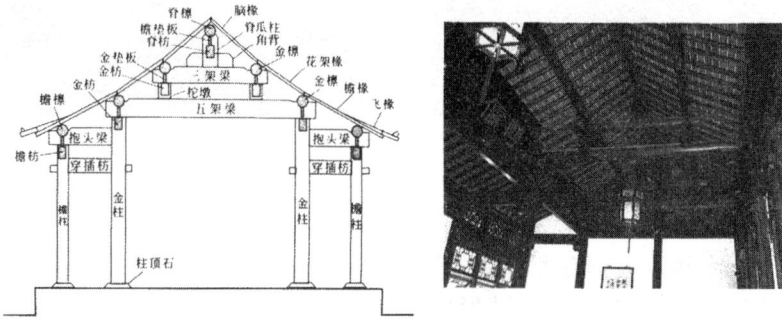

图 5—9(a)　庑殿建筑横排架图　　图 5—9(b) 庑殿建筑横排实例

除了"正规"的仿古建筑横向排架要跟随《营造法式》，造成带三架梁、五架梁、架梁等长短不同的叠置梁之外，一些传统民俗木建筑的造法就各式各样了。图 5—10 叠置单向梁，就存在各层梁跨度有相同和不相同的混合情况。若从金柱与瓜柱结构形式整体性的角度评判，民俗造法显然优于宋清官式做法。

图 5—10　传统民俗叠置单向梁的木建筑

5.3.2 多向受力的梁

如图 5—11(a)、(b)所示为双向受力梁与三向受力梁的工作模型，梁在节点处受荷后，各向梁分担节点荷载。对钢及钢筋混凝土的多向受力梁，其结构形式甚多；但对木结构的多向受力梁，由于受到梁交叉节点连接构造的限制，目前其结构形式只有简单的双向受力梁与叠置的双向受力梁两种。

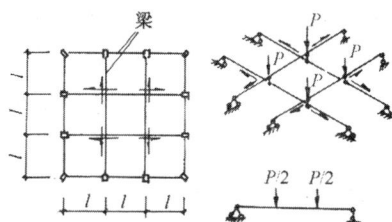

图 5－11(a)　双向受力梁工作模型　　　图 5－11(b)　三向受力梁工作模型

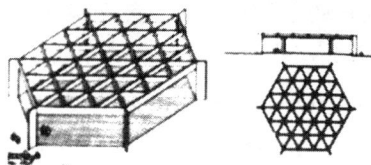

1.简单的双向受力梁

所谓简单的双向受力梁,是指两个方向的梁都由单根木料在交叉节点处,采用如图 5－12(a)所示称作"半榫"的榫连接所组成的双向受力梁。此时两个方向的梁处于同一标高(梁顶、梁底齐平),且每向梁在卯口处截面高度减小到料木截面高度的 1/2,造成梁的强度、刚度均下降,达不到受力后工作有利的目的。若改用如图所示 5－12(b)称作"骑马榫"的榫连接,情况有所改善,但两个方向的梁顶、梁底将不在一个平面。因此,使用半榫连接的简单双向受力梁,只应用在一些有建筑效果要求的场合。

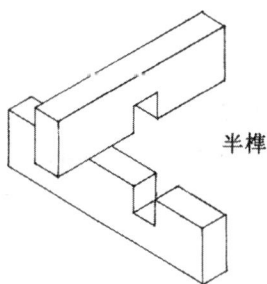

图 5－12(a) 半榫连接　　　图 5－12(b) 骑马榫连接

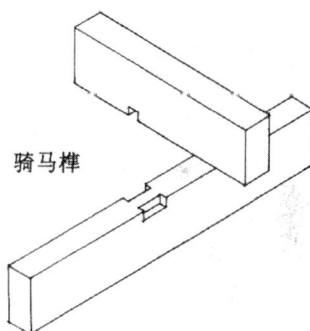

2.叠置的双向受力梁

当平面尺度稍大或荷载稍重时理论上可以采用叠合的双向受力木梁代替简单的双向受力木梁,以提高承荷能力,满足结构强度、刚度需要。但因为它有半榫连接造成木料耗费,故未见有更多的实际应用。合理的造法是改用"仿木结构"。例如用钢筋混凝土双向梁受力,其外,再作木板装饰成为仿木双向梁,只要工艺良好,常常可以做到以假乱真,让人们无法察觉它是钢筋混凝土结构。

叠合双向木梁未见应用,但叠置的双向受力木梁,只要结构高度不受限制,中、小跨度建筑都有应用,而且往往收到较好的艺术效果。如图 5－13 所示是某教堂建筑采光屋顶结构的多层叠置双向受力梁。由于艺术效果的要求，叠置的层数较多，木料交叉节点处采用图 5－12(b)中嵌入不多的"骑马榫"，造成层次分明的美观结构空间。此种多层叠置双向受力梁因结构强度、刚度大，可以覆盖较大的建筑平面。

图 5－13　多层叠置的双向受力梁

5.4 桁架结构

桁架是"格构化"的梁。它由尺寸不大的木料通过节点连接，造成结构高度大于梁结构高度的格构化构件，其强度与刚度比单根木料的梁大很多，故可以承受较大荷载和跨越较大跨度。于是桁架常用作建筑的屋顶等的承重结构，也常用作其他木构建的承重结构。

桁架在木结构中作主要承重结构时称为屋架。为排水和满足建筑造型要求，将上弦杆做成有一定的斜坡，呈三角形或梯形屋架。在跨度较大的木结构楼盖中，个别的也用桁架，多数为平行弦桁架。在桥梁结构中，大多采用梯形或平行弦桁架。可见，桁架是统称，而屋架是其用于屋盖中的特称。

5.4.1 桁架的形式

木结构建筑桁架从外形上可有三角形、梯形、矩形或弧形等数种。如图 5－14所示，其中以多边形、弧形桁架受力最为合理，因为这些桁架的上弦节点一般均位于一条二次抛物线上，与简支梁在均布荷载作用下的弯矩图基本一致，其弦杆内力较均匀，腹杆内力较小；其次是以梯形桁架受力较为合理。这些桁架常在跨度较大的场合使用。三角形桁架受力性能较差，自重大，用料多，一般用于跨度较小的场合，不宜超过 18m。

木结构建筑桁架的节点主要采用齿连接,而这种连接仅能传递压力,不能传递拉力,因此在决定桁架腹杆形式时要注意这一特点。如三角形桁架,斜腹杆应选用向内下倾斜的形式,如图 5—14(a)所示,而梯形桁架则应选用斜腹杆向外下倾斜的形式,如图 5—14(d)所示。因为这种布置使斜腹杆受压,适合齿连接的传力。

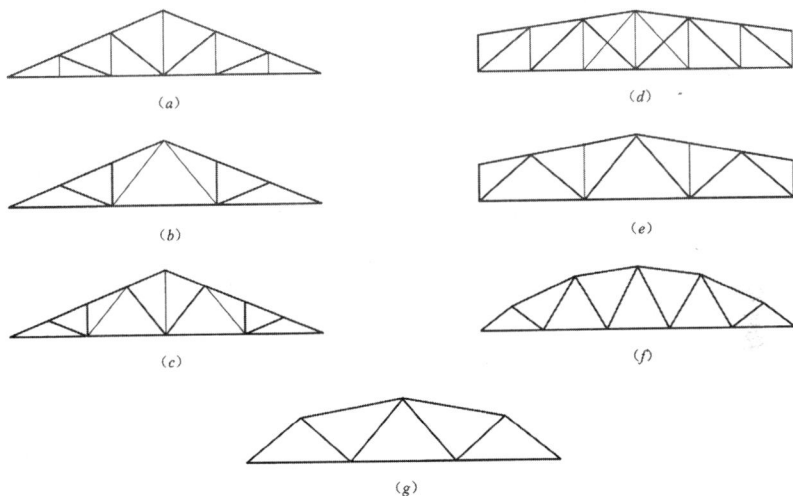

图 5—14 桁架的形式

(a)三角形豪式桁架;(b)芬克式桁架;(c)三角形桁架;(d)梯形豪式桁架;

(e)梯形桁架;(f)多边形桁架;(g)弧形桁架

5.4.2 三角形桁架

三角形桁架有四种结构形式,如图 5—15 所示中的(a)图为豪式、(b)图为芬克式、(c)图为混合式(芬克式+豪式)、(d)图为横腹式。显然这四种三角形桁架的结构形式与建筑物的坡屋顶形态一致,常用作屋顶的承重结构,故可以称它为"屋架"。

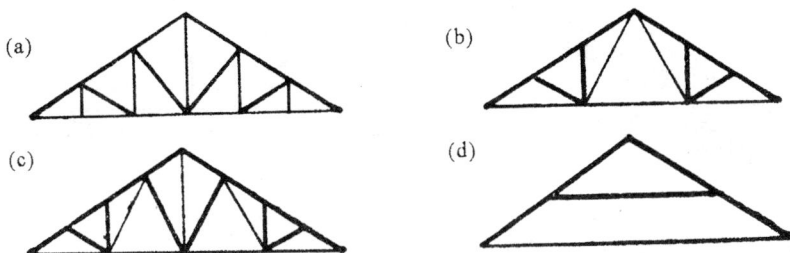

图 5—15 三角形桁架的四种结构形式

1.豪式木屋架

豪式木屋架虽然是近代的结构形式,但较其他形式木屋架使用最早也最多。它的节间(节点到节点的水平距离)2~3m,以 6 节间及 8 节间的屋架最为常用,屋架跨度 ≤ 18m,高跨比 $h/l \geqslant 1/5$(钢木屋架 $\geqslant 1/6$)。它构造简单,施工方便,已取得较为成熟的经验,既适应有吊顶的屋盖,也可用于无吊顶的屋盖。

豪式屋架可以采用方木,但方木要用较大原木锯解,故采用去皮原木稍加整修的圆木代替方木,可以节省木材,且屋架不做吊顶时,圆木屋架更具自然朴素观感。当三角形豪式屋架的跨度大于 15m 或处于较为重要的场合,可以采用把桁架下弦杆由木材改为钢材(圆钢或型钢)的"钢木桁架"。由于下弦受拉力较大又较长,容易受木材节子、裂纹等缺陷的存在而影响其强度,同时下弦的螺栓连接属变形较大的柔性连接,故下弦木杆改用钢杆后,桁架工作的可靠性提高了。

使用普通木料组成的豪式三角形屋架,如果对不设吊顶的三角形屋架可以提供大尺寸的胶合木构件,建议优先选用大节间的胶合木豪式三角形屋架。如图 5—16 所示的胶合木屋架上弦只有四个节间且下弦只有两节间,腹杆只有一根竖向钢拉杆及两根胶合木斜杆。两边的上弦杆都是胶合木整料,跨度视胶合构件的加工能力达到 18m。注意中部带加长连接的胶合木下弦加工时是带"垫块"的构件,不出现削弱截面的"齿槽",是截面不大的纯拉杆。因此,胶合木豪式三角形屋架提供的屋盖内部空间,十分明快简洁。

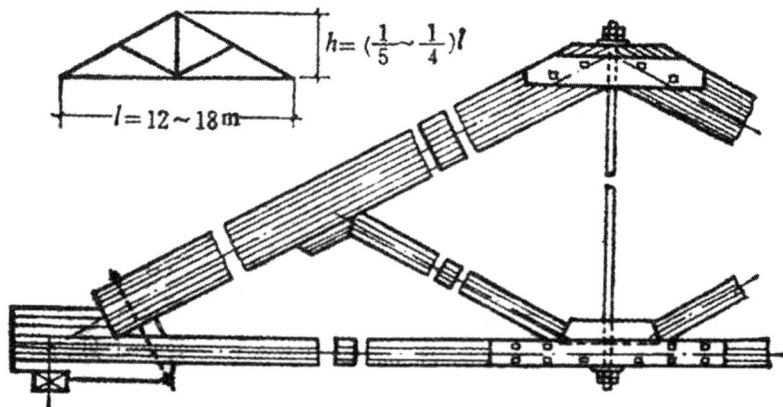

图 5—16 胶合木豪式三角形屋架

豪式三角形屋架在工作平面内的强度、刚度都较大,它比我国传统仿古建筑中使用的叠置梁方法优越许多。不过要注意它与叠置梁结构一样,在平面外的刚度及整体性却很差,因此在建筑设计中使用木屋架时要取得结构专业人员的配合,为它们设置保持屋顶结构侧向稳定及整体性所必需的"支撑系统"。

2.芬克式及混合式木屋架

三角形芬克式屋架,下弦节点少于上弦节点,腹杆数较少且受力比豪式屋架合理(如没有中部较长的斜压杆),能够节省木料。当用于无吊顶的钢木屋架,因腹杆数量少而显得空间简洁并更具韵律性,是值得提倡使用的屋架。

我们先从带吊顶的"轻型木结构"房屋中的芬克式木屋架说起。如图 5－17 所示,给出的三种跨度不同的屋架:其中①型为上弦四节间(下弦三节间)L＝3～6 m;②型为上弦六节间(下弦三节间)L＝6～9m;③型为上弦六节间(下弦五节间)L＝12～18m。但 L＞9m 的应用甚少,一般以 6～9m 以内的应用较多。它们的架距 600mm 左右,受荷不大,各杆采用宽 40mm 的规格料木

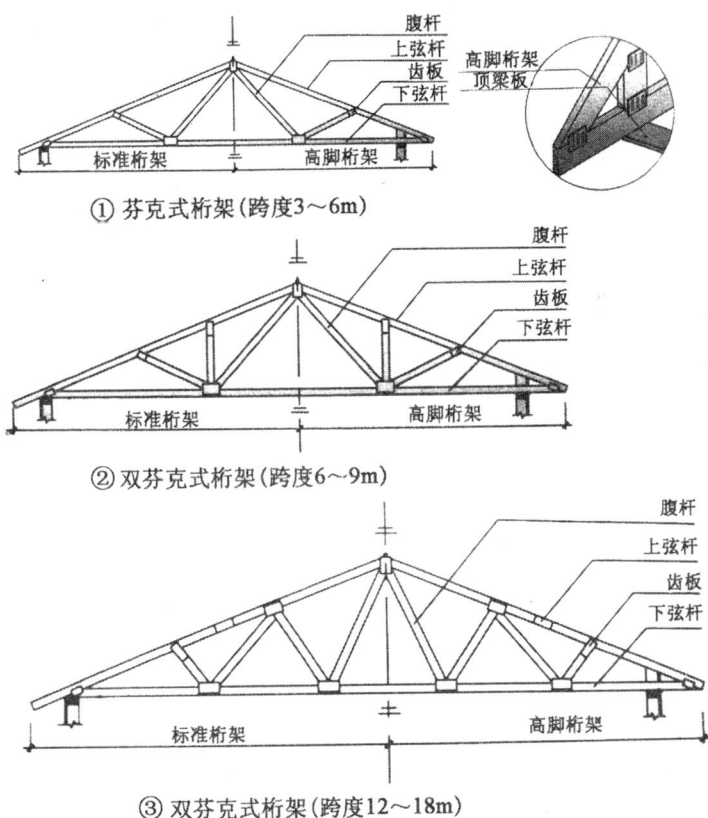

① 芬克式桁架(跨度3～6m)

② 双芬克式桁架(跨度6～9m)

③ 双芬克式桁架(跨度12～18m)

图 5－17　轻型木结构房屋的芬克式木屋架

（高度计算确定），配以不同型号的齿板连接，由工厂成批加工成整榀并外运，因此不适宜太大的跨度。正因受力不大，为了满足"出檐"要求，有时可以造成图示的"高脚"桁架，但要求墙架支承桁架的木龙骨（小木柱）上延，将上、下弦顶紧，并加齿板固定"上延龙骨"的位置，如本图大样所示。

在普通房屋中使用架距较大（≥3m）的三角形芬克式钢木屋架，广泛用于无吊顶的屋盖。当上弦为四节间，适宜跨度 ≤12m，当上弦为六节间，适宜跨度 ≤15m 最大可 18m，也可改用下述的混合式屋架）；屋架高度 h≥l/6。芬克式屋架脊节点具有双圆钢拉杆，要设法使拉杆与弦杆的合力 N，通过两上弦杆抵面的中点，如图 5-18 所示大样中一双箭头的位置。为此，方木料可用如图 (c) 的连接；圆木料因处于小头，要保持合理传递合力 N，就要改用图 (d) 的连接。

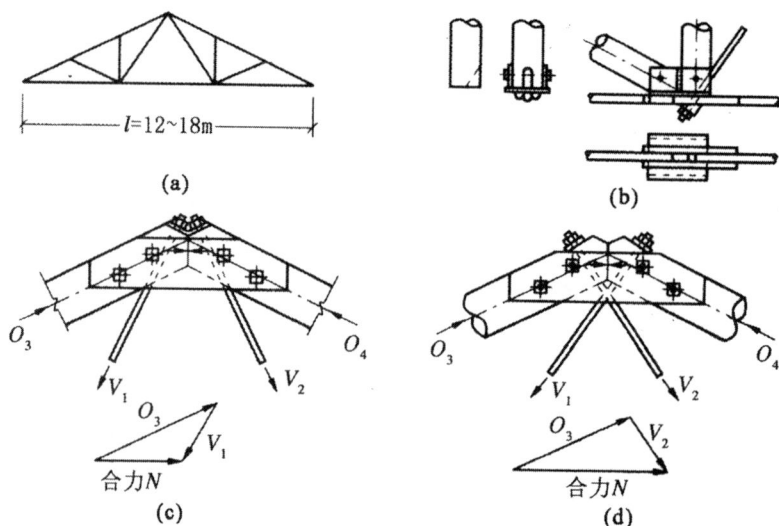

图 5-18　三角形芬克式钢木屋架

当芬克式屋架跨度超过 15m，又想避免脊节点双拉杆的复杂构造，或遇到木材强度等级较低等情况的无吊顶屋盖，可以使用混合式钢木屋架。混合式钢木屋架是将六节间芬克式屋架中间分开置于屋架两端、中部再添加豪式屋架的两个节间所组成，如图 5-18(c) 所示。它仍然具有下弦节点较少、用材较省的优点。

5.4.3 梯形桁架及矩形桁架

在木结构中，桁架作为屋架使用居多。屋架的外形除受到建筑造型影响之外，还取决于屋面防水材料。当屋面防水材料为黏土平瓦、水泥瓦、小青瓦及筒瓦,它们要求屋面排水坡度较大,皆采用了上述三角形屋架。但这种屋架与简支梁的弯矩图相差最大,受力不均匀,用料不经济,加上屋面荷载较大,其跨度一般限于 18m。若屋面防水材料改用波纹铁皮瓦或卷材,屋面排水坡度可适当减少,加上屋面荷载较轻,可以改用梯形或多边形等屋架,并可以跨越较大的跨度,最大可至 24m。

1.梯形豪式桁架

梯形豪式木桁架的受力性能优于三角形桁架,在跨度较大的场合,应优先采用。梯形豪式木桁架的矢高不小于 1/6,对于轻钢彩板屋面,上弦坡度可取 i=1/5。桁架斜腹杆通常设为向外下倾斜,如图 5－19 所示,在全跨荷载作用下为压杆。在雪荷载不大的地区,半跨雪载下中间斜腹杆也不致产生受拉的情况,在雪荷载较大的地区,半跨雪载下可能产生一定的拉力。可用钢夹板螺栓连接解决受拉问题,且一般仅需一个螺栓即可,如图 5－19(d)、(f)。不必设反向传递压力的交叉腹杆。当螺栓连接承载力不足时,则需设置交叉腹杆,以抵抗变号轴力。

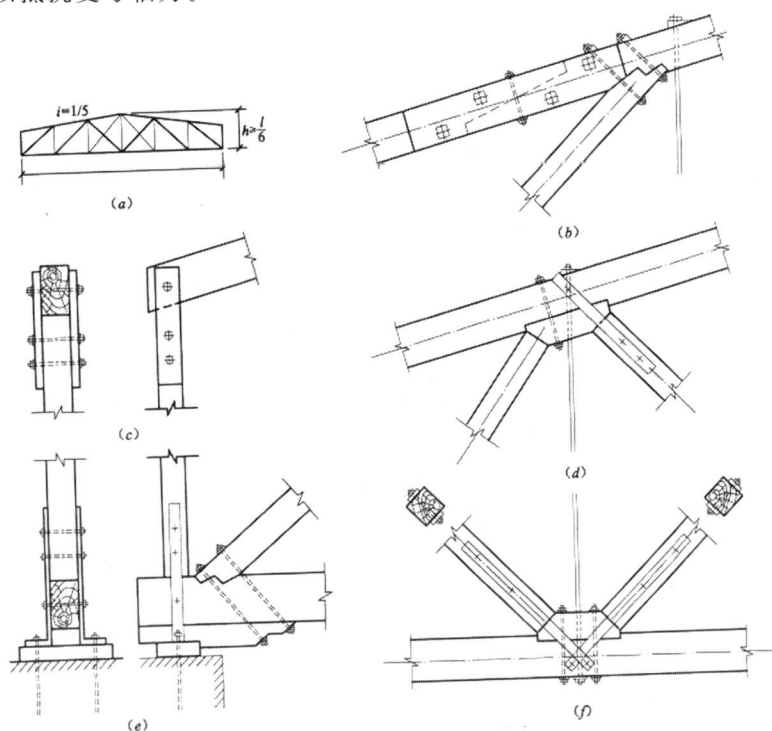

图 5－19　梯形桁架主要节点构造

梯形豪式木屋架采用方木料,其节点构造与三角形方木屋架基本相同,其区别只有以下几点：

①端部上弦杆无轴向力，只承受该节间的非节点荷载产生的小量弯矩；端竖杆也只承受小量压力。于是其节点构造可以简化，如图 5－19 中大样图 (c) 和 (e) 及上弦杆接长的接头 (b) 图。

②端斜杆受压较大，所以增大仰角 (加大架端高度)，杆两端分别采用双齿与上、下弦连接，见大样图 (b) 及 (e)。

③跨中 V 形两受压斜杆在风吸力等作用下可以出现不大的拉力，其抵连接的端部另加钢盖板处理，见大样图 (d) 及 (f)。

梯形豪式钢木屋架的适宜跨度为 $12\sim24\text{m}$，如图 5－20 所示的各简图。仅从受力合理的角度出发，它的高跨比 $h/1=1/7$ 就可以了，同样考虑到排水坡度 $i=1/5$ 及屋架端部有足够高度，屋架的实际高跨比也被取定为 $L/5$。在简图中受压杆粗线表示，受拉杆则用细线表示。

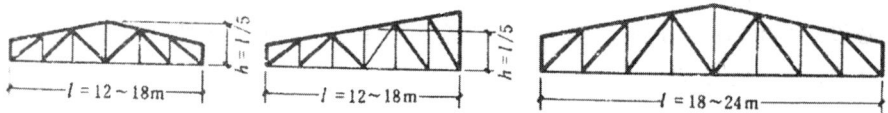

图 5－20　梯形豪式钢木屋架各简图

钢木桁架与木桁架相比，其难点主要集中在下弦节点的处理上，因此在下弦平面内无横向荷载作用的情况下，首先应选用下弦节点少的桁架形式，如图 5－20 所示；其次选用腹杆内力较小的桁架形式，如多边形或弧形桁架，亦有利于简化下弦节点的构造，节省用钢量。

2.矩形 (平行弦) 木桁架

如图 5－21 所示的桁架工作模型图中，表示梯形桁架的图 (b)，在去掉受力不大的端部竖杆与弦杆 (图中的虚线) 后，其外形十分接近简支梁弯矩图 (a)，所以受力是较为合理的。而表示矩形 (平行弦) 桁架的图 (c)，其外形则与简支梁弯矩图相差较多，因而桁架两端的材料未能完全发挥作用。但是在多跨连续的桁架 (可带悬挑) 的情况下，则应当采用矩形 (平行弦) 桁架如图 (e)，因桁架跨中对应多跨连续梁图 (d) 的跨中最大正弯矩，桁架支座处对应多跨连续梁图 (d) 的支座最大负弯矩，那么它的受力状况，就比连续的梯形桁架合理了。因为后者支座处桁架高度小，不适应最大负弯矩，呈易造成屋盖天沟雨水的渗漏，对屋架防腐不利。

(a) 梁及其弯矩图

(d) 多跨连续梁及其弯矩图

(b) 梯形桁架

(c) 矩形（平行弦）桁架

(e) 多跨矩形（平行弦）桁架

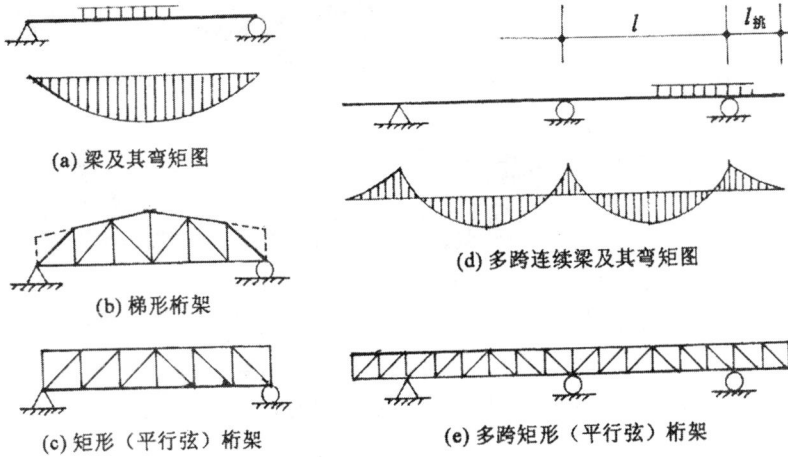

图 5—21　桁架工作模型图

5.4.4 弧形桁架

弧形等桁架外形的高度变化规律，与简支梁弯矩图的弯矩值变化规律基本一致，所以是各种形式桁架中受力最为合理的一种。简支梁弯矩图的弯矩值一般按抛物线变化，考虑到弧形桁架构件加工制作的方便，用圆弧代替抛物线，力学分析表明内力分布差异不大。因此弧形桁架各节间上、下弦受力均匀，全部腹杆受力较小，这给桁架构件及节点的构造带来简便。

弧形桁架是指桁架上弦由圆弧曲杆、下弦由直杆组成的桁架。接下来主要介绍下弦采用木杆的弧形木桁架，然后讨论应用更多的弧形钢木桁架。

如图 5—22 所示是国外某跨越小河的行人木桥，木桥的主体结构是平行排列的两榀胶合木弧形木桁架。其上弦圆弧压杆及下弦直拉杆（施工时作了较大的起拱处理）为整根的胶合木料。方木料的腹杆由于受力不大，与弦杆相交节点仅采用指状钢板件作螺栓连接。注意桥面及支撑系统的大梁，是用钢件挂到桁架下方的。如图 5—23 所示是国外某美术室屋盖采用上弦为胶合木的弧形木屋架，腹杆按"扩大下弦"的方式布置。上、下弦为双木料，与夹在中间的腹杆用螺栓连接。由于下弦采用一般方木料，因此图片中有较多的下弦接头（钢盖板的螺栓连接）。

图 5—22　平行排列的弧形木桁架　图 5—23　上弦为胶合木的弧形木屋架

　　当弧形桁架用作屋架,要注意其排水坡度是变化的。跨中附近的排水坡度甚小,因此只能采用卷材防水屋面(或带咬合构造的铁皮屋面),而靠近屋架端部坡度却较大,又要防止带沥青涂层的卷材流淌。下面转入弧形钢木屋架的讨论。

　　弧形钢木屋架比弧形木屋架应用更多,因此有可供参考的定型设计。四节间豪式腹杆布置的跨度为 21～24m 的弧形钢木屋架,其上弦是等弧长的四块胶合弧曲构件,腹杆为方木构件(另含两根圆钢拉杆),下弦是双角钢。节点构造除与前述三角形、梯形钢木桁架相近之外,其差异主要在于腹杆受力小,所以在构造上可以进行一定程度的简化。

5.5　网架结构

5.5.1　网架结构的工作模型

　　网架是双向工作的立体桁架,所以通过它的结构工作模型来对其进行说明。前文我们通过图 5—11 介绍了双向受力梁结构的工作模型。当双向梁各节点受荷载 P 作用,每一方向的梁仅承受 $p/2$ 的荷载,梁的工作十分有利。如果我们将双向受力梁全部格构化成为如图 5—24 所示的平行弦桁架,那么它就是双向工作的平行弦桁架了。结构学界把它定名为"双向桁架式网架"。

　　双向桁架式网架同样受力有利(每向架仅承受 $p/2$ 荷载)可以造成较大跨度。当把网格(即桁架间距)加密,每向桁架数量增加,承载能力大增,此时理论上认为钢的网架可覆盖超百米的空间,而木网架也可覆盖近百米的空间。不过双向桁架式网架杆件的组成不如下述的"四角锥式网架"美观,因此未见在木网架中应用。

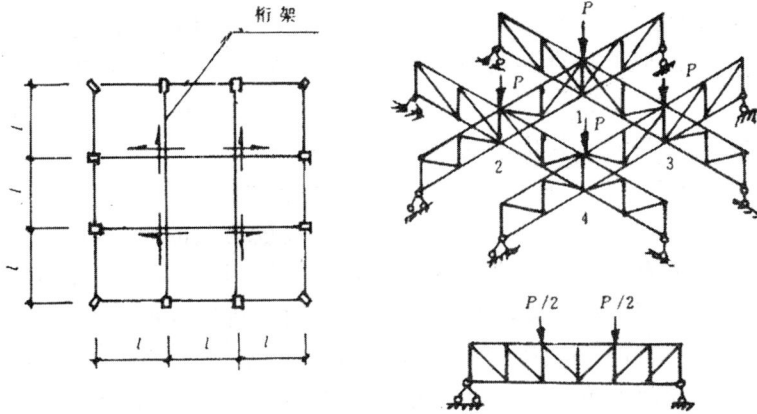

图 5－24　双向桁架式网架

如图 5－25 所示的四角锥式网架复盖 L1＝6a、L2＝7a 的矩形平面,网格尺寸 a 一般取为 L1/5～L2/18,并使腹杆仰角大于等于 45°。现在让我们来分析此网架的组成情况:①顺横向(较短的 L1 方向)单独取出一串如(a)图的六个网格条状物,显然它是支点在左、右两端的六节间带锥状腹杆的立体桁架。将此六节间立体桁架七榀并列,就构成了(c)图的支点在左、右两侧的四角锥式网架了。②顺纵向(较长的 L2 方向)单独取出一串如(b)图的支点在前、后两端的七节间带锥状腹杆的立体桁架。将此立体桁架六榀并列,就构成(c)图的支点在前、后两侧的四角锥式网架了。③将两方向并列的立体桁架看成共同工作,那么它就构成 6＊7 网格,跨度分别为 L1 及 L2,并由矩形平面周边所支承的四角锥式网架。

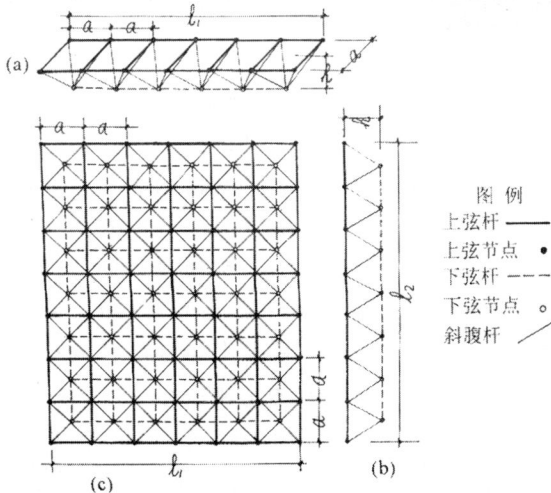

图 5－25　四角锥式网架

周边支承的位置既可以选择在图 5—25 所示的上弦端部节点，也可以选择在下弦端部节点，但是如果选择下弦部节点，则会使有效跨度分别减至 L1＝5a、L2＝6a。除此之外还可以在网架范围之内，选择四个或四个以上由独立柱子支撑下弦端节点。每网格四角锥状的杆件布置使整个网架杆件空间韵律性较好，其视觉效果优于双向桁架式网架。

上述是从双向立体桁架的角度分析四角锥式网架的构成。另外一种分析方法就是将其视作由一块 L1＊L2 且结构高度为 h 的厚板，以正交弦杆及锥状（或其他形状）腹杆的方式，直接格构化而成。因为无论是双向桁架式网架还是四角锥式网架其根本基础都是一块平板，所以统称为"平板网架"，这意味着整片网架在一个平面之内。由于造型、排水、通风等建筑需要，板可以造成曲板，那么平板网架也可以调节弦杆的长度，成为"曲板网架"。

5.5.2 木网架的应用

如图 5—26(a)、(b)所示是日本一个以室内体育活动为主，兼作其他用途的多功能场馆。大跨矩形平面的屋顶为满足内部使用需要，四周较矮，中部抬高，它选择了双向弯曲的曲板四角锥式木网架，来作为具有薄膜屋面的承重结构。

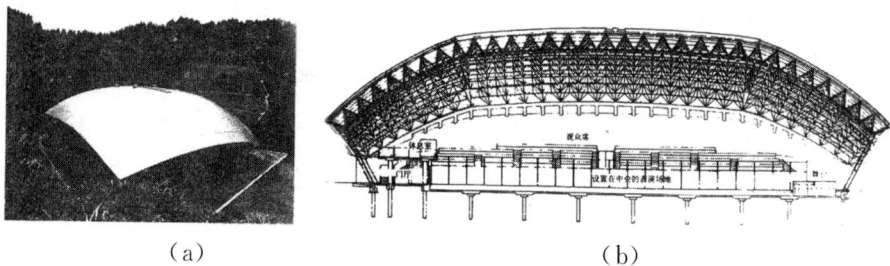

(a)　　　　　　　　　　　　　(b)

图 5—26　多功能场馆

如图 5—27 所示是该曲板木网架的俯视图。四角锥式网架由端部下弦节点作周边支承，这样使得建筑获得半个网格的出檐。其中左、右两侧下弦支座节点落在墙顶结构上；前后两端结合门厅等空间的布置，下弦支座节点落在斜置钢柱的柱顶结构上，如图 5—26(b)所示。网架的弧曲，由调节下弦杆长度取得(注意同时要调整螺栓钢球螺孔的角度)。从图片中看出：厚度(结构高度)不大，配以规则的方格形且上下错开的弦杆以及锥状腹杆后，曲板四角锥式网架的结构空间的视觉效果的确不错。

图 5－27 曲板木网架俯视图

　　木网架与钢网架相比较，是以各杆的木材质感取胜。如果屋顶过于高大，视线距离太长，尺寸不大的木杆件，其木材质感将不明显。加以木拉杆与节点钢板胶接的可靠性不如无缝钢管与连接螺杆的焊接（这是目前使用木网架不多的原因）。因此我们建议跨度≤50m 的建筑，才考虑使用木网架，更大跨度的建筑，以使用钢网架为宜。

5.6 排架结构与钢架结构

5.6.1 排架结构和钢架结构的组成

　　"排架"是由横梁（含梁、桁架、网架等广义的梁）与立柱（含木、砖石、钢筋混凝土、钢等广义柱）铰接组成的结构，如图 5－28 左侧两图所示，"钢架"是由横梁与立柱刚接组成的结构，如图 5－28 右侧两图所示。

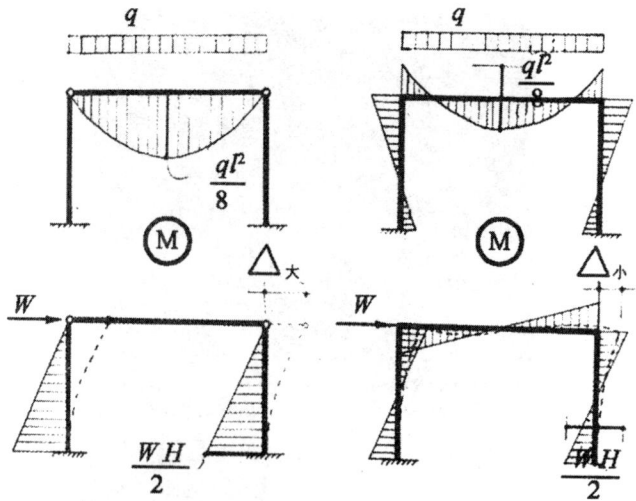

图 5-28　排架结构与网架结构的组成

5.6.2 排架结构的工作原理

如图 5-28 所示左上图排架结构中,排架承受竖向荷载 q 后的弯矩图形。因横梁两端与柱铰接,弯矩为零,跨中最大弯矩为 $ql_2/8$,即横梁按简支梁工作,跨中有较大的下挠。而柱子没有弯矩,仅承受 $ql/2$ 的压力,即立柱按轴心受压柱工作,因柱的抗压刚度较大,柱的压缩变形甚小。图 5-28 左下图是排架承受水平力 W 后的弯矩图及变形曲线图。因横梁两端与柱铰接而没有弯矩,只是把 W 分配给它两端的柱子(各为 $W/2$)。而柱子在顶部作用下 $W/2$,柱顶弯矩因铰接为零,柱脚最大弯矩为 $W \cdot H/2$,柱的抗弯刚度较小,柱顶将产生较大的侧移变形(见图中 $\triangle_大$)。"排架"的定名就是形容各柱在水平力作用下,排排地以较大的 $\triangle_大$ 变形倾向一侧。上列式子中 l 为排架跨度,H 为自基础顶面到横梁的排架高度。

5.6.3 钢架结构的基本要求

如图 5-29 所示是常见的几种钢架形式,图 5-29(a)、(b)是由左、右两曲线构件形成的三铰钢架,经济美观,其适用跨度为 10~50m。其屋面可以按钢架的曲线形式设置,也可以如图 5-29(c)所示,另设短柱和椽条。图 5-29(d)中的斜肢钢架,适用于建造散货仓库,可减小货物对墙壁的压力;另一方面也减小了构件的高度而便于运输。构件曲线部分的内径一般为 3~5m。由于制作中胶合木层板需预弯,这会降低层板的抗弯强度。各国设计规范给出了层板强度的降低幅度的算式,并对曲率半径的大小和所用层板的厚度有一定的规定。

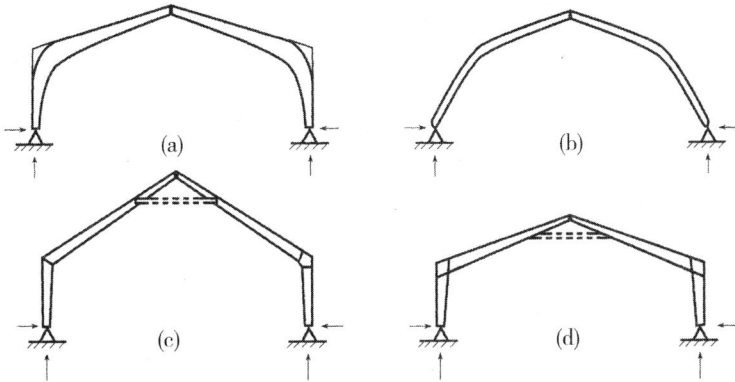

图 5—29　常见的钢架形式

在木房屋中由于抗震抗风的需要,往往要设法提高木结构的抗侧移刚度,故采用钢架结构比排架有利,前提是梁柱连接节点能否可靠地实现"刚接"。此外,排架结构不但抗侧移刚度小,还要注意保持它的结构几何稳定性(结构几何形状不可改变),使结构几何形状成为可变,不但不能抗震抗风,且本身还要房屋别的结构扶持它。

不过对于钢架结构,有时为了施工安装的方便,在保证不出现结构几何可变的前提下,造成如图 5—30 上图所示的"两铰钢架"(其柱脚为铰接);有时出于吊装需要减小构件尺寸,把整架分成两半,在横梁中部加铰接,造成如图 5—30 下图所示的"三铰钢架"。

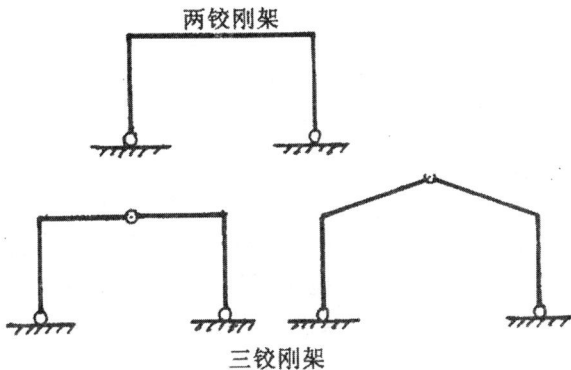

图 5—30　两铰钢架和三铰钢架

无论木房屋采用了排架结构抑或钢架结构作为建筑骨架,房内的后砌墙体(含外墙、内隔墙)都是可有可无、可加可拆的,既能随意划分房内建筑空间,又能提供只有柱点的空旷空间,为建筑的使用带来极大方便。

5.6.4 排架结构的应用

木排架结构多是与广义柱铰接的横梁，可以是梁系、桁架及网架。广义柱包含木柱钢筋混凝土柱钢柱以及木架构墙和砖石墙。

1.横梁是木梁式的排架

如图 5－31 所示是前述具有叠合木双梁的人行天桥。每根叠合木梁铰接在石砌桥墩顶上。石砌桥墩宽厚，是不易发生水平移动的"刚性立柱"，故在小图里表示为单跨"无侧移排架"，其右侧的一根水平链杆表示水平移动（侧移）受到限制。

图 5－31　叠合木双梁的人行天桥　　　图 5－32　双面廊木结构

如图 5－32 所示是某双面廊木结构。在檩条及瓜柱之下，横向木结构是由小图的单跨排架，并平行排列组成，此排架在水平力（如风力）作用下是有侧移的。又因横向排架之间有纵向联系梁与柱顶铰接，于是可以认为该廊的纵向有左、右两个多跨排架，并与横向排架一起工作。

木排架在仿古建筑中是最为常见的木结构了。如图 5－33 上图所示，我们把仿古建筑有代表性的"七架无廊""七架前后廊""八架前檐廊"正身部分的木构架用简图画出，而对应的排架工作模型分别画在下边。其中下左图为单跨排架，横梁取自"七架梁"，下中图为三跨不等高排架，小跨的横梁取自"抱头梁"，大跨的横梁取自"五架梁，"下右图为两跨不等高排架，大跨的横梁取自"七架梁"，小跨的横梁取自"抱头梁"。注意前后廊的"抱头梁"铰接在"金柱"的侧面上，即"金柱"自柱基向上连续（通过"抱头梁"）到大跨的横梁（铰接处）。

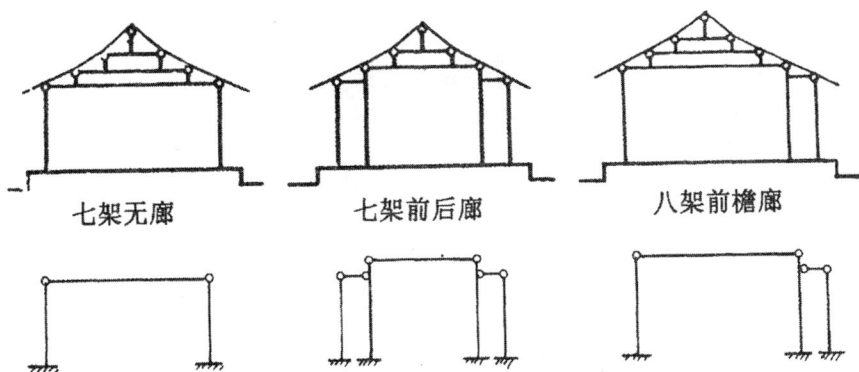

图 5-33 仿古建筑中木构架及排架构件模型

如图 5-34 所示是苏式木楼房的两层木构架。其屋顶部分构架与上述"七架前后廊"相一致;中间的楼层部分是各梁通过榫接(或穿插连接)联结到柱上。其结构工作模型如 5-34 右图所示,注意楼层的梁是铰接在柱的侧面,柱子在竖向是保持连续的。

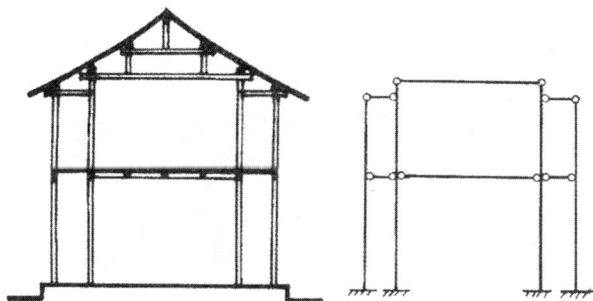

图 5-34 苏式木楼房结构

如图 5-35 所示是仿古六角亭建筑。亭的屋顶部分配有三层标高不同的梁系,其最下一层梁系布置成六角形。在六角形梁的六个交点处和亭身的六根柱子顶铰接,形成六柱的"立体排架"。

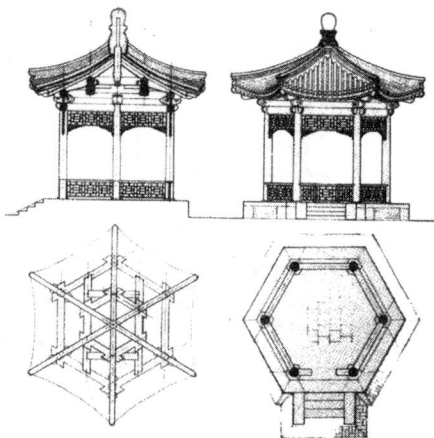

图 5—35　仿古六角亭建筑

　　上述所有排架的立柱皆竖向垂直布置,但也可以是倾斜布置的。图 5—36 所示是国外某林区架空的单层民房,该民房置于其下的双向多跨木排架之上。本排架既采用竖柱也采用斜柱。采用了斜柱后,排架增加了结构抗侧移的刚度,但必须作好斜柱与横梁的受力连接,图中有明显加设"附木"的"抵连接"与不明确的"齿连接"(此齿连接要加以改善)。

图 5—36　架空的单层民房

　　上述所有排架的横梁皆为水平布置的直梁,但也可以是倾斜布置及曲梁。图 5—37 国外某木民宅为双向排架结构,与柱顶铰接的横梁就是倾斜的曲梁。

图 5—37　双向排架的木民宅

2.横梁是木桁架的排架

桁架是有一定高度的构件,所以由桁架与立柱组成的排架横梁,其工作模型图应选在桁架与柱顶铰接的位置,并以一根直线表示。

如图 5—38 所示的横向构架是单跨以三角形屋架为横梁的木排架。在左上角的工作模型中,直线的横梁选择了三角形桁架的下弦,此时排架的结构高度 H 是柱基础顶至下弦。

图 5—38　横梁是三角形屋架的木排架

如图 5—39 所示是以梯形木屋架为横梁,钢筋混凝土柱为立柱的排架。(a)图是两跨度相同,架高相同的排架(直线横梁选择桁架下弦,其中架高 H 由柱基顶到下弦)。注意工作模型中排架横梁位置取在柱顶铰接处,与屋架倾斜上弦无关。(b)图是三跨不等高排架。注意较矮的侧跨的横梁,在工作模型中铰接在中柱的侧面;而中柱是竖向由柱基础连续到较高的中跨横梁处铰接。

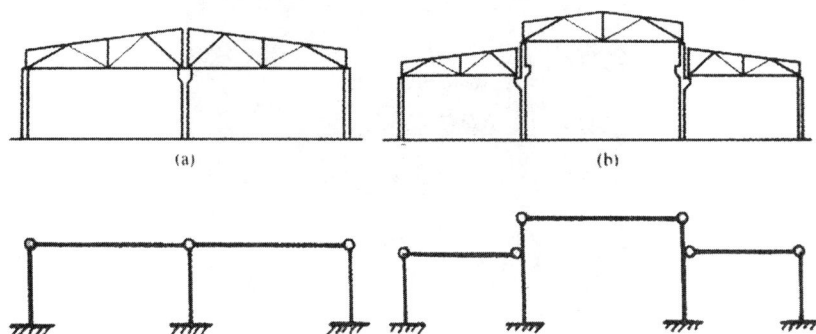

图 5—39　横梁是梯形木屋架的木排架

如图 5—40 所示是梭形木桁架与钢柱铰接组成的排架。其结构工作模型如右下图所示,显然在不具备直线下弦的梭形桁架情况下,其横梁取定为柱顶铰之间的一根直线,并以此简化了的工作模型来进行力学分析计算。

图 5—40　梭形木桁架与钢柱铰接组成的排架

5.6.5 钢架结构的应用

钢架结构的广义立柱可以是木柱、钢筋混凝土柱、钢柱等,与它刚接的广义横梁可以是木梁、桁架等。要求刚性节点工作时能够传递立柱与横梁之间的弯矩及变形,对一般的木构架需要有一定的构造措施才能实现;但对胶合木构件的刚性节点,却可以在胶合木构件制备时一起完成,所以胶合木钢架的完成最为容易实现。

1.胶合木钢架

胶合木构件制备后,要经过运输、吊装,才能成为预定的木构架,所以构件的尺度不宜过大,故胶合木钢架以单跨居多。其梁、柱刚节点有直拐式与弯转式两种。

如图 5—41 所示木房架的主体结构，是两种形式平行排列斜置的单柱木钢架。其中 T 形木钢架用于室内，Γ形用于室外，直拐式梁、柱刚节点也是各层的层板交错排列后与梁、柱一起胶合完成。因 T 形钢架斜梁具有较大悬挑并承受屋面重量产生的较大弯矩，故用了比柱子大的截面，梁的远端（低端）铰接在一根纵向"主梁"上，斜柱远端（柱脚）是刚接在地面以下的柱础上。T 形钢架的工作简图见图中右下角。

图 5—41　斜置的单柱木钢架

如图 5—42 所示建筑的屋盖是由一些"树状柱"木撑架所支承。每一"树状柱"木撑架又是由四个 Γ形胶合木钢架组成的。Γ形钢架的立柱垂直。横梁悬挑并倾斜，它们的刚节点采用了弯转式，是由梁柱构件层板顺势弯转而成。每一 Γ形钢架的计算简图如图中右下角小图所示，其节点后边的链杆表示它是与其他 Γ形钢架联结在一起成为一"树状柱"。

图 5—42　Γ形胶合木钢架　　图 5—43　单跨平行排列的胶合木钢架

如图 5—43 所示是国外某儿童活动室采用了单跨平行排列的胶合木钢架。木钢架两竖柱高、矮不同,柱顶两斜梁长短不一,组成"异形"的两坡顶并带天窗的空间。该钢架的梁、柱节点和梁、梁节点全部使用了弯转弧曲的刚性节点。

2.其他木钢架

木构架的刚节点除了在胶合木构件上能轻易完成外,在一般构件中则需要有可靠的措施才能实现。所谓可靠措施就是结构受力以后刚节点能有效地传递弯矩(含变形)。如图 5—44 所示是作为花棚使用的木构架,它的柱顶梁端采用广形薄钢件配钢钉进行联结,的确起到一定的刚性联结作用,那是因为荷载不大,没有让它传递弯矩。这样的节点连接措施并不是十分可靠。

图 5—44 木钢架的刚性联结应用　　图 5—45 截面柱与横斜木梁的刚性连接

如图 5—45 所示是左侧立柱,是刚度较大的钢筋混凝土变截面柱(外表带饰面)为了与横斜木梁实现可靠的刚性连接,于柱顶埋设了可夹于梁中央的较厚钢板件,按传递既定弯矩,经计算配用了两排七根螺栓,即刚节点以可靠的螺栓连接最后完成。右侧是细长的夹于梁中央的木立柱,其刚度较小,要传递的弯矩不大,现用两排五根螺栓连接。若计算后能传递不大的弯矩就属于刚节点,否则就属于铰节点了。

要达到上例满足传递较大弯矩的刚节点构造(图 5—45 左侧节点)在普通钢架中难以完成,于是出现一些使用其他方式完成传递弯矩的节点。如图 5—46 所示的门楼,就是横梁改用叠置梁的方式,与立柱完成刚性连接的。与柱顶联结的叠置梁的上梁和下梁通过榫连接分别完成铰接。用叠置梁完成与柱刚接作为木门楼.钢架不但可以单跨,还可以是如图 5—47 所示的高矮三跨,后者还常用于大型的木牌楼构架中。如图 5—48 所示的是深圳市某仿古木牌楼,其"正楼"及"次楼"分别架设在由叠置梁(这里称为大额枋、小额枋、摺柱花板)与立柱组成的高矮三跨钢架之上。

图 5—46　门楼

图 5—47　木牌楼

以上举出的木门楼、牌楼等三个例子，它们在钢架平面内十分稳定，可承受大台风、大地震，但在钢架平面外稳定性不高。它们已采取的改善措施是：图 5—46 用组合柱；图 5—47 用柱的前后"鼓石"；图 5—48 用柱下部的粗大"夹杆石"。

仿古建筑及民间传统木建筑的横向构架，普遍使用可满足坡顶排水的叠置梁作为横梁（取叠置梁的最下一根）。如果将叠置梁的最下两根造成等长并作为横梁，那么它与柱连接（榫连接或穿插连接）后就成为刚节点：把一般铰接的排架变成刚度及整体性更大的钢架。

图 5—48　仿古牌楼

图 5—49　两跨钢架

如图 5—49 所示是九檩民间传统建筑端部带中柱的横向构架，三根立柱与叠置梁下部两梁连接之后，构成两跨钢架。

如图 5—50 所示是七檩民间传统木楼的横向构架，楼层铰接在柱侧，而整架是上端刚接的单跨钢架。

上述上下两梁与柱连接构成的钢架在一个平面内，叫"平面钢架"。若除横向平面之外的纵向平面也组成钢架，那么就是"立体钢架"了。如图 5—51 所示方亭的每侧平面都由上下两梁与柱连接，因此成为四个平面钢架组成的立体钢架。

图 5—50　单跨钢架

图 5—51　方亭

　　钢架的横梁既可以是梁系,但也可以是桁架(或其他结构),条件是它必须与立柱有可靠的(能传递弯矩及变形)的刚节点。

　　如图 5—52 所示的横向共有七榀单跨钢架,其横梁就是菱形桁架。本菱形桁架在与柱联结处的上下弦有相当高差,它们轴向力的水平分力 N 之间的 e 值甚大,故是十分可靠的刚节点(如果将立柱移至桁架端部,实现刚节点,连接就十分困难)。因为桁架刚度大,传给柱子的弯矩也大,故立柱采用了组合木柱。本建筑方案为了加大柱距,沿纵向在柱顶处各设置了一榀多跨平行弦桁架,于每跨的跨中托起另一榀与柱无接触的菱形桁架(全建筑共十三榀菱形桁架)。其中平行弦桁架的上下弦也能和柱构成刚节点,于是多跨平行弦桁架各与七根柱子组成了六跨纵向钢架,使整体结构成为“立体钢架”。

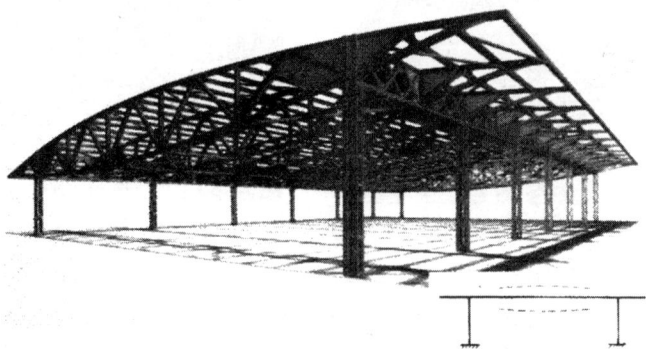

图 5—52　横梁是桁架的钢架

5.7 拱结构

5.7.1 拱结构及其工作原理

拱是一种以承受轴向压力为主的结构,它的建造材料以砖石、钢筋混凝土及钢材居多,但也可以造成木拱。

众所周知:荷载若能被结构各部分直接平衡,那么结构受力就越合理,且结构就越简单轻巧。理论上来说,按合理拱轴确定拱的几何形状,以使结构内的弯矩为零。然而不同的荷载组合,其合理拱轴是不同的,不可能完全消除弯矩。一般采用圆形或抛物线形拱,使其几何形状尽可能接近于合理拱轴。与钢架相比,拱内产生的弯矩较小,故拱更适用于大跨结构。

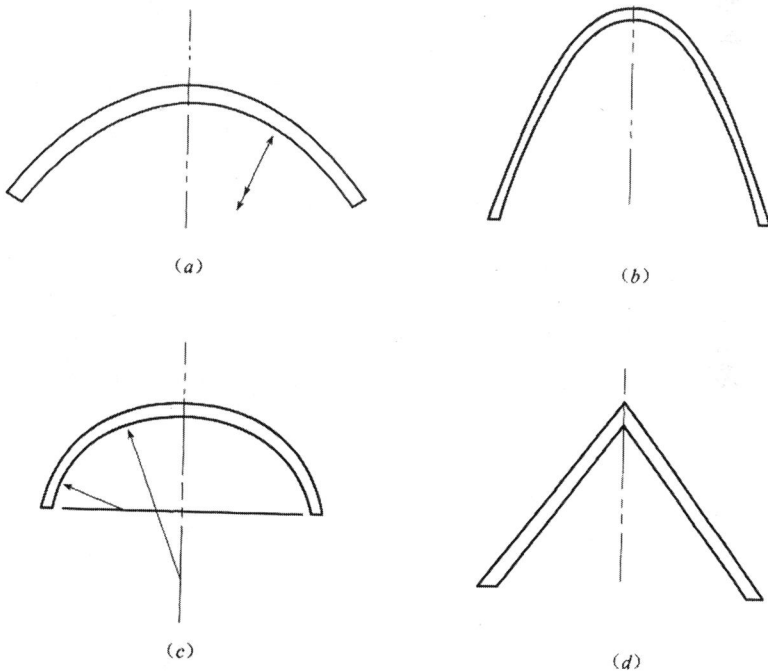

(a)　　　　　　　　　(b)

(c)　　　　　　　　　(d)

图 5—53　几种常见的拱形式

如图 5—53 所示为几种常见拱的几何形式。如图 5—53(a)所示是一圆拱,可有效抵抗竖向均布荷载,适用于建造大跨度的体育场馆。可以采用独立的混凝土基础,承担圆拱的竖向和水平作用力;也可以在拱支座间设置拉杆,平衡其水平推力。如图 5—53(b)所示是一抛物线形拱,能最有效地抵抗竖向均布荷载(最接近于合理拱轴)。由于在顶点附近的曲率半径较小,需采用较薄的层板制作,生产成本较高。如图 5—53(c)所示是由三段圆拱组成的近似椭圆拱,其结构性能并不具优势,但在室内净高有特殊要求的情况下可以采用。如图 5—52(d)所示的三角架式结构,其整体工作性能类似于拱,适用于建造娱乐场所或化工产品仓库。

5.7.2 拱结构类型

木拱结构采用弧曲胶合木拱杆构件组成的实体木拱居多,这些拱杆构件的轴线一般都具有合理拱轴,受力较为合理,构造较为简单,设计与施工经验也较丰富。当然也还有一些其他拱结构为适应某种需要,偶尔被用作木建筑的主体结构。

所谓实体木拱,指拱身由单根料木造成,它可以是圆木、方木,但木料截面受到供应的限制,一般偏小,故以矩形截面(高度大于宽度)胶合木为多。

1.缓平的胶合木拱

拱轴为"合理拱轴"(抛物线或圆弧)且 $f \leqslant 1/4$ 的胶合木拱称缓平的胶合木拱,它在均匀分布的满跨荷载作用下全拱弯矩为零。不过,由于在拱跨内承受荷载大小的变化(分布荷载不均匀)及风压等不对称荷载的作用,拱各截面仍要承受一定的弯矩,仅数值不致过大罢了。

若缓平拱由左右两半胶合木构件组成,顶铰可设计成轴心抵压连接。为了顶铰可能有小量转动,半拱端部上下对称地切削,然后用木夹板连接,其构造大样与弧形桁架上弦中央节点相仿。

当拱跨较大,拱脚与拱础连接的铰节点应具有明确的轴枢(圆柱状短轴),如图 5—54 所示;若拱跨较小($L \leqslant 30 \text{m}$)则铰节点可如图 5—55 所示简化处理。

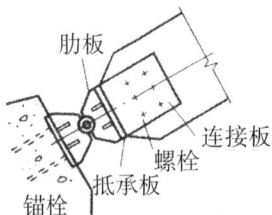

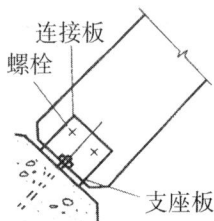

图 5—54　圆柱状短轴　　　图 5—55　铰节点跨度较小的简化处理

如图 5—56 所示是韩国白龙体育馆,它具有椭圆形平面,采用了脊部高、周边低的传统内部空间,但配以现代化的半透光薄膜屋面。整个屋盖的承重结构是一"组合结构":首先,两片双向正交索网的悬索结构承托薄膜屋面,索网低端锚定点为竖向受约束的椭圆卧梁,索网高端锚定点为拱结构;其次,形成屋脊的拱结构为两端受卧梁所约束的两绞拱;组合结构的工作模型如图5-56下图所示。

该馆拱结构使用了缓平胶合木拱,并采取了下列技术措施:①采取并列双拱,每拱受力减少近半;②双拱采用窄而高的层板胶合木的矩形截面,有利于承受可能发生的弯矩,以及维持拱在工作平面内的稳定性;③为加大双拱侧向受压稳定性(特别是锚于拱边的索网有单侧拉断时),于双拱上、下分别用平置的钢桁架把双拱保持一定距离,成为立体的钢木拱;④双拱的"基础脖子"因要安排出入口而加大距离,于是把钢木拱变宽(双拱间距由跨中向两端逐步放大,如图5-57左侧图所示);⑤钢筋混凝土的"基础脖子"与钢筋混凝土的卧梁同时浇筑,后者承受了基础大部分水平推力,如图5-57左图下部及右下图所示。该屋盖的"组合结构",是较为成功的作品。

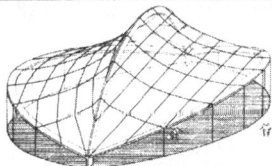

图 5-56 白龙体育馆

图 5-57 缓平胶合木拱组合结构的应用

2.高耸的胶合木拱

高耸的木拱是相对于缓平的木拱而言,它同样是具有合理拱轴的二铰拱,只是拱天较高,一般 $f \geqslant (1/3)L$,按建筑空间的需要,f 可以接近 L 甚至大于 L,f 值较大的高耸木拱水平推力减小但拱身失稳的可能性加大,故要注意采取保持拱身稳定的措施。

如图5-58所示是国外某建筑的入口大堂,其屋盖木棚罩的一侧由建筑主体支承,另一侧由弧形幕墙支承,中央则以一个单跨矢高较大的胶合木拱为主体骨架.它除了支承两个垂直方向的胶合木钢架之外,主要是支承众多的、把木棚罩撑托起来的木斜杆。

图 5—58　某建筑入口大堂

如图 5—59(a)、(b)是英国谢菲尔"冬园"公园。其实它是一个开放游览的大型温室,为了能够在内栽植各种植物(包括高大的乔木及棕榈),采用了几种大矢高且平行排列的胶合木高耸木拱。由于各拱 f 值均较大。拱脚轴线走向接近垂直,水平推力不大,采用独立的块状基础就可以了,各拱间的侧向稳定则依靠水平木檩条来对其进行保持。

（a）

（b）

图 5—59　谢菲尔"冬园"公园

3.三铰的胶合木尖拱

三铰尖拱是由两个缓平的拱构件铰接并抬高所形成的三铰拱,三铰尖拱的拱高普遍较大,个别矢高更大。而拱脚铰节点的构造,则与前述缓平拱者相同。三铰尖拱的拱顶铰节点因两侧缓平拱杆的拱轴相互交叉,所以除弯矩为零之外,要传递剪力,故必须造成有明确轴枢的铰节点。

如图 5—60 所示是芬兰土尔库某教堂。出于宗教信仰的意念,它的主体木骨架采用特别高耸的胶合木三铰尖拱,其矢高 f 大约是跨度 L 的两倍。窄长拱身的稳定性,用与它相联结的刚性屋面来维持。图 5—60 中并不能看到拱间维持侧向稳定性的檩条,应该是将其隐藏于木天花板内部了。

图 5—60 土尔库教堂

4.放射布置的木拱

上述木拱结构是单独使用外,更多的是将木拱平行排列布置,以用它们覆盖矩形平面。接下来我们来对放射排列布置的木拱进行介绍和了解,放射排列布置的木拱覆盖圆形平面,并形成穹状的建筑物。

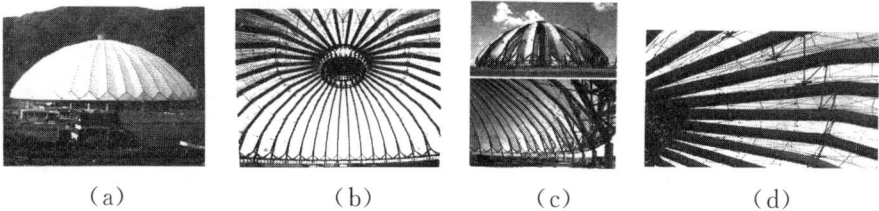

（a）   （b）   （c）   （d）

图 5—61 日本出云体育馆

如图 5—61 所示的日本出云体育馆,是把平面工作三铰木拱作交叉排列,形成放射布置的穹状建筑的一个较为成功的例子。该馆采用半透光薄膜屋面,建筑直径 143m,建筑高度 49m,由 36 个拱杆构件平面三铰拱组成。由于拱脚起自钢筋混凝土圆柱的柱顶,拱矢高只有 40m 左右,属于缓平拱的交叉组合,如图 5—61(a)所示。放射布置木拱的上部作为各拱集体铰的上环梁是箱形截面的钢梁。结合该馆建筑的外部、内部的造型,以及灯光、音响等设备布置,汇同钢箱上环梁形成一个十分漂亮的花篮状大型刚性"构造体"(仍起集体铰的作用),如图 5—61(b)所示。各拱杆构件下部作为止推用的下环梁,是设在钢筋混凝土柱顶的、拱脚铰内侧的、卧置的"环状钢桁架。结合薄膜屋面排水需要并形成齿状檐部的要求,靠近拱脚的上方另设一段缓平的斜杆成为齿状檐部的屋脊,如图 5-61(c)所示。拱杆构件采用了带三个拐折点的胶合木直杆。受压的拱杆构件侧向稳定性依靠支承薄膜屋面的"索钢结构"来维持。该索钢结构联结在拱杆构件上,形成屋面排水天沟,并与拱杆构件拐点相联结的人字钢管支撑,为拱的侧向稳定提供支持点,如图 5-61(d)所示。

5.7.3 其他木拱结构

木拱结构以上述采用弧曲胶合木拱杆构件组成的实体木拱居多(包括缓平、高耸木拱及三铰尖拱),这些拱杆构件的轴线一般都具有合理拱轴,受力较为合理,构造较为简单,设计与施工经验也较丰富。当然也还有一些其他拱结构为适应某种需要。例如,格构式木拱、由梁组成的三铰尖拱和可装配的木拱等等,只是因为偶尔被用作木建筑的主体结构,所以也不是非常普遍。

5.8 穹、壳等其他结构

上文所述梁结构、桁架结构、排(刚)架结构和拱等结构,都是在一个平面内工作的"平面结构"。有时会将平面结构组成多向的、工作较为有利的"立体结构",但这样的立体结构本质上仍是平面结构联合工作。这里所述的穹、壳等结构,却是完全的、工作更为有利的"空间工作的结构"。空间工作的结构可以造得十分轻薄,但制备与安装的难度较大,故其应用比较少些。不过,只要使用得当,会收到特别的建筑效果。

5.8.1 木圆穹

如图 5-62 所示,以拱轴为母线,绕中央竖轴旋转而成的曲面,称为旋转曲面。利用旋转曲面,可以造成如蛋壳般薄壁的"圆穹"。圆穹在均布荷载作用下各向主要受压工作,如图 5-63 所示。

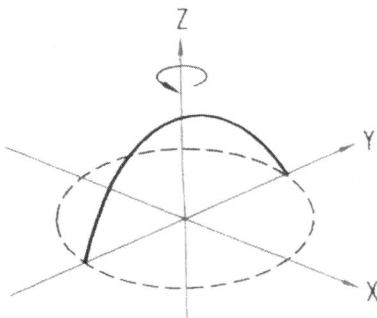

图 5-62　旋转曲面　　　　图 5-63　圆穹

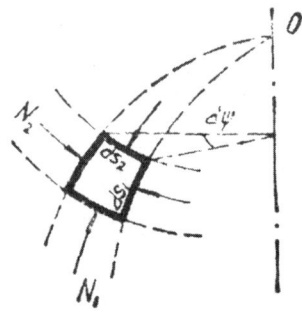

1.木圆穹的工作模型

钢筋混凝土可以造成薄而弯曲的穹壁,但木构造却是无法实现的。考虑圆穹主要是受压工作且弯矩不大,显然能够将它"格构化"成为肋骨的穹。

如图 5—64 所示是木圆穹的工作模型。它把原来的曲面筒壁格构化成带三角形格子的木肋,在三角形各角相交处的每一节点,都有六肋汇集,使整个穹曲面被三个方向的木肋所划分,各木肋基本上是均匀地分布的。木圆穹的下部设止推环梁,受拉的环梁可采用钢筋混凝土或钢造成。图中环梁下方的撑托杆系,是为木圆穹提供支承的下部其他结构。

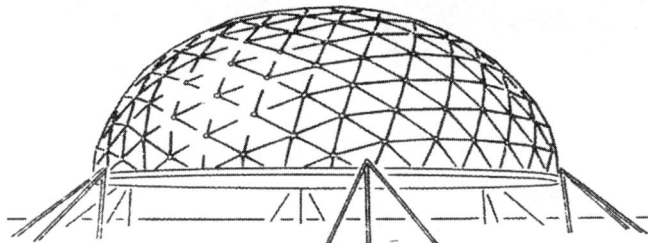

图 5—64　木圆穹的工作模型

2.木圆穹的应用

如图 5—65 所示是美国华盛顿州塔科马体育馆。主体建筑是个穹顶,采用了穹径、穹高分别为 162m 和 45.7m 的木圆穹,最多可布置 2.6 万个座位。圆穹的三向弧曲胶合木肋骨截面如图 5—66 所示,组成三角形分格的穹网。

图 5—65　塔克木体育馆　　　　图 5—66　三向弧曲胶合木肋骨截面

各节点配用带六向钢板爪的钢鼓状钢件,如图 5—67(a)所示(图中钢鼓盖板被除去),每钢板爪与胶合木肋骨作刚性连接,可以传递各肋骨间的轴向力、剪力及弯矩。

木肋骨的侧向受压稳定,由木檩条及其上的密铺屋面板共同维持。檩条走向与接近水平位置的肋骨平行,如图 5—67 所示;密铺屋面板全穹皆有,如

图 5—67(b)所示仅完成了部分铺设；在屋面板的下方喷涂了聚亚安脂，连同木肋骨及檩条，使整个穹顶具有极佳的吸音及保温、隔热性能。

穹脚用钢筋混凝土环梁止推，如图 5—67 所示的部分环梁位于走道及看台的后方，由其下部的 36 根框架柱所支承。

（a）　　　　　　　　　　　　　　　（b）

图 5—67　木肋骨的侧向受压状态

该圆穹不但有较大的强度和刚度，能够承受场馆近 200 吨的音响、灯光、天桥等设备，而且因为结构重量轻，整体性好，抗震十分有利。2001 年春天，距本馆 25km 处曾发生了里氏 6.8 级地震，而场馆整体建筑安然无恙，只让进行中的篮球锦标赛暂停了 15min。该馆也因为音响效果良好，各类交响乐会、演唱会等经常在这里举行。

5.8.2 木椭圆穹

圆穹只能覆盖圆形平面，下面介绍的椭圆穹却可覆盖椭圆形平面。

1.椭圆抛物面及椭圆穹

以竖向抛物线（或拱轴）为母线，沿另一作为导线的抛物线（或拱轴），进行如图 5—68 所示的平行移动，形成了凸向上方的曲面，再用水平面截取以上部分，即得截线为椭圆的椭圆抛物面。

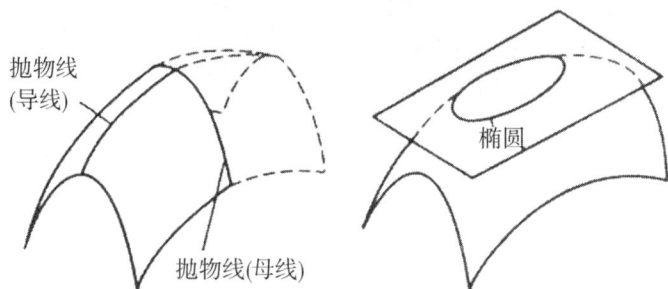

图 5—68　椭圆抛物面

椭圆穹经过格构化处理后，以弧曲木肋代替穹壁，可以造成木椭圆穹。木椭圆穹的木肋和木圆穹一样主要承受轴向力，在不均匀荷载下也产生弯矩，但是它的受力仅仅比圆穹木肋稍大而已。故木椭圆穹的结构工作模型与图 5—64 所示的木圆穹结构工作模型相仿，即：可以使用三向木肋形成三角形网格；穹脚要设置受拉工作的止推环梁；环梁下有支承穹的其他结构。

2.木椭圆穹应用实例

如图 5—69(a)所示及如图 5—69(b)、(c)所示是比利时阿登高原的瓦隆林业中心，它地处大片橡树林中。该中心是平面纵长为 40 英尺，横宽 88 英尺的木构建筑，采用了木椭圆穹结构，穹高 41 英尺；钢筋混凝土环梁与室内地面同标高，并接近室外地坪（无下部支承结构）。

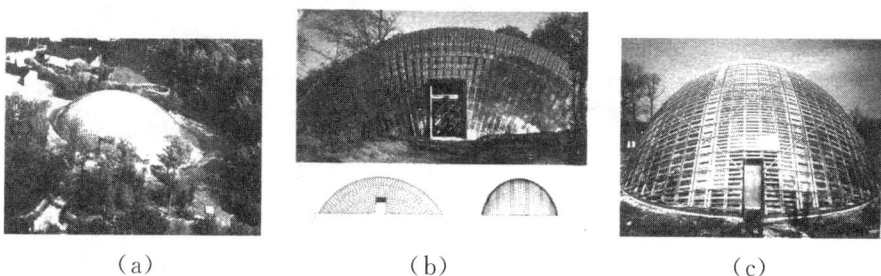

（a）　　　　　　（b）　　　　　　（c）

图 5—69　瓦隆林业中心

此穹没有采用三向木肋形成的三角形网格，而是采取了纵向木肋与横向木肋正交的组合。如图 5—70 所示，①横纵肋均为经过预先特殊工艺处理的弧曲木料，长度约 20 英尺；②横肋两层木料，纵肋一层木料并夹于两层横肋中间；③纵横肋交接节点使用单根的"螺栓连接"；④玻璃屋面分别架在节点外部的两根檩条方木上（未见与横肋有显著连接，即可判为不参与穹结构工

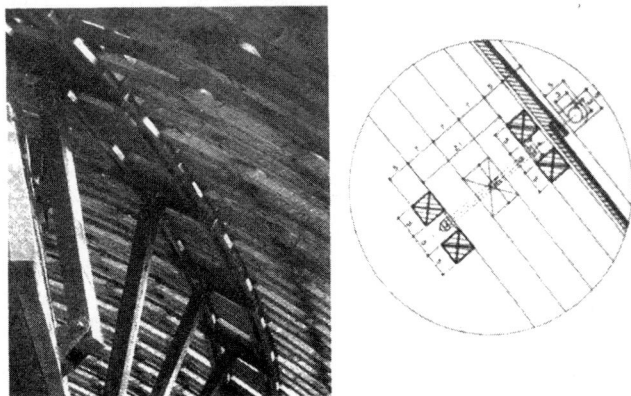

图 5—70　纵向木肋和横向木肋正交组合

作）；⑤少量节点内部设有两根大小与檩条相同的"附木"（附木也判为不参与穹结构工作）。

本穹尺度不大，与前述塔科马体育馆圆穹相比小了很多。由双向木肋组成的木椭圆穹，理应有足够的强度及刚度了，或许是纵横肋交接节点是单根的，属于铰接连接中"螺栓连接"，且螺栓连接本身又是"柔性连接"（受力后变形较大），使本穹强度、刚度暂显不足，需要沿纵向设置两排撑托杆系。这些撑托杆系起自穹内两侧的单层砖石房子的顶部。如图 5—71 所示；撑托杆顶部通过┳字形钢件，顶托住穹两节点下方的"附木"，如图 5—71 左图所示。

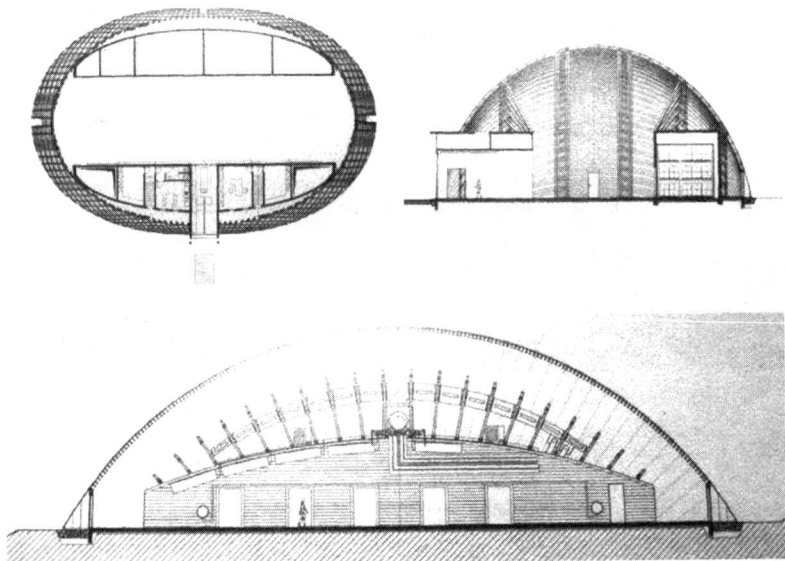

图 5—71　撑托杆顶部的┳字形钢件

经过结构可以进行判断：本穹可能经过节点变形后即稳定下来；或通过加宽纵肋及增加联结双栓，变铰节点为刚节点；或改用三向木肋组成三角形网格和刚节点配合。最终达成取消撑托杆系为妥。

5.8.3 木筒壳

上述的穹结构有双曲穹壁，格构化后改用多向木肋，除了 r＝R（穹曲面曲率为常量）的球穹，其木肋与节点的几何参数（含肋长、节点钢板走向等）都不是常量，这给构件（含节点）的制备及结构安装带来一定难度。如果能采用单向曲面的格构化结构，可以适当降低制备、安装的难度，比如筒壳。

1.单曲柱面及筒壳

以竖向拱轴（一般取圆弧）为母线，沿某水平坐标轴（如 X 坐标轴）作如图

5-72 所示平行移动形成的单曲柱面形状的壳体,称为筒壳。

筒壳可以作为建筑结构使用。如在筒壳两端给予竖向支承,显然它可覆盖如图 5-72 左图所示的"波长×跨度"的矩形建筑平面。

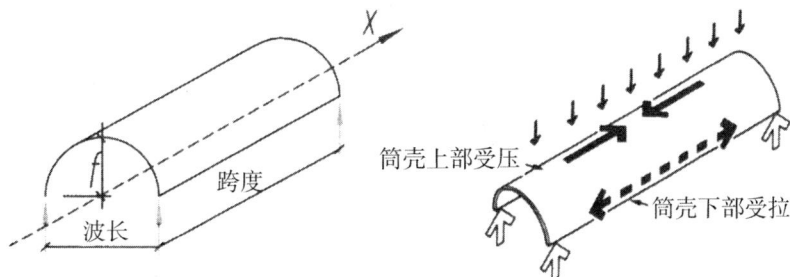

图 5-72　筒壳

2.木柱面筒壳的工作模型

木柱面筒壳为格构化的"短跨筒壳"。如图 5-73 所示的工作模型中,横向跨度 L 相当于图 5-73 所示的波长(注意本模型利用了对称关系,只画出了左半边),纵向"跨度"(三角形钢架间距)小于波长 L 的 1/2,此时高为边长的"短跨筒壳",将不再像梁那样工作,而是变成以横向跨度为 L 的拱一样工作了。

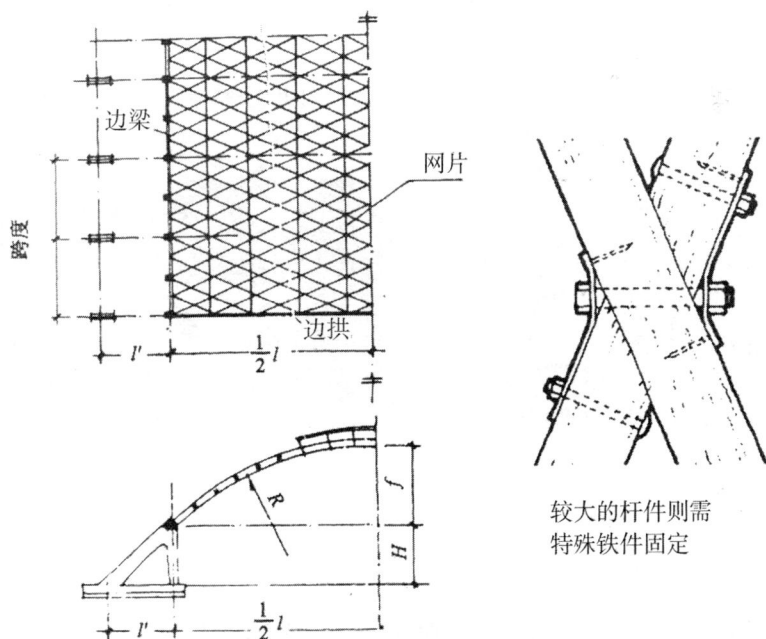

图 5-73　筒壳的工作模型

本模型在木筒壳脚部两侧各设置了为网片止推的边梁。边梁将筒壳网片的水平推力集中起来,通过三角形钢架传给基础。也就是说,三角形钢架仅是筒壳的下部支承结构的一种形式。作为筒壳的支承结构除了三角形钢架还可以采用其他结构形式,但是必须能抵抗筒壳的水平推力,并有效地把水平推力传递到基础(例如筒壳下部为框架剪力墙的裙房)。

木筒壳网片由多向木肋组成,其数量及走向可以按筒壳受力(拱式工作)并结合视觉要求做出选择。本模型采取了双向木肋(局部设有纵向系杆),如图 5—73 所示右侧是一种可能的节点构造。

3.木筒壳应用

如图 5—74 所示是日本青森市当代艺术中心的庭园中一个用木筒壳作棚罩的"绿廊"。该木筒壳采用一横向、两斜向的三向木肋。显然横向木肋是一个拱结构,是受压的主肋;其他两斜向木肋分别布置于主肋的上、下方,形成三角形网格,参与筒壳的受力工作,但受力较小。于是横向木肋截面较大且矩形截面竖向布置,两斜向木肋截面较小且截面水平布置。斜向木肋在维持横向主肋侧向稳定的同时,也相互维持自身的受压稳定。三向木肋在交接处采用"螺栓连接",因筒壳跨度 L 不大,只用了单根螺栓。

由于本木筒壳直接落地(庭园地坪上),故没有筒壳的支承结构,只有条状的钢筋混凝土基础。基础顶设置了木卧梁,用此木卧梁与筒壳木肋相连接。

"短跨筒壳"的受力工作与拱结构接近,因此只要木肋构件及构件的联结允许,可以造成很大跨度。

(a)   (b)

图 5—74　木筒壳结构棚罩

4.异形的木穹、壳

上述圆穹、椭圆穹、筒壳(含双曲筒壳),其曲面的几何图形是规则的旋转曲面或平移曲面(含双曲柱面),受荷后,内力分布比较均匀,并有一定规律,所以都是较有利的空间工作结构。但由于建筑造型、建筑空间的某些需要，例如将穹、壳切削后再使用，穹、壳相邻空间相连贯通，跨度、高度渐变，倾斜，弯转等，甚至个别变化之后与穹、壳几乎没有近似之处，我们把这些几何形状变化了的穹、壳称为异形穹、壳。它们虽然仍属空间工作的结构，但受荷后内力分布复杂（个别甚至应力集中），使空间结构受力带来一些不利因素，需要采取某些结构措施才能确保它安全地、持久地工作。

（1）异形木穹例

如图 5—75(a)所示是芬兰赫尔辛基动物园的展望台，是一个大尺寸的建筑小品。该展望台采用了三层高的异形木穹，穹壁配交叉双向木肋，木肋交接处用螺栓连接，如图 5—75(b)所示因该穹荷载不大，所以强度、刚度都不成问题。

该木穹的顶层造成顶部开口的异形圆穹，除了开口处设置了受压环梁外，底部要有受拉环梁，现已由楼层的圈梁代替；下部两层穹壁接近倒置的圆锥台，是一直经变化的稍倾斜的异形圆柱面。交叉木肋在竖向荷载作用下有向外扩张的趋势，现二层楼面对它的约束作用较为明确，但首层地坪处的约束则不够明显，似有可改进的余地。

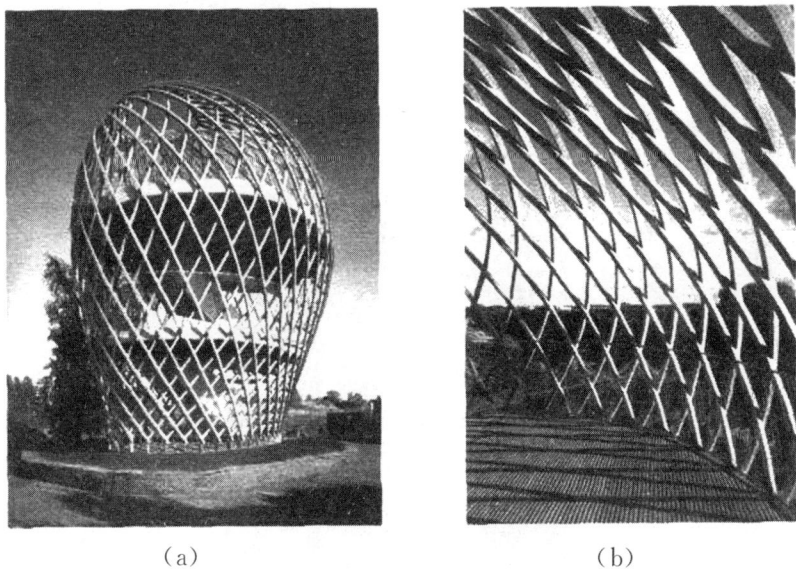

（a）　　　　　　　　　　　（b）

图 5—75　赫尔辛基动物园展望台

本异形木穹形状不规则，竖向也不存在"轴对称"，按设计图纸准确地制备及安装都十分困难，显然可以"大致地"进行工作，安装完成后与图纸几何形状稍有"出入"也是无妨的。

（2）异形木壳实例

如图 5—76 所示是日本濑户大桥博览会的一个半圆穹状的木肋异形壳

体,是直径 49m 的大型建筑小品。壳网的木肋截面 130mm×650mm,由下部
三角形分格过渡到顶部的放射形分格。完整的圆穹脚部是有相当大的水平
推力的,但经切割形成木异形网壳后,水平推力大部分消减,仅两侧仍保留部
分水平力。故其下部的圆弧卧梁,后部与两侧应有不同的处理。

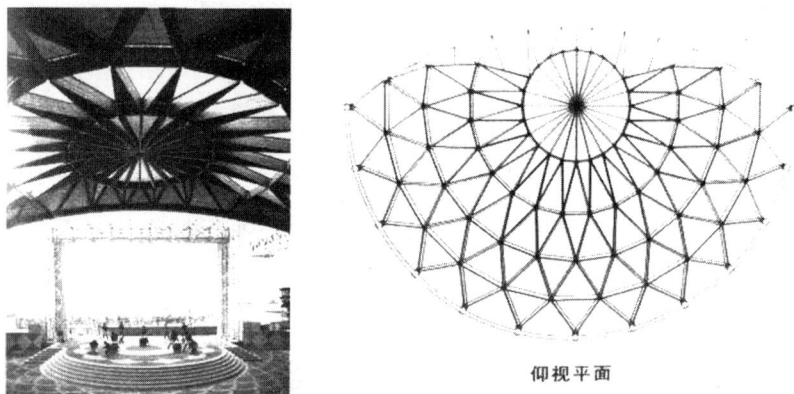

仰视平面

图 5—76 半圆穹状的木肋异形壳体

5.8.4 竹壳等

竹子,极具柔韧性,如果选择细长嫩竹,在它干黄、硬化之前,可以绑扎成
单曲或双曲的任意弧曲面棚罩骨架。

图 5—77 毛竹

中国不缺乏鲜嫩时十分柔韧的竹子,甚至许多品种能在半干变黄后,仍
然具有一定的柔韧度。另外我国南方生产毛竹,如图 5—77 所示是当前我国
在国内使用和出口的主要竹材。它属于刚竹属,壁厚且硬,不易弯曲。但竹

材的强度、刚度均高于其他竹种,可作为柔韧竹材以外的一种后备竹材待用。

既然我国柔韧性良好的竹材品种较多,若到产地采集,将有更大的选择余地,包括可长可短、可粗可细、可厚可薄、色泽可配等等。它们既可单竹使用,又可成束使用。

当加入毛竹或柔韧竹成束使用时,竹构件将具有可观的承载能力。因此,它们不仅可以制成艺术性强的建筑小品,还可以为建筑提供直的或弧弯的受力构件。

如图 5—78 所示是上海世博会越南馆,使用了弧弯的竹构件以及波浪形竹木墙。

图 5—78　上海世博会越南馆

从木结构的"演化"来讨论各种结构型式,可以充分说明每种木结构的构成,受荷后结构工作(结构受力)特征,本结构与相连建造的关系(如对它的支承要求)。这样有利于木建筑的设计者能结合建筑艺术造型与建筑使用空间的需要来做出木结构的正确选择,以及进行可能的调整来获得最好的建筑效果。

第 6 章　木结构工程项目实例

本章主要介绍了几种典型的木结构工程项目的实例。

6.1 同济大学平改坡桁架工程实例

6.1.1 概述

该项目是同济大学的一项重点项目,主要是对木结构的平改坡进行的重新改造,包括增加两个桁架之间的距离和采用木质结构的女儿墙等措施。该项目结构合理,不仅利用了最新的科学技术,而且还降低了施工成本,对日后进行木结构平改坡提供了很好的参考范例,如图 6−1 所示。

图 6−1　同济大学平改坡项目

6.1.2 平改坡桁架施工流程

①首先进行的是清理现场的瓦片和砖块,然后拆除原有女儿墙,以便为建造新的结构做准备。

②将原有女儿墙拆除以后还需要建造新的女儿墙,这就需要做好支模和浇捣混凝土的工作。

③为了减少屋顶的施工时间和对居民造成的干扰,一般在建造女儿墙的时候就让工厂同步开始木桁架的制作。

④当新的女儿墙建成以后,施工人员就需要将木桁架送至屋顶,而这一过程需要在绳索和滑轮系统的帮助下才能完成,如图 6-2 所示。

图 6-2　施工人员通过绳索和滑轮系统把木桁架输送至屋顶

⑤施工人员需要按照图纸将木桁架竖起来,以保证整体处于平衡状态,这一过程需要经过以下步骤。首先,将两端的桁架竖立起来,并用东西固定好。其次,在桁架的末端拉上线,绷紧,如此一来所有的桁架就可以处于统一水平线上。还有需要注意的是,在上述步骤完成以后还必须在每个受力的地方用不短于 75mm 的钉子钉紧,还要安装支撑以确保桁架位置正确。

⑥安装 40mm×90mm 规格木的永久斜撑(永久支撑起到垂直且保持固定作用并且均匀分布风载和抗震加固的作用),如图 6-3 所示。

图 6-3　施工人员安装木的永久斜撑

⑦最后为了确保施工可以安全进行，需要安装避雷系统。随着避雷系统的顺利安装，标志着平改坡工程画上了一个完美的句号。

6.2 2010 年上海世博会温哥华案例馆

上海世博会中的温哥华案例馆共分为三层，建筑面积在 $900m^2$ 左右，一、二层对公众开放，第三层则主要用来接待贵宾和举办讲座。一楼展示的是温哥华如何发展为一个世界上最适合民众居住城市的过程，这一时间段主要从温哥华 1986 年举办世博会开始到 2010 年举办冬奥会为止。二楼展示的是木质结构建筑的发展史，其中包括木结构建筑及其材料在环保、抗震等方面的诸多优点和加拿大木结构建筑体系在中国的应用。

温哥华馆整体构造由木质组成，主要材料是来自加拿大的 SPF 胶合木，同时结合了常规的轻型木结构建筑体系。温哥华馆的建筑设计体现了加拿大木产品在中国既可以用于建造令人印象深刻的公共建筑，也可以建造民用住宅，如图 6－4 所示。

图 6－4　温哥华案例馆展示图

6.3 抗震救灾四川援建木结构项目

木质结构由于自身具有重量轻的特点，于是在发生地震的时候吸收的地震力就相对小，所以就具有了抗震的功效；木结构本身的平衡性优于其他结构，不会轻易发生变形或化学反应，而楼板和墙体体系形成的类似于箱形的空间结构使得各构件之间又能相互作用,即使受强力作用整体结构也不会散架;此外,木结构韧性大,有很强的弹性回复性,当受到瞬间冲击和周期性破坏时,主体结构即使与地基发生错位时,可由自身的弹性进行自我恢复而避免倒塌的危险。这一节的内容主要介绍了抗震救灾四川援建木结构项目的工程实例,包括敬老院和学校等,如图 6-5 至图 6-7 所示。

图 6-5　北川县擂鼓镇中心敬老院

(a)

(b)

图 6-6　绵阳特殊学校

(a)教室;(b)门厅

(a)   (b)

图 6—7   都江堰向峨小学

（a)教室;（b)外立面

第 7 章　**BIM** 基本知识

BIM 是一种智能化的实体建筑模型,集数据、资源和过程于一身。本章仅对 BIM 的基本知识进行简单介绍。

7.1 BIM 概述

7.1.1 BIM 的概念

建筑信息模型 BIM 的相关理念,早在 20 世纪 70 年代就由美国乔治亚理工学院查克·伊斯特曼(Chuck Eastman)博士提出,如图 7－1 所示。该图诠释了 BIM 理念从 20 世纪 70 年代到 2010 年代的发展演变过程。

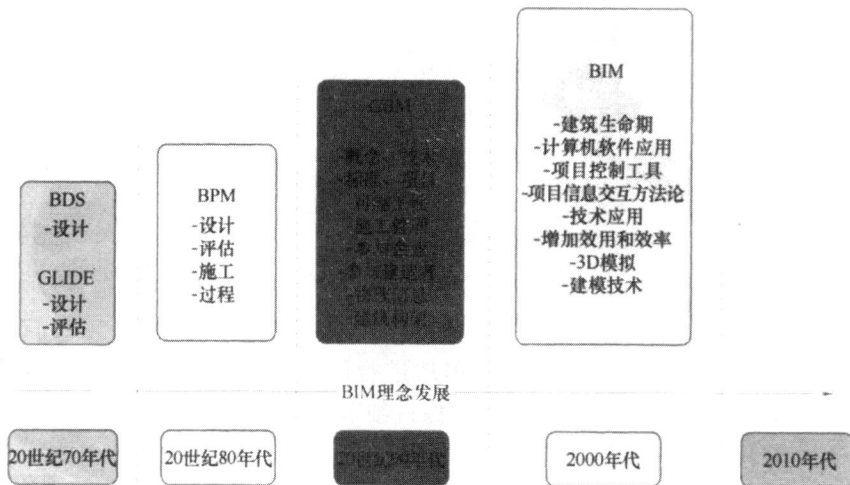

图 7－1　BIM 理念发展和演变过程

1975 年,查克·伊斯特曼博士提出了 BDS(Building Description Systems)理念,这一体系主要用于产品设计阶段的早期协调。1977 年,GLIDE(Graphical Language for Interactive Design)被提出用于改进 BDS 系统。随着计算机信息技术的发展,在 1989 年,一种更先进的系统 BPM(Building Product Model)问世,BPM 系统第一次以产品库的形式来定义工程的信息,这对建筑信息模型的发展是一个质的飞跃。1995 年,一种基于 BPM 概念的 GBM(Genetic

Building Model)系统问世,CBM 第一次提出了涵盖工程生命期的信息模型理念。2000 年,基于 CBM 的 BIM 理念被提出,随后的 2002 年,由美国 Autodesk 公司第一次使用 BIM 这个称呼来表达上述理念。2006 年,buildingSMART 将 BIM 定义为用于管理和提升工程品质的一种新的方法体系,并采用开放式的 IFC 标准定义数据模型。

7.1.2 BIM 的主要特征

国内一些 BIM 学者总结其具有完备性、关联性和一致性三个主要特征。

1.完备性

BIM 的完备性是指除了包含工程对象 3D 几何信息和拓扑关系的描述外,更重要的是包含了完整的工程信息描述。另外,BIM 将作为一个完备的单一的工程数据集,不同用户可从这个单一的数据集中获取所需的数据和工程信息。

2.关联性

BIM 的关联性是指各个对象之间是可识别且相互关联的。此外,BIM 能够根据用户指定的方式进行显示,例如在二维视图中生成各种施工图,如平面图、剖面图、详图等,且 BIM 模型可以展示为不同的三维视图,以及生成三维效果图。

3.一致性

BIM 的一致性主要体现在工程生命期的不同阶段模型信息是一致的,同一信息只输入一次即可。因此,在设计过程中,这些道路信息无须重新输入或多次输入,对中心线对象可以简单地进行修改和扩展,以包含下一阶段的设计信息,并与当前阶段的设计要求保持细节一致。

7.1.3 BIM 的实际应用领域

城市规划从大范围层次来讲是对一定时期内整个城市或城市某个区域的经济和社会发展、土地利用、空间布局的计划和管理,从小的层次来讲是对建设过程中某个具体项目的综合部署、具体安排和实施管理。城市规划领域目前是以 CAD 和 GIS 作为主要支撑平台的,一维仿真系统是目前城市规划领域应用最多的管理平台。未来城市规划的主要发展方向是规划管理数据多平台共享、办公系统三维或多维化、内部 OA 系统与办公系统集成等。但是目前传统的一维仿真系统并没有做到模型信息的集成化,三维模型的信息往往是通过外接数据库实现更新、查找、统计等功能,并且没有实现模型信息的多维度应用。

BIM 对促进未来更智能化的"数字化城市"发展具有极大的价值。另外,将 BIM 引入到城市规划的地上、地下一体化三维管理系统中也是研究城市空间三维可视化的关键技术,为城市规划地上空间和地下空间的关系以及地质信息管理与社会化服务系统的建立提供原型,为城市规划、建设和管理提供三维可视化平台。此系统可服务于城市建设、城市地质工作,对促进"数字化城市"的进步、提高城市规划管理层次、推动城市地质科学的发展也具有重要的战略意义。

将 BIM 引入到项目的规划阶段,形成统一的规划阶段的项目初始数据模型,可以为下一环节的项目设计提供基础数据。同时,利用 BIM 的各种专业分析软件,分析和统计规划项目的各项性能指标,实现规划从定性到定量的转变,充分利用 BIM 的参数化设计优势,结合现有的 CIS 技术、CAD 技术和可视化技术,科学辅助项目的策划、研究、设计、审批和规划管理。

7.1.4 BIM 对建筑业的影响

工程项目从立项开始,历经规划、设计、施工、竣工验收到交付使用,是一个漫长的过程。在这个过程中,不确定性的因素有很多。在项目建造初期,设计与施工等领域的从业人员面临的主要问题有两个:一是信息共享,二是协同工作。工程设计、施工与运行维护中信息交换不及时、不准确的问题会导致大量的人力和物力的浪费。2007 年,美国的麦克格劳·希尔公司(McGraw Hill,2015 年已更名为 Dodge Data&Analytics)发布了一个关于工程行业信息互用问题的研究报告,据该报告的统计资料显示,数据互用性不足会使工程项目平均成本增加 3.1%。具体表现为:由于各专业软件厂家之间缺乏共同的数据标准,无法有效地进行工程信息共享,一些软件无法得到上游数据,使得信息脱节、重复工作量巨大。

BIM 的主要作用是使工程项目数据信息在规划、设计、施工和运营维护全过程中充分共享和无损传递,为各参与方的协同工作提供坚实的基础,并为建筑物从概念到拆除的全生命期中各参与方的决策提供可靠依据,其 BIM 的目标及早期信息共享和传统方式经济效益分析分别如图 7-2 和图 7-3 所示。

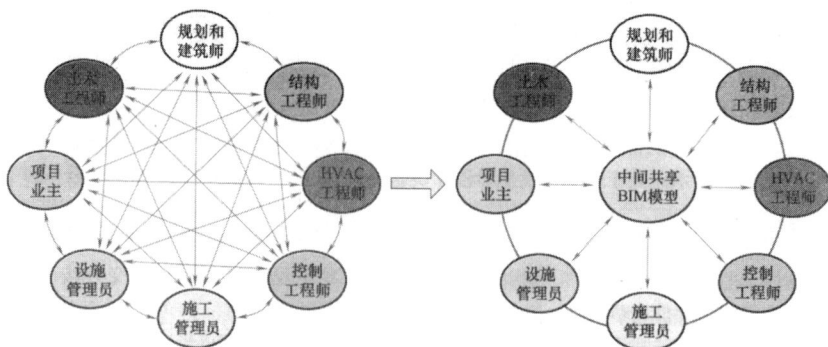

图 7-2　BIM 目标

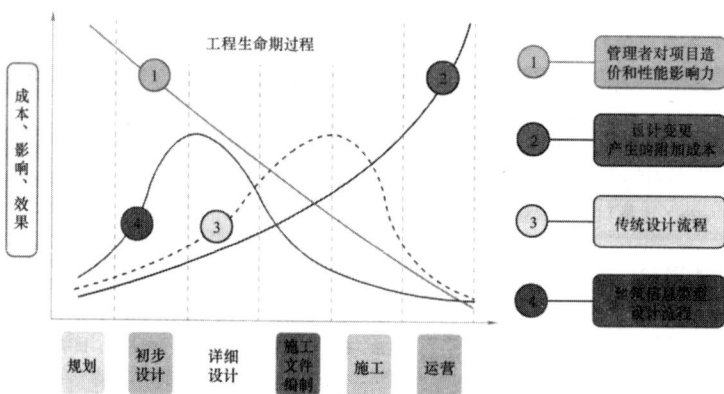

图 7-3　BIM 早期信息共享和传统方式经济效益分析

7.2 BIM 发展背景

7.2.1 建筑行业的未来发展趋势

进入 21 世纪以来,随着国家工业化、城镇化的加速发展,特别是近几年来超高层、超大跨度建筑以及特大跨度桥梁等复杂土木工程的相继发展,中国已经成为世界上最大的建筑市场。据统计,十多年来随着建筑行业的高速发展,建筑业总产值从 2004 年的 2.90 万亿元增长到 2014 年的 17.67 万亿元,涨幅达六倍多,如图 7-4 所示。

建筑行业的发展速度与固定资产投资增速密切相关,近十年来中国固定资产投资额与建筑工程市场的规模同步增长,全社会固定资产投资的高速增长也进一步推动了中国建筑业的快速发展。2004~2014 年,建筑业总产值年复合增长率达到 20.01%,中国建筑业继续保持较快的发展速度。建筑行业规模的快速增长也为建筑企业带来良好的发展机遇,企业整体收入和盈利水平快速增长,图 7-5 为国家统计局公布的 2005～2012 年中国建筑业企业总收入发展趋势,图 7-6 为国家统计局公布的 2004～2013 年中国建筑业利润总额发展趋势,利润总额年复合增长率达到 20％左右。

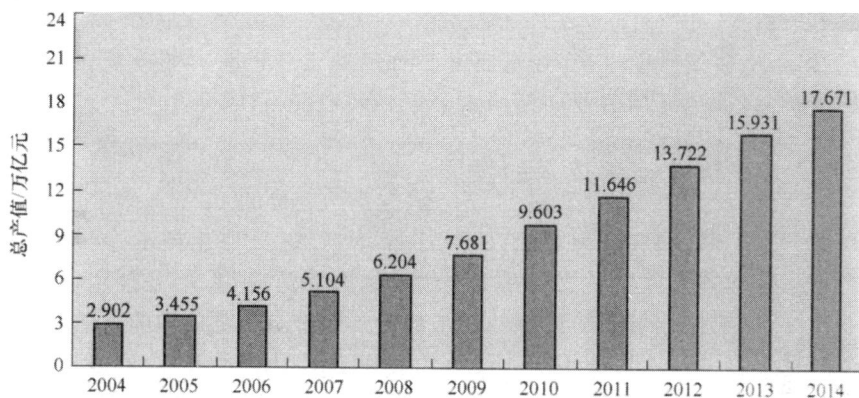

图 7-4　2004～2014 年中国建筑业总产值发展趋势

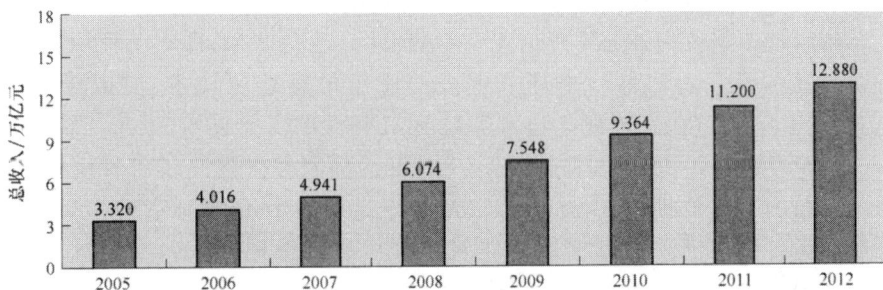

图 7-5　2005～2012 年中国建筑业企业总收入发展趋势

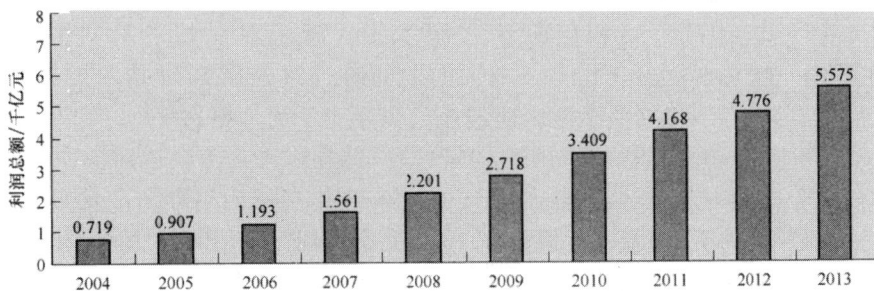

图 7-6　2004～2013 年中国建筑业利润总额发展趋势

目前,全球建筑市场总价值约 7.5 万亿美元,占全球 GDP 的 13.4％。预计到 2020 年,其价值将达到 12.7 万亿美元,建筑业将占全球 GDP 的 14.6％。未来十年,全球新兴市场的建筑业规模将扩大一倍,达到 6.7 万亿美元,中国作为其中最大的发展中国家,2015 年建筑业总产值已达到 18.07 万亿元。

从长远来看,未来五十年,中国城市化率将提高到 80％以上,城市对整个国民经济的贡献率将达到 95％以上。都市圈、城市群、城市带和中心城市的发展预示中国城市化进程的高速起飞,也预示了建筑业更广阔的市场即将到来。据预测,2015～2020 年,中国建筑业将增长 130％,预期将占全球建筑业总产值的 1/5。

如今,十多年已经过去,建筑业生产效率虽得到了较大的改观,但由于行业的复杂性,欲达到制造业同期的水平,仍有很长的路需要走。

7.2.2 建筑业信息技术的发展

近三十年来,随着人工智能技术、多媒体技术、可视化技术、网络技术等新型信息技术的飞速发展及其在工程领域中的广泛应用,信息技术已成为建筑业在 21 世纪持续发展的命脉。在工程设计行业,CAD 技术的普遍运用,已经彻底把工程设计人员从传统的设计计算和绘图中解放出来,可以把更多的精力放在方案优化、改进和复核上,大大提高了设计效率和设计质量,缩短了设计周期。计算机的应用已不再局限于辅助设计,而是扩展到了工程项目全生命期的每一个方向和每一个环节。CAD 已经走向 BIM,即在工程项目全生命期的每一个方向和每一个环节中全面应用信息处理技术、虚拟现实 VR(Virtual Reality)技术、可视化技术等与 BIM 相关的支撑技术。

在促进和运用信息化标准方面,一些发达国家相继建立了各种组织和标准。比如国际开放性组织 buildingSMART(早期为 IAI)所制定的 IFC 标准,已经成为各国广泛采纳和推广的建筑工程信息交换标准。美国建筑科学研究协会制定和建立了国家建筑信息模型标准 NBIMS(National BIM Standard)和智能建筑联盟 BSA(Building Smart Alliance)组织,并相继于 2007 年和 2011 年发布 NBIMS 标准初始版和第二版本。欧盟建立了基于 BIM 标准的 STAND－INN(Standard Innovation)组织,旨在通过运用 BIM 技术推动建筑业的更高效发展,提高整个地区建筑业的国际竞争力。早在 2012 年初,芬兰 20％～30％的公共项目就采用了 BIM 技术,并在未来几年会达到 50％,公共部门成为 BIM 使用的主要推动力。2011 年 5 月,英国内阁办公室发布了"政府建设效率"的文件,指定政府于 2016 年完全使用三维 BIM 的最低要求。同时,英国由多家设计和施工企业共同成立了标准制定委员会,制定了相应的"AEC(UK)BIM 标准",并作为推荐性的行业标准。据相关统计,在 2009 年北美洲的工程 BIM 应用率已经达到 49％,欧洲(英国、法国、德国)的使用率也已达到 36％。而在 2012 年,北美洲 71％的建筑师、工程师、承包商和业主都在应用 BIM,这主要得益于政府的支持、相关规范的出台以及 BIM 应用软件的不断更新。

澳大利亚规定 2016 年 7 月起所有澳大利亚政府的建筑采购要求使用基于开放标准的全三维协同 BIM 进行信息交换。比如，新加坡政府的电子审图系统是 BIM 标准在电子政务中应用的最好实例，从 2010 年开始新加坡所有公共工程全面以 BIM 设计施工，要求在 2015 年所有的公私建筑均以 BIM 送审及建造。日本政府鼓励企业和院校积极参与 BIM 标准数据模型扩展工作，其国家建筑协会已经推出了符合本国特色的 BIM 标准手册，用以指导 BIM 在实际工程中的应用。中国香港地区由香港房屋委员会制定 BIM 标准和实施指南，自 2006 年起已在超过 19 个公屋发展项目中的不同阶段（包括由可行性研究阶段到施工阶段）应用了 BIM 技术，计划从 2014～2016 年间将 BIM 应用作为所有房屋项目的设计标准。中国台湾地区主要由台湾营建署参与 BIM 标准的制定和推广，台湾大学土木系成立了"工程资讯模拟与管理研究中心（简称 BIM 研究中心）"，用以促进 BIM 相关技术应用的经验交流、成果分享、产学研合作等。

中国大陆 BIM 标准的制定是从 2012 年年初开始的，提出了分专业、分阶段、分项目的 P－BIM 概念，将 BIM 标准的制定分为三个层次，并由标准承担单位中国建筑科学研究院牵头筹资千万元成立了"中国 BIM 发展联盟"，旨在全面推广 BIM 技术在中国的应用。

7.2.3 BIM 的发展背景

在过去的三十多年中，计算机辅助设计 CAD 技术的普及和推广使得建筑师、结构工程师们得以摆脱手工绘图走向电子绘图，但是 CAD 毕竟只是一种二维的图形格式，并没有从根本上脱离手工绘图的思路。另外，基于二维图形信息格式容易导致交换过程中产生大量非图形信息的丢失，如图 7－7 所示。

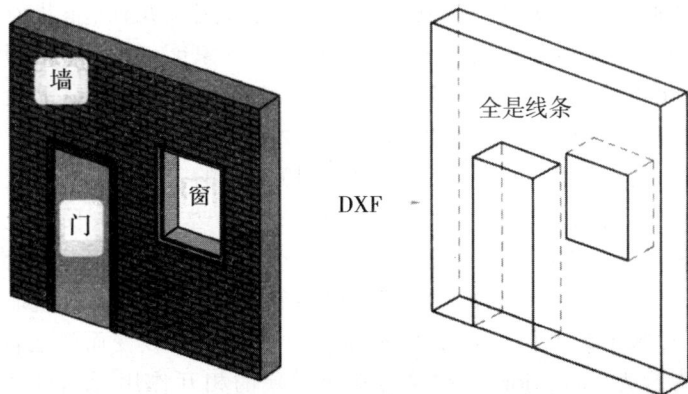

图 7－7　基于二维图形格式交换的缺陷

1995 年 9 月,在北美建立了国际互协作组织 IAI(International Alliance for Interoperability),其最初目的是研讨实现行业中不同专业应用软件协同工作的可能性。由于 IAI 的名称令人难以理解,在 2005 年挪威举行的 IAI 执行委员会会议上,IAI 被正式更名为 buildingSMART,致力于在全球范围内推广和应用 BIM 技术及其相关标准。

自 2002 年以来,随着 IFC(Industry Foundation Classes)标准的不断发展和完善,国际建筑业兴起了以围绕 BIM(Building Information Modeling)为核心的建筑信息化的研究。在工程生命期的几个主要阶段,如规划、设计、施工、运维管理等,BIM 对于改善数据信息集成方法、加快决策速度、降低项目成本和提高产品质量等方面起到了非常重要的作用。

7.3 BIM 参数化建模

传统 CAD 使用可见的、基于坐标的几何图形来创建图元,编辑这些"低能图形"非常困难,极易出错。随着计算机技术的发展,出现了一种参数化建模技术,它使用参数(特性数值)来确定图元的行为并定义模型组件之间的关系,这种模式逐渐被大众所接受而且一直处于行业领先地位。

遗憾的是,早期的参数化建模技术并没有应用到建筑设计领域中。建筑设计领域通常依赖两种基本技术来传递变更:基于历史信息的,它可以回放每次做出设计变更时的设计步骤;基于变化的,利用一次变更同时解决所有依附条件。

7.3.1 面向对象参数化建模

面向对象参数化建模最早起源于 20 世纪 80 年代的制造行业,它并不采用固定的几何形状和属性去描述对象,而是通过定义几何、非几何属性和特征的一些参数和规则来描述对象,由于参数和对象能够同时关联其他对象,因此,参数化建模允许对象能够根据用户操作或更改的内容自动更新与之相关联对象的数据和信息。通常的参数化技术可以对具有复杂几何形体的对象进行建模,这在之前是不可能的也是不切实际的。在其他行业,许多公司会使用参数化建模技术去发展他们自己的对象表达方式,去反映他们的共同企业理念和最佳实践。一个对象类(object class)允许创建任意数量的对象实体(instances),这些对象实体取决于目前参数和与之相关联的其他对象的关系,且具有形式上的不同。一个对象(object)因内容的改变而随之自动更新的动作称之为行为(behavior)。按照与其他对象的相互作用,结合既定的体系,对象类预先定义什么是墙、楼板或屋顶。软件公司应允许用户自定义参数化对象,既包括新定义的也包括对现有对象类的扩展,并且要结合对象库(object libraries)自定义特征,建立一套公司自己的最佳实践。分析、成本估计和其他应用的交流都需要对象属性(obiect attributes),这些属性必须由公司或用户事先定义。

建筑 BIM 设计让使用者可以混合使用 3D 建模与 2D 绘制剖面,允许用户自行决定 3D 细部等级,也能同时产生完整的 2D 图纸,然而通过 2D 绘制的对象却无法列在材料清单、分析,或其他基于 BIM 的应用中。加工制造层次的 BIM 设计应用,每个对象可以在 3D 模型中得到完整的表达,在不同的 BIM 应用实践中,3D 建模的等级是一个主要变数。

目前,BIM 设计应用包括执行特定服务的工具,但它们也提供一个平台用于管理一个模型中不同用途的数据,从而在 BIM 环境(BIM environment)中,融合成为可以管理不同模型中的数据。任何 BIM 应用可以满足一个或多个这些类型的服务,但在工具层面,会因一些因素而有所变化。在平台层面,也会因一些因素而有所变化。例如,管理大型或极其详细工程的能力,与其他 BIM 工具软件的界面、使用多个工具界面的一致性和可扩展性,可用的外部数据库和所带有的可管理数据、支持协作的能力。

1.面向对象参数化建模技术的发展过程

当代的建模工具是五十几年来对计算机用于 3D 互动设计研究与开发的产物,最终演变为面向对象的参数化建模方式。要了解当前 BIM 设计应用的现有功能,回顾其演化历史是其中的方法之一,下面简述其发展历史。

在 20 世纪 60 年代后期首次开发可观看的多面体形成的组合物,造就了第一部计算机动画片 Tron(1987 年)。这些初期的多面体一般使用有限的一组参数化及可拉伸的形状构成一张图片,设计时需要具备容易编辑和修改复杂形状的能力。1973 年往此目标迈进了重要的一步,由三个研究团队分别开发了可以创建和编辑任意 3D 实体和体积封闭形状的能力:剑桥大学的 Ian Braid、斯坦福大学的 Bruce Baumgart,以及罗切斯特大学的 Ari Requicha 和 Herb Voelcker,这就是大家所熟知的实体建模(solid modeling),这些努力产生了实体 3D 建模设计工具的第一代。

起初,开发了两种类型的实体建模,并且在应用市场上互相竞争。一个形状是指一组有界限的表面,且满足一组已定义体积封闭的标准,如连通性、方向性、表面连续性等。计算机计算功能的发展使得人们可以创造出可变动尺寸的形状,包括参数化箱体、圆锥体、球体、金字塔,以及类似的形状,如图 7－8(a)所示。此外,也提供了复杂扫描体:由剖面及围绕扫描轴线定义的拉伸体,其中扫描轴线可以是直线或绕轴旋转,如图 7－8(b)所示。

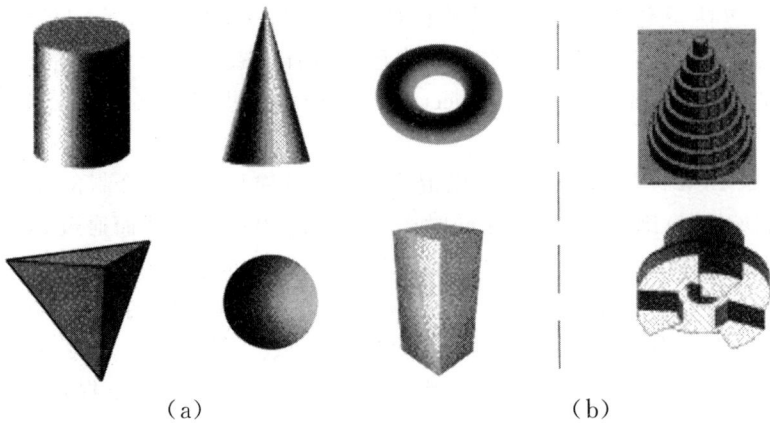

（a）   （b）

图 7－8　B－rep 规则体和扫描体

　　每个操作都要创建一个有具体尺寸且结构完整的 B－rep 形状，对这些形状进行编辑操作使它们与另外一个形状产生关联，当然也可能会重叠。在成对或多个多面体形状上，重叠的形状可以用空间的加法、相交和减法的操作来组合，这样的操作称为布尔（Boolean）运算。这些操作允许用户以互动模式建立相当复杂的形状，编辑操作必须输出结构完整的 B－rep 形状，也允许将运算串联在一起操作。形状的创建与编辑系统是由结合原始形状及布尔运算所提供的，而布尔运算产生出来的表面组合能保证由用户自定义的立体形状是封闭的。

　　另一种方法是构造实体几何（Constructive Solid Geometry，CSG），它使用一组能定义原始多面体的函数来表示形状，类似 B－rep，这些函数是代数运算式所形成的组合，也使用布尔运算，如图 7－9 所示。

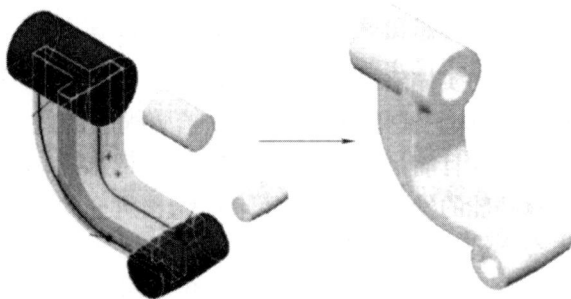

图 7－9　CSG 构造实体

　　然而，CSG 依赖不同方法去评估代数运算式定义的最终形状，例如它可能会在显示的时候被画出来，但并没有生成一组有界限的曲面。CSG 和 B－rep 的主要区别是：CSG 储存代数式公式来定义一个形状，而 B－rep 则将定义的结果储存为一组操作和对象参数。两者的区别是很明显的，CSG 中的元素可以根据要求被任意编辑和重新生成,所有的位置和形状参数可以通过 CSG 运算式中的形状参数来编辑,这种使用文字串(text strings)描述形状的方法是很简洁的。但在那个时代,计算机得花几秒钟来计算形状。另一方面,B—rep 在直接交流、海量属性的计算、立体绘制和动画,以及检查空间冲突方面是很强的。

最初,上述两种方法在使用性能上相互竞争,但应用者很快就发现如果将两种方法组合在一起,使用效果会更好。允许在 CSG 树状结构(有时又称为未评估形状 unevaluated shape)内进行编辑;使用 B—rep 显示和互动,以编辑形状,形状的组成可以被制作成更复杂的形状,B—rep 被称之为评估的形状(evaluated shape)。目前所有的参数化建模工具和所有建筑模型都合并为两种表现方式,用类似 CSG 的方法来编辑,用 B—rep 来进行可视化、测量、冲突检测,以及其他非编辑工作。第一代工具支持 3D 小面(faceted)和圆柱体对象建模,并支持关联属性,允许对象可组成为工程组件,如引擎、加工厂或建筑物,这种合并的建模方式为现代参数化建模奠定了基础。

将材料与形状的其他属性做关联的价值很快地就被早期的系统所认同,这些可以用来做结构分析或决定体积、重量和材料清单,但具有材料的对象会带来一些问题,如一种材料制成的形状与另一种材料制成的形状通过布尔运算进行组合时,适当的解读会是什么呢?虽然减法具有清晰直观的含义,但具有不同材料形状的交集与连集却并不是这样。

概念上有个问题,因为这两种对象均被视为具有同样的地位,都是独立的对象。这些难题引入了一个认知,那就是布尔运算的主要应用会将特征(features)导入到最初的形状,例如预制件与浮雕柱或混凝土倒角的接头(一些为添加的对象,另一些为减去的对象)。一个对象具有由主要对象组合的特征时,就会相对地被置放到主要对象中,之后这种特征可以被命名、引用和编辑。主要对象材料的变动会应用到体积上的变化,基于特征的设计是参数化建模的主要附属领域,也是现代参数化设计工具发展的另一项重要进步。例如,填充墙中的门、窗开洞即为墙特征中最为明显的例子。

20 世纪 70 年代末到 20 世纪 80 年代初,首次产生了以 3D 实体建模为基础的建筑建模。CAD 系统中如 RUCAPS(已演变为 Sonata)、TriCad、Cahna、GDS,以及卡内基梅隆大学和密歇根大学以研究为主的系统,开发了它们的基本功能:这项工作是由机械、航空航天、建筑和电器产品设计团队承担,同时分享产品建模、集成分析与模拟的概念和技术。

实体建模的 CAD 系统功能强大,往往超出了当时计算机可运算的能力,一些建筑生产习题,比如图纸和报告生成等功能都发展得不完善。另外,对多数设计师来说,用 3D 对象来做设计,在概念上是不同的,他们较胜任使用

2D 系统。实体建模系统也很昂贵,在当时来说每套至少 3.5 万美元。制造业和航空航天业觉察到其巨大的潜在利益,包括集成分析能力、降低错误和走向工厂自动化,他们和 CAD 公司合作解决该种技术的早期缺点,并致力开发新功能。建筑行业未能觉察到这些好处,相反地,建筑业采用建筑绘图编辑器,如 AutoCAD、Microstation 及 MiniCAD,强化当时的工作方法,并支持传统 2D 设计和施工文档的数字化生成。

从 CAD 进化到参数化建模的另一个阶段,就是多个形状可以分享参数。例如,墙的界限由毗邻它的楼板、墙和天花板来定义,对象连接方式部分决定了它们在任何层面上的形状。如果移动了此面单墙,则那些毗邻的对象也应该同时得到更新,也就是变动会依据它们的连接性来传递。其他情况下,几何形状不是以相关对象的形状来定义的,而是全域性的。网格(grids)是一个例子,它长期被用来定义结构的平面框架,网格相交点提供尺寸参数用于设置和定位形状的位置。移动其中一个格线,其相对于关联网格点所定义的形状必须被更新,全域参数和方程式也可以在本地坐标中使用。

最初,楼梯或墙的创建功能被建立于对象生成函数中,如楼梯的参数即被定义在该函数中:楼梯位置、踏步级高、踏步级深、踏步宽度等参数,进而形成楼梯:这些类型的功能允许在 Architectural Desktop 软件中布置楼梯,或在 AutoCAD 3D 软件中发展组装操作,但这并不是完全的参数化建模。

在 3D 建模的后来发展中,定义形状的参数可以自动进行再评估,并且可以重新生成形状。首先由用户随意控制指令,然后软件会标识出哪些已经被修改,仅有改变的部分会被重新生成。这是因为一个改变可以传递给其他与之相关联的对象,用于复杂互动组装的发展需要使用求解器(resolver)来分析其变更并选择最有效的更新顺序,支持这种自动更新的能力是当前 BIM 和参数化建模中最为有成就的。

一些 BIM 设计工具支持复杂曲线和曲面的参数关系,如 Splines 和 NURBS(Nonuniform B-Splines),这些工具允许定义和控制复杂曲线的形状,类似于其他的几何类型。市场上几种主要的 BIM 设计工具并不具备这些功能,可能是因为其使用性能或可靠性的原因。参数化对象的定义也为绘图中的尺寸标准提供指导,如在一道墙内,依据从墙端到窗户中心的偏移量来设置窗户,那么在后来的绘图中,默认的尺寸标准会以此方式完成。

总之,所有的 BIM 设计工具都具有重要的但功能不同的参数化建模技术,但是其中的一些功能却不被支持,包括:①参数化关系的普遍性,在理想情况下,应支持完整的三角函数和代数能力;②支持条件式,建立可以连接不同特征到一个对象实体的规则;③提供对象之间的关联,并能自由连接,例如墙的底部可以是楼板、坡道或楼梯;④利用全域或外部参数来控制或选择对象的配置;⑤扩充现有参数化对象类别的能力,使现有的对象类别具备可以解决原先未提供的新结构和行为能力。

面向对象参数化建模提供了创建和编辑几何的强大方法,没有它,模型生成与设计将会非常繁琐且容易出错,就如同实体建模刚开始发展后带给机械工程设计师的失望是一样的。没有一个有效的系统允许自动化设计编辑,去设计一栋包含成千上万构件组成的建筑是不切实际的。如图 7—10 所示为使用 Bentley 软件生成的三维幕墙图,它是一个参数化组装的范例,主要的几何属性是由参数化所定义和控制,该模型依赖几个由控制点的中心线所形成的结构来进行定义,构件的不同层次分散布置在中心线周围,采用全域改变幕墙的整体形状并进行细分。参数化模型设计允许在一定范围内的变化,此范围由定义该参数化模型的用户来定义,它可即时生成不同的替代模型。

图 7—10　三维幕墙参数化组装

2.基于实体的参数化建模

现阶段的 BIM 设计工具,包括 Autodesk Revit 的 Architecture 和 Structure、Bentley Architecture 及其相关的产品、Graphisoft ArchiCAD、Gehry Technology 的 Digital ProiectTM、Nemetschek Vectorworks 等,以及建造阶段的 BIM 工具,包括 Tekla Structures、SDS/2、Structureworks 等。

参数化建模过程中允许每个构件类别的实体依据自身的参数设定和相关对象的内容状况而定(如墙是一面可被连接的构件),另外规则可被定义为该设计所必须满足的需求。例如,包裹钢筋的墙或混凝土的最小厚度,允许设计师修改,同时检查规则并且更新细节,使设计元素符合规则要求,并在不能满足规则时向用户发出警告。

在传统的 3D CAD 建模中,一个构件的每个几何面都必须由用户手动编辑。但在参数化建模中,形状和几何组成会在周围环境发生改变时,或在用户的高阶控制下自动进行调整,也就是说它会根据用来定义自己的规则来编辑自己。以墙为例,其形状和关系如图 7—11 所示,箭头表示与毗邻构件的关系。图 7—11 定义了一面墙群组或类别,因为此类别有能力在不同位置和不同参数中产生许多属于这个类别的实体。墙群组可能会因为可支持的几何、其内部的成分结构,以及墙如何连接到其他建筑物的部分而大不相同。这些由墙类设计师依据如何设置墙的参数、分配参数、与此墙相关的构件实体来决定。在一些 BIM 设计应用中会包含不同的墙类别,以便应付更多的区别,但不要试图将一种类型的墙转换为另一种,因为这是无法完成的。

内部结构、材料、填充物、表
面处理、图层结构、开口形式

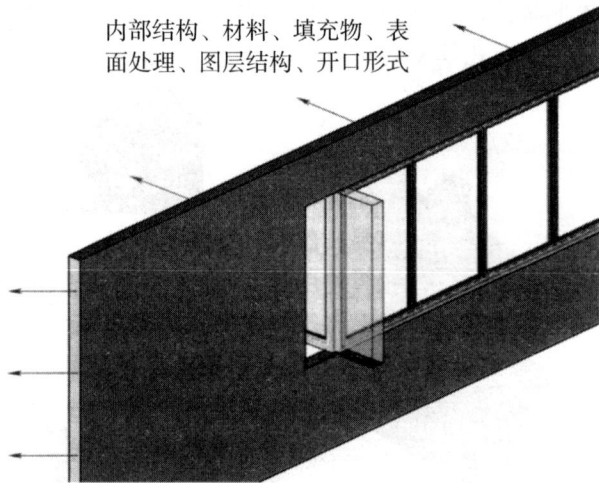

图 7—11　墙组群结构(箭头代表与其他构件的连接关系)

对于大多数的墙来说,墙的厚度完全是由两面墙身控制,根据名义上的厚度或施工类型的偏移量来定义。偏移量源自于一个排序好的图层序列,此序列依次显示核心、隔热、覆盖、室内装饰材料和其他墙关系的重要属性。有些系统支持斜墙,在剖面上提供一个垂直侧面。墙的立面形状通常取决于一个或多个楼板平面,其顶面可以有明确的高度,或是和一组特定的相邻平面相关的。墙体两端取决于墙的相交,有固定的端点(独立式)或与其他墙、柱有关联。如果墙的面层超出了楼板高程是为了利用墙的表面处理来覆盖地基的话,就需要特别的处理。墙上的控制线有起点和终点,所以墙本身也有,墙与所有毗邻的构件实体,以及多个由它分割的空间有关联。

墙施工如螺栓配置,可以分配给墙中的一个或多个墙的面层(多个面层是指提供吸音或隔热层)。门窗开口都有放置点,其放置点由沿墙靠近窗的一侧端点或到开口中心点的长度来定义。建造和开口都位于墙的坐标系统内,因为它们会以一个单元体来移动。一面墙会因为平面配置更改而以移动、增长或收缩的方式来调整其两端,门窗也会同时跟着移动和更新。任何时候一个或多个界定墙的曲面有所变化时,墙会自动更新并保留其原本配置的意图。当墙身长度更改时,工程中应该会自动更新,但有时也可能不会自动更新。

综上所述,即使是一面普通的墙,也必须妥善进行定义。参数化建筑构件类别为了定义和属性的延伸集,有超过 100 种的低阶规则是很常见的。这些状况也说明了为何建筑或建筑物设计是 BIM 对象类别和建模者们之间合作的产物:建模者们定义了 BIM 元素行为与建筑及建筑物使用者,他们在建筑语义规范下进行设计。同时,还解释了为什么用户可能会遇到不寻常墙配置所带来的问题,因为这些并不包含在内建的规则中,如图 7－12 所示,高侧窗墙和置放于此的一排窗户,在此情况下,墙必须放在非水平楼板面上,此外,修剪高侧窗墙末端的墙面与被削减的墙不是在同一基本平面上,BIM 建模工具对于处理这种组合状况会有困难。

图 7－12　带有天窗的简单墙体示例

3.参数化建模所涉及的层次

参数化建模工具在特定领域的使用,无论是用在 BIM 还是用在其他行业,都有许多细部上的差异。在 BIM 设计应用中,参数化建模也有几种不同类型,以便处理不同的建筑体系。建筑物一般是由大量的相对简单的不同构件组成,每个建筑体系均具有典型的建筑规则和关系,于是就比一般的对象创建更容易些。然而,即使是一栋中型的建筑物,也会包含大量的构件和连接节点等信息,这导致就算使用最高阶的计算机进行设计和计算,也会产生效率低下等问题。另一方面,建筑行业有自己特定的做法和规范,可以很容易进行改编用以定义对象的行为。此外,和机械领域相反的是,BIM 设计应用要求使用建筑常规来制图,往往不支持绘图,或者是仅使用较简单的正交绘图法(orthographic drawlng)。以上这些差异导致在 BIM 中,只有极少数的参数化建模工具被应用,这对许多制造业来说仅是对不同方法的选择而已。

7.3.2 建筑物的参数化建模

在制造行业,参数化建模已被用于模型的设计、制造、定义规则等。例如,波音公司在设计波音 777 客机时,首先对飞机机舱内部样貌、制造、组装等规则进行定义。通过几百个气流的模拟,依据空气动力学的原理微调飞机的外部形状(称为计算流体动力学),与这些模拟的连接,使得设计者可以有许多替代形状和参数化的调整。为了消除 6000 多个更改的请求,他们预先虚拟地组装整架飞机,并减少了 90% 的空间上的重复工作。据估计,波音公司为了 777 类型的飞机,投资超过 10 亿美元购买并设置他们的参数化建模系统。

类似的方式也用于 John Deere 公司与比利时的 LMS 公司合作,他们研讨如何建造想要的拖拉机时,许多型号是根据 John Deere 公司为制造而设计的规则来开发的。使用参数化建模,公司常会研讨他们的对象群组(objeet families)是如何进行设计和制造的,是如何通过改变参数的功能、生产,使得标准与组装上产生关联的。在这些例子中,公司根据过去的经验在设计、生产、组装、维修上分析什么是可行的,什么是不可行的,并置入了企业知识。这是资料查取、再利用和拓展企业专门知识的一种方法,也是大型航空航天、制造、电子等行业的标准做法。

1.设计上呈现参数化

概念上,BIM 工具就是不同类型的对象参数化建模系统,它们有自己预先定义的对象类别群组,每个对象内部可能都具有不同行为的应用程序。除了供应商所提供的对象群组,一些网站也提供其他对象类别的下载和使用,这些相当于以前为 2D 绘图系统所提供的草案图库,然而它们更有用,功能也更强大,包括家具、水电设备、混凝土预制构件等,有一般性对象也有特定的模型产品。

BIM 的参数化对象能够识别它们是如何被连接到构件中去的,以及当环境和其他对象改变时,如何去自动调整本身。例如当墙壁或天花板变动时,在大多数应用工具中与其相关联的建筑对象都可以自动更新,这些对象类别还定义了哪些可与建筑对象相关联的特征。连接是预制结构中 BIM 应用的基本特点,是否可以在一道墙面上形成一个连接,这是在预制混凝土结构中经常遇到的问题。由于这种可能的存在,让用户可以扩展现存的基本对象类别或建立新的类别,去解决 BIM 软件开发者原先未预估到的问题,这一点是非常重要的。

　　每一个 BIM 设计应用软件都包含以往用于修改主要建筑物外形的对象，它们包括墙和楼板开口、接头，屋顶的天窗和天窗的开口，梁、柱和其他结构构件的连接。那些与其他构件互动的对象，如墙体、梁、楼板和柱等，最大的区别是它们具有复杂的行为，并且是 BIM 设计工具的核心。其他则是不需要有参数化行为的对象，如卫生间的固定家具、具有固定尺寸的门窗产品，以及其他不随内容改变的对象。上述第二类对象，有时又称为建筑对象模型，可由外部图库提供并被轻松地创建，因为它们不大量依赖其他对象的动态参数。第三类对象是定制化的自定义商业产品，包括幕墙系统、复杂吊顶系统、橱柜、栏杆，以及其他建筑金属制品，这类对象是简单或复杂参数化对象，定义它们的行为时，需要如同 BIM 设计工具中的基本对象一样注意其设定。

　　建筑建模工具与其他行业的功能差异是，需要明白地表示被建筑构件所封闭的空间。有环境条件的建筑空间是建筑的主要功能，形状、体积、表面、环境品质、照明，以及与室内空间的属性是设计中用以显示和评估的关键点。

　　传统的建筑 CAD 系统不能具体地表示建筑空间，对象是以绘图系统按接近的方式绘制，如以用户定义的多边形带有相关的空间名称来表示。从 2007 年开始，归功于美国总务管理处（General Service Administration，GSA）的要求，BIM 设计工具能自动生成与更新空间体积。当前大多数 BIM 软件呈现的建筑空间，都可以自动生成和更新由楼板与墙体相交所定义的多边形表示。多边形之后被提升到天花板的平均高度，或可能被修剪到倾斜的天花板曲面。较旧的方法中会有人工绘图的缺点：用户必须管理墙边界和空间之间的一致性，使得更改乏味且容易出错。但新的定义也并不完美，它仅适用于垂直墙壁和平坦的地面，会忽略墙面的角度变化，往往不能反映非水平的天花板。

　　建筑师开始操作的建筑元素（或建筑构件）往往是根据其名称而衍生的大概形状，但是工程师和建造师必须处理与元素（构件）名称大概形状有些差异的制造形状和配置，并且必须带有制作等级的信息。此外，形状会因预拉力（曲面和收缩）和重力使其偏转，或因热胀冷缩而改变。当建筑模型广泛地被用于直接制作时，此参数化模型的形状生成和编辑方面都会需要 BIM 设计工具的额外功能。

　　由于细部的更改可自动关联更新，因此参数化建模生产效率较高。在建筑设计和生产上，若无参数化功能使得自动更新变得可行，3D 建模就不会具有较高的生产力。然而潜在的影响是，每个 BIM 工具执行参数建模的程度、提供的参数对象群组的设置、设定的规则和结果导致设计行为会有所不同。

2.参数化建模在建造中的应用

当有些 BIM 设计软件允许用户以 2D 剖面图方式指派图层绘制墙剖面时,有些 BIM 设计软件则采用巢状方式配置参数对象,例如在一道普通墙面层内的墙骨架。这样的方式允许生成骨架的细部,也可以生成木材的断面清单表格,减少浪费并加快木材或金属骨框架结构的组立。在大型结构中,类似的框架和结构布局选项是制作时必要的操作。在这些情况下,对象为组成系统中的一部分,系统为结构、电气、管道,以及类似由参数规则决定的元件的构成形式。元件通常具有一定特征,例如被定制化设计并制作的接头。在更复杂的情况下,每个系统的每一部分是由它们内部构成的部分所组成的,如混凝土中的钢筋或大跨度钢结构的复杂桁架等。

一组独特的 BIM 设计工具被开发出来,用以建立更精细的制作级别模型,这工具已经根据不同类型的专业被内置为不同的对象群组。这些对象群组与不同的特定用途有关,如追踪和订购材料、厂房管理系统、自动化制作软件。这种套装软件早期是为了钢结构制造而开发的,如 Design Data 的 SDS/2、Tekla Structures、AceCad StruCad。起初这些软件都是简单的 3D 配置系统,带有连接用的预先定义的参数对象群组,用以提供连接及编辑操作,如为钢筋接头焊件裁切后加螺帽。后来这些功能被加强,可根据承载及构件尺寸,支持自动化接头的设计。随着相关的切割及钻孔机械的发展,这些系统已成为自动化钢结构制作一体化的一部分。在预制混凝土、钢筋混凝土、金属通风管、管道,以及其他建筑系统上,也有同样的方式运用与开发。

在制作模型时,对于细部制作,为改善其参数对象,制作者有一些明确的理由:比如减少劳动力作业、实现特定的视觉外观、减少混合不同类型的工作人员和尽量减少材料的类型或大小等。在标准设计指南中,通常是用一种大多数人可以接受的方法,在某些情况下可使用标准细部处理的做法,来实现各种不同的目标。在其他情况下,这些细部做法则需要修改。一家公司对制造某特定对象的最佳做法或标准界面,可能还需要进一步定制化。在未来的几十年里,设计指南将会用一组参数模型与规则来辅助这种方式。

目前,广泛被使用的几种施工 CAD 系统并不是通用的基于对象参数化建模的 BIM 设计工具,而是传统的 B-rep 建模器。这些建模器可能具有基于 CSG 的建造树状结构和附带的对象类别库,对于多用途而言,这都是较好的产品;AutoCAD Architecture 是一个常见的平台,适合属于建造层次的建模工具,像 CADPIPE 和 CADDUCT 都是这些工具的实例。Bentley 和 Vectorworks 的有些产品也属于此种类型,它们具有对象类别的固有属性。在这些比较传统的 CAD 系统平台中,用户可以选择尺寸和参数化调整尺寸,以及放置 3D 对象和其相关属性。这些对象个体和属性可以被导出,用于物料清单、工作订单和制作,以及为其他应用系统所用。当有一套固定的对象类别能使用固定的规则来组成时,这些系统将会变得很有用。相关的应用包括:管道、通风管、电缆槽系统等。Autodesk 在收购 Revit 前,以此方式发展 Architectural Desktop,并逐步扩充其用于建模的对象类别,以涵盖在建筑中最常见的对象(构件),这些系统可以通过 ARX 或 MDL 程序设计语言界面添加新的对象类别。

这些较早的系统和 BIM 之间的关键区别是,在不需要进行程序设计层级软件开发下,BIM 相比较 3D CAD 可以让用户定义更复杂的对象群组结构及其之间的关系。在 BIM 中,附加到柱和楼板的幕墙系统,可以由具备该专业知识与技能的设计师从头开始定义。但在 3D CAD 中,必须要对主要应用程序的扩充功能进行开发。

7.4 BIM 软件

国内大型的应用软件开发公司,如 PKPM、YJK 等,从 2010 年以来一直致力于开发支持 BIM 的相关产品。YJK 软件是基于 BIM 技术的面向国内及部分国际市场的建筑和结构设计软件,其接口数据采用开源数据库,统一管理建模数据、计算结果、设计结果和施工图设计结果,是全面开放的建筑结构软件平台。2011 年 YJK 公司发布 YJK 和 Revit 接口软件,是我国应用的第一款实用型的具有商品化结构设计的 BIM 接口软件。

BIM 的实现手段是软件,与 CAD 技术只需要一个或几个软件不同的是 BIM 需要一系列软件来支撑。

7.4.1 设计类软件

当前 BIM 设计类软件在市场上主要有四家主流公司,分别是 Autodesk、Bentley、Graphisoft、Tekla。Autodesk 公司的 Revit 系列占据了最大的市场份额且是行业领跑者,Revit 系列主要包括:Revit Architecture(建筑设计)、Revit Structure(结构设计)、Revit MEP(机电管道设计)三类。

Bentley 公司的 BIM 技术在业界处于领先地位,提供了各种软件来解决建筑行业各个阶段的专业问题。Bentley 根据各个专业的需要,为工程的整个生命期提供量身打造的解决方案,这些解决方案可满足将要在此生命期中使用和处理这些资产的工程师、建筑师、规划师、承包商、制造商、IT 经理、操作员和维护工程师的需要;每个解决方案都由构建在开放平台上的集成应用程序和服务构成,旨在确保各工作流程和项目团队成员之间的信息共享,从而实现互用性和协同合作。

近四十年来,Tekla 公司一直为钢结构详图设计与制造人员提供创新性的工具,使他们的工作更有效、更精确。Tekla Structures 是最早开发的基于 BIM 技术的设计软件,被全球数以千计的公司所采用,在中国已经有 100 多家公司在应用其产品。

以下内容主要介绍 Revit、Bentley、ArchiCAD、Tekla Structures 四种常用的 BIM 应用软件。当然,除了这四种主要的 BIM 应用软件以外,还有 Digital Projiect、Vectorworks、DProfiler 等 BIM 应用软件,感兴趣的读者可以参阅相关软件介绍。

1.Revit 系列

①Revit Architecture。专为 BIM 而设计的 Revit Architecture 能够帮助设计师捕捉和分析早期设计构思,并能够从设计、文档到施工的整个流程中更精确地保持设计理念。利用包含丰富信息的模型来支持可持续性设计、施工规划与构造设计,帮助设计师做出更加明智的决策,自动更新功能可以确保设计与文档的一致性与可靠性。Revit Architecture 可以帮助设计师促进可持续设计分析,自动交付协调、一致的文档,加快创意设计进程,进而获得强大的竞争优势。设计师可以根据自身进度借助 Revit Architecture 迁移至 BIM,同时可以继续使用 AutoCAD 或 AutoCAD Architecture。

②Revit MEP。它是面向机电管道的建筑信息模型设计和制图软件,其中 MEP 是 Mechanical、Electrical、Plumbing 的缩写,即机械、电气、管道三个专业的英文首字母的缩写。Revit MEP 可以模拟工程师的思维方式进行思考,从而可以对日常工作进行模拟设计,尽量避免团队之间的沟通和协调错误所带来的不必要的损失,以便提高工作的可持续性发展。

Revit 作为 BIM 的一个设计工具,具有友好易学的操作界面,且开发了非常广泛的对象库,便于多用户在同一项目中并行工作。但 Revit 是一种以记忆为主的系统,对于管理较大工程项目信息,比如文件大小超过 300MB 的项目时,运行速度明显减慢,且参数化定义有一些限制,只能支持有限的复杂曲面,缺少对象层次的时间记忆,尚未完全提供 BIM 环境中所需要的完整对象管理。

2.Bentley 系列

Bentley 系列产品主要包括针对基础设施的建筑结构分析与设计、桥梁设计与工程、公路与铁路场地设计、给排水网络分析与设计、岩土工程、地理信息管理、交通运输资产管理等。

①Bentley MicroStation。它是世界领先的信息建模环境,专为公用事业系统、公路、铁路、桥梁、建筑、通信网络、给排水管网、采矿等类型基础设施的建筑、工程、施工和运营而设计。MicroStation 既是一款软件应用程序,也是一个技术平台。作为一款软件应用程序,MicroStation 可通过三维模型和二维设计实现实境交互,确保生成值得信赖的交付成果,如精确的工程图、内容丰富的三维 PDF 和三维绘图。它还具有强大的数据和分析功能,可对设计进行性能模拟,包括逼真的渲染效果和超炫的动画。此外,MicroStation 还能以全面的广度和深度整合来自各种 CAD 软件和工程格式的工程几何线形和数据,确保用户与整个项目团队实现无缝化工作。作为适用于 Bentley 和其他软件供应商特定专业应用程序的技术平台,MicroStation 提供了功能强大的子系统,可保证几何线形和数据集成的一致性,并可增强用户在大量综合的设计、工程和模拟应用程序组合方面的体验:它可以确保每个应用程序都充分利用这些优势,使跨领域团队通过具有数据互用性的软件组合中受益。

②Bentley AssetWise。为了确保资产运营的安全性、可靠性和合规性,Bentley 充分利用三十多年的设计及可视化创新结果,采用基于风险的方法进行资产管理,一直处在工程软件的最前沿。借助使用二维或三维智能基础设施模型和点云功能,以及工程信息和资产性能管理功能,Bentley 提供了一个企业平台,有助于业主在整个生命期内管理资产。这一可视化的工作流程同时支持现有和旧有运营,有助于消除资本支出和运营支出之间的脱节,还能为资产的运营性能及安全性提供可持续的业务策略。AssetWise 能够帮助业主实现运营和维护卓越、资产集成和流程安全的愿景。无论业主所面临的挑战是可靠性和可用性的增强、维护成本的降低、资产生命周期的延长、资产运营的安全还是法规的遵守,AssetWise 性能管理都能为其提供完备的解决方案,帮助业主应对这些挑战、赢得竞争优势。

Bentley 的优势是提供了非常广泛的建筑建模工具,几乎可以处理 AEC 行业的所有方面:它支持复杂曲面的建模,包括多个支持层面,用以自定义参数化对象。对于大型工程,Bentley 提供了许多参数化对象用以支持设计,并提供多个平台和服务器用于支持协同工作。目前,Bentley 除了要结合中国规范继续完善其产品外,在大型工程设计过程中,其协同所需的数据信息有些时候只是部分可以实现,其各种应用产品之间的整合相对较弱,需要进一步加强。

3.ArchiCAD

在设计方面,设计师使用 ArchiCAD 可以自由地建模和造型,在最恰当的视图中轻松创建想要的形体,轻松修改复杂的元素。ArclliCAD 可以使设计师将创造性的自由设计与其强大的建筑信息模型高效地结合起来,有一系列综合的工具在项目相关阶段支持这些过程。自定义对象、组件以及建筑构件需要一个多样灵活的建模工具,ArchiCAD 在本地 BIM 环境中通过新的工具引入了直接建模的功能,整合的云服务帮助用户创建和查找自定义对象、组件和建筑构件,来完成他们的 BIM 模型;Graphisoft 公司一直在"绿色"方面持续创新,与其 BIM 创作工具整合,为可持续设计提供了独一无二的工作流程。

在文档创建方面,设计师使用 ArchiCAD 能够创建 3D 建筑信息模型、一些必要的文档和图像也可以自动创建。为了更好地交流设计意图,创新的 3D 文档功能是设计师能够将任意 3D 视图作为创建文档的基础,并可添加标注尺寸甚至额外的 2D 绘图元素。因为大部分发达国家的扩建、改造和翻新项目数量等同于新建建筑项目,ArchiCAD 为改造和翻新项目提供内置的 BIM 文档和工作流,以便设计师更好地完成扩建、改造和翻新项目。ArchiCAD 强大的视图设置能力、图形处理能力以及整合的发布功能,确保了打印或保存一个项目的各项图纸集不需要花费额外的时间,而这些成果都来自同一个建筑信息模型。

在协同工作方面,BIM 给设计团队带来了巨大的挑战。在大型项目中运用 BIM 时,建筑师经常会遇到模型访问能力和工作流程管理的瓶颈。Graphisoft 公司的 BIM 服务器通过领先的 Delta 服务器技术大大降低了网络流量,使得团队成员可以在 BIM 模型上实现协同工作。ArchiCAD 的 BIM 服务器具备较先进的技术水平,在共享设计文件时形成了全新的应用范例。随着创新型 Delta 服务器技术的出现,客户和服务器之间只传送变更后的元素,通过百万字节到千字节,平均数据包的大小随之减小,因此,团队成员可在全球任意地点通过标准互联网链接就 BIM 模型进行实时协同。

综上所述,ArchiCAD 具有直观的操作界面,包含广泛的对象库,可用于设计、建筑系统、设施管理、协同工作等,可以有效地管理大型工程项目。但 ArchiCAD 在自定义参数建模上有一些轻微局限。它也是一种以记忆为主的系统,也会遇到项目规模变大时运行速度缓慢的问题。

4.Tekla Structures

Tekla Structures 的功能包括 3D 实体结构模型与结构分析完全整合、3D 钢结构细部设计、3D 钢筋混凝土设计、专案管理、自动 Shop Drawing、BOM 表自动产生系统。它是一个功能强大、灵活的三维深化与建模软件方案,它集成了从销售、投标到深化、制造和安装等整个工作流程。

同以前的二维技术相比,Tekla Structures 可以显著地提高工作效率及工作精度,大幅度地提高生产力。Tekla Structures 为设计师提供了各种各样非常易用的工具，以及庞大的节点库，满足设计过程中各类连接的需要，它们都可以简单地通过自动连接及自动默认功能安装到结构上面。

Tekla Structures 的图形界面使设计师可以立即用它进行详图设计，且又快又容易。它是一套基于 Windows 的系统，所以其界面非常友好很容易上手。Tekla Structures 在图形界面中提供了可以自定义、浮动的图标及工具条，可以为设计师提供快速搭建结构模型的各种工具。此外，动态缩放以及拖动功能可以让设计师从近距离以任意角度来检查所创建的模型，无限次撤销功能为设计师提供任意次改正错误的机会。同时，相关联的"帮助"菜单能够协助设计师找到任何所需的链接。

使用最新的 OpenGL 技术，Tekla Structures 使设计师可以以多种模式显示创建的模型。比如，可以切实地旋转模型或在模型中"飞行"。不管模型有多大，都可以无限制地设置显示视图，检查模型中的每一个部件。不同于其他的模型系统，Tekla Structures 让设计师能够真正地在三维空间中建造模型。

Tekla Structures 拥有全系列的连接节点，可以立即提供准确的节点参数，从简单的端板连接、支撑连接到复杂的箱型梁和空间框架都可以完成。如果想要创建一个独特的节点，设计师只需简单地对已有的节点进行修改或是搭建一个自己的，然后就可以将其保存在自己的节点库中，以供将来使用。Tekla Structures 全新的自动连接功能使得安装节点比以前更容易，设计师可以独立、分阶段或是整个工程中来安装它们，不管怎么用，结果都会立即显现出来，节约了大量的时间。这在搭建比较大的项目，用到多种节点的时候特别有用。此外，Tekla Structures 的节点校核功能可以让设计师检查节点的设计错误，校核的结果以对话框的形式显示在屏幕上，同时生成以一个可以打印的 HTML 文档，其中显示有节点的图形以及计算书。

协同工作方面，Tekla Structures 支持多个用户对同一个模型进行操作。当设计师需要建造大型项目时，多用户模式可以真正做到协同工作。设计师们可以在同一时刻对同一模型进行操作，即使他们位于不同的地点。这一强大的功能可以大大地节约时间，提高设计品质。Tekla Structures 包含有一系列的同其他软件的数据接口（如 AutoCAD、PDMS、Microstation、Frameworks Plus 等），它也集成了最新的 CIMsteel 综合标准 CIS/2，这些接口使得在设计的全过程中都能快速准确地传递模型。与上下游专业间有效的互联和互通可以使设计师整合设计的全过程，从规划、设计，直到加工、安装，这样的数据交流可以极大地提高产量，降低成本。

Tekla Structures 能够自动创建图纸和报表，设计师可以创建从总体布置图到任意样式的材料表。图纸编辑器中集成了全交互式的编辑工具，所以设计师的图纸永远可以被调整到最优状态。同时,图纸复制功能能够复制复杂的图纸风格,全面提高设计产量。由于中央数据库位于 Tekla Structures 的核心部位,不管设计师如何进行修改,报表、图纸永远都是最新的。其最显著的优点之一是可以非常容易地进行修改,不需要在模型巾删除任何构件,只要选中然后修改构件即可。此外,基于 BIM 的三维模型非常智能,它会自动对模型的修改作出调整,例如,如果修改了一根梁或者柱的长度或位置,Tekla Structures 会识别出该项改动,然后自动对相关的节点、图纸、材料表以及数控数据作出调整。

Tekla Structures 虽然是一种强大的设计工具,但针对它的全部功能,在学习和充分利用上却是相当复杂的。其参数化单元的能力令人印象深刻,但工作强度上需要具有更高水平的用户来操作。虽然 Tekla Structures 可以从其他应用软件中导入复杂曲面对象,但这些被导入的对象只能被引用却不能被编辑。此外,它的价格也相对昂贵。

7.4.2 施工类软件

BIM 参数模型具有多维属性,对于施工阶段,4D 模型的虚拟施工与 5D 模型的造价功能使建设项目各参与方能够更清晰地预见、控制和管理施工进度与工程造价,常见的 4D、5D 应用软件如下。

1.Navisworks Manage

Navisworks Manage 软件是 Autodesk 公司开发的用于施工模拟、工程项目整体分析以及信息交流的智能软件,其具体的功能包括模拟与优化施工进度、识别和协调冲突与碰撞、使项目参与方有效地沟通与协作,以及在施工前发现潜在的问题。Navisworks Manage 软件与 Microsoft Project 具有互用性,在 Microsoft Project 软件环境下创建的施工进度计划可以被导入到 Navis-works Manage 软件中,再将每项计划工序与 3D 模型的每一个构件一一关联,轻松实现施工模拟过程。

2.Project Wise Navigator

Project Wise Navigator 软件是 Bentley 公司于 2007 年发布的施工类 BIM 软件。Navigator 为管理者和项目组成员提供了协同工作的平台,他们可以在不修改原始设计模型的情况下,添加自己的注释和标注信息。Navigator 是一个桌面应用软件,它可以让用户可视化和交互式地浏览那些大型、复杂的智能 3D 模型。用户可以很容易并快速地看到设计人员提供的设备布置、维修通道,以及其他关键的设计数据。

　　Navigator 的功能还包括碰撞检查,能够让项目建设人员在施工前进行虚拟施工,尽早发现实际施工过程中的不当之处,可以降低施工成本,避免重复劳动和优化施工进度。

7.4.3 BIM 其他软件

1.建模类软件

　　在 2D 建模软件中,使用范围最广的 2D 建模类软件是 Autodesk 的 Auto-CAD 和 Bentley 的 MicroStation。在 3D 建模类软件中,常用的与 BIM 核心软件具有互用性的软件有 Google SketchUp、Rhino 和 FormZ。

2.可视化类软件

　　基于创建的 BIM 模型,与 BIM 具有互用性的可视化软件可以将其可视化的效果输出,常用的软件包括 3ds Max、Artlantis、Lightscape 与 AccuRender 等。

3.分析类软件

　　结构分析软件是目前与 BIM 核心建模软件互用性较高的软件,两者之间可以实现双向信息交换,即结构分析软件可对 BIM 模型进行结构分析,主要有 ETABS、STAAD、SAP2000、PKPM、YJK 等。

　　此外,可持续发展分析软件可以对项目的日照、风环境、热工、景观可视度、噪音等方面做出分析,主要软件有国外的 Ecotect、IES、GBS,以及国内的 PKPM 等;水暖电等设备和电气分析软件国内有鸿业、博超等,国外有 Design Master、IES Virtual Environment、Trane Trace 等。

7.5 BIM 协同设计

　　在传统的 CAD 设计过程中,设计工作者脑海中所构思的是建筑的三维形式,最终的设计结果也是对建筑三维形式的表达。但由于技术的限制,设计的主要方法是选择二维的图形并加以文字的表达来传递实际建筑的三维信息。随着技术的进步和发展,目前在设计阶段,已经实现了建筑信息的三维表达形式,或基于初期阶段 BIM 技术实现了建筑设计信息的数字式表达,但二维图形和文字表达来传递设计信息仍然是设计者主要选择的方法。为此,设计者不得不改变自己的思维方式,去制订相关的二维工程制图设计标准,去熟悉大量的二维投影表达规则。很明显,这种设计方法不利于设计信息的传递,且容易产生歧义和错误,更不利于不同专业之间信息的有效交换,人为地制造了各种信息孤岛。

7.5.1 协同设计的基本内涵

协同设计最原始的雏形是通过建筑设计企业的管理平台,由企业技术负责人基于业主的要求,召集不同专业的设计人员,定期召开商讨会议,或通过多媒体投影介绍各自专业的工作现状,现场解决和协调各专业的矛盾。这种会议在一项工程设计阶段一般会反复进行多次,直至项目设计工作顺利完成。

随着计算机技术的发展和信息集成技术在建筑业的应用,较为先进的协同设计是通过数据线将不同专业的设计者聚集在一起,在同一时间内去完成某项工程的设计任务。

最先进的协同设计是通过中间数据管理平台,集成协同设计的不同专业的设计数据信息,并通过共享所建立的中间数据信息模型(BIM)进行协同工作。这种协同设计的技术核心是要建立不同专业信息表达的统一标准(如IFC 标准),通过这个统一标准实现信息的交流和共享。

协同设计可以区分为广义协同和狭义协同两种概念。狭义协同设计是指企业内部集成不同专业之间共享数据信息的一种设计实践。对于狭义协同,目前在不同的建筑设计企业内部已经得以实现。从技术角度来说,由于企业内部可以充分整合设计资源,进行统一管理,因此,对于促进企业内部的狭义协同具有重要的推动作用。当前,国内外大多数的建筑设计企业和软件公司所推出的协同设计平台均属于狭义协同设计领域,图7-13 诠释了狭义协同设计。

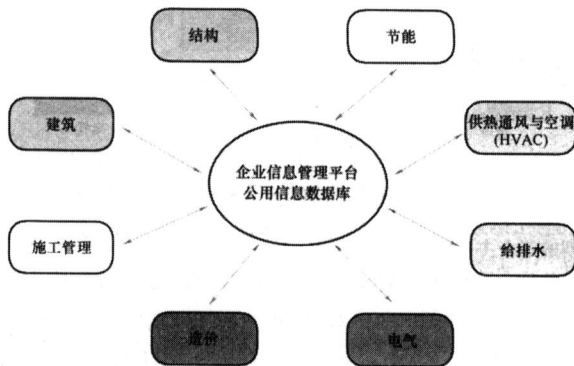

图 7-13　企业内部的狭义协同设计

广义协同设计是指不同建筑设计企业或软件公司之间能够共享数据信息、共同进行某项工程设计工作的一种实践。目前,协同设计的难点就在于广义协同设计的实现,怎样实现不同企业之间数据信息的交换和共享并制订相应的信息集成机制,正成为研究人员需要解决的技术难点。20 世纪 90 年代中期工程信息数据交换标准 IFC 的建立,以及 21 世纪初面向建筑全生命期 BIM 技术的应用和推广,对于推动广义协同设计实践的发展具有极其重要的作用。

7.5.2 BIM 促进协同设计的发展

　　BIM 是数字技术在工程中的直接应用,用来解决工程产品信息在软件中的描述问题,使设计人员和工程技术人员能够对各种信息做出正确的应对,为协同工作提供坚实的基础。单从协同设计的角度来看,BIM 由于是一种基于三维模型所形成的信息数据库,所以在技术上更适合于协同工作的模式。甚至可以这样说,BIM 和协同设计是密不可分的,因为 BIM 使各专业基于同一个模型平台进行工作,从而使真正意义上的三维集成协同设计成为可能。同时,由于 BIM 可以应用于工程项目的全生命期,所以为设计企业、施工企业、开发商、物业管理公司以及各相关单位之间的合作提供了良好的协同工作基础。同时,BIM 不仅给设计人员提供一个三维实体信息模型,还提供了材料信息、工艺设备信息、进度及成本信息等,这些信息的引入使各专业均可以采用 BIM 的数据进行计算分析或者统计,使各专业间的协同达到更高的层次。BIM 信息模型的创建过程是对工程生命期数据和信息进行积累、扩展、集成与应用的过程,目的是为工程生命期信息管理而服务。工程阶段信息流和 BIM 信息传递过程如图 7—14 所示。

　　BIM 可以促进支持工程生命期的信息管理,保证信息从一个阶段传递到另一个阶段的过程中不会发生信息流失,减少信息歧义和不一致的情况发生。建立一个面向工程生命期的 BIM 信息集成平台需要具体解决体系支撑、技术支撑、数据支撑和管理支撑四个方面的技术要素。

　　BIM 促进协同设计的过程中,信息的获取有两种方式。一种方式是在协同过程中由平台传输的,为设计人员所被动接受的信息,例如,下游专业参照了上游专业的设计信息,当上游专业修改设计信息时,协同设计平台将促使下游专业修改参照内容;另一种方式是由设计人员自己主动得到的信息,如上游专业将设计资料置于设计管理平台,下游专业从平台获取资料的过程。其实,在设计实践中,信息的获取通常是上述两种方式的结合。

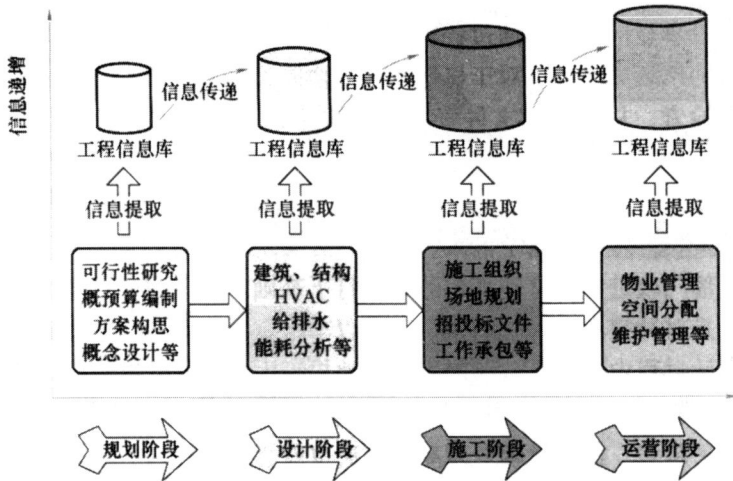

图 7—14　BIM 信息传递过程

7.6 BIM 可视化

7.6.1 可视化技术

1.概述

可视化技术正如本章开篇所述,可以简略地定义为通过图形的表现形式,进行信息传递、表达的过程。虽然当前的可视化一般是指利用计算机图形学和图像处理分析技术,将各种数据依据其特点转换为相应的图形图像,并提供界面实现人机交互工作,但是,早在计算机发明之前,可视化就已为人类广泛应用。从医学教科书中人们用素描刻画复杂的人体器官的形状和相互之间的空间关系,到科学家用各类曲线总结表示大量实验的结果并归纳出其内在规律,再到现代传染病学研究萌芽时期 John Snow 使用地图来作图分析 1854 年伦敦霍乱的传播,无不是可视化的具体案例。Charles J.Minard 的地图,通过线条的大小、颜色等表现 1812 年拿破仑入侵俄国这一宏大的历史事件,更是早期可视化的经典之作。随着计算机的发明和计算技术的快速发展,特别是计算机图形学的创立和繁荣,人们可以使用前所未有的手段以图形化的形式表现和刻画人类世界、探索未知的领域、获得新的知识。

现代意义上的可视化源自于计算机技术的发展,由于超级计算机的发展和数据获得技术的进步,数量日益庞大的数据使得人们不得不寻求新的、更为精密复杂的可视化算法和工具。1986 年,美国国家科学基金会主办了一次名为"图形学、图像处理及工作站专题讨论"的会议,旨在针对那些开展高级科学计算工作的研究机构,提出关于图形硬件和软件采购方面的建议。图形学(graphics)和视频学技术方法在计算科学方面的应用,当时乃是一项新的领域。上述专题组成员把该领域称为"科学计算之中的可视化",该专题组认为,科学可视化乃是正在兴起的一项重大的基于计算机的技术,需要美国政府大力加强对它的支持。

1990 年在美国加州旧金山举行的首届 IEEE(电气和电子工程师协会)可视化会议上,初次组建了一个由各学科专家组成的学术群体,标志了可视化作为独立学科的成形。作为可视化的另一个分支,信息可视化(information visualization)兴起稍晚,首届 IEEE 信息可视化会议于 1995 年在美国亚特兰大举办。可视分析(visual analytics)则是近年来新兴的通过交互可视界面来进行分析、推理和决策的交叉学科,是科学可视化和信息可视化的新发展。可视分析目前发展迅速,自 2006 年起有了独立的会议。需要注意的是由于可视化发展的传统,以上三个方向的 IEEE 年会每年都在一起举行。如前所述,可视化的三个方向——科学可视化、信息可视化、可视分析密切相关,同时又各有其特点,各有其研究内涵与外延。

2.应用领域

在计算机图形学当中,渲染是指利用计算机程序,依据模型生成图像的过程。其中,模型是采用严格定义的语言或数据结构而对于三维对象的一种描述,这种模型之中一般都会含有几何学、视角、纹理、照明以及阴影方面的信息,渲染所产生的图像则是一种数字图像或位图(又称光栅图)。计算机图形学中"渲染"一词可能是对艺术家渲染画面场景的一种类比。另外,渲染还用于描述为了生成最终的视频输出而在视频编辑文件之中计算效果的过程。表面渲染又称为表面绘制,立体渲染又称为体渲染、体绘制或者立体绘制,指的是一种用于展现三维离散采样数据集之二维投影的技术方法。通常情况下,这些图像都是按照某种规则的模式(例如,每毫秒一层)而采集和重建的。因而,在同样的规则模式下,这些图像分别都具有相同的像素数量。这些是一类关于规则立体网格的例子,其中,每个立体元素或者说体素分别采用单独一个取值来表示,而这种取值是通过在相应体素周围毗邻区域采样而获得的。

在制造业中,通过三维 CAD 软件,设计者不仅可以设计出产品的三维形状和拓扑关系,还可以表达出零件的装配次序。应用有限元分析软件,可以模拟产品的各种性能,通过对分析结果进行处理,实际上也就是通过可视化,显示出产品在承担载荷时的应力应变;通过数字化工厂仿真技术,可以对整个车间和生产线的布局进行仿真,并可以进行人机工程仿真;通过应用三维轻量化技术,可以建立立体的、互动式、多媒体的产品使用与维修手册。而虚拟现实技术能使人们进入一个三维的、多媒体的虚拟世界,在汽车、飞机等复杂产品的设计和使用培训过程中,得到了广泛的应用。

7.6.2 BIM 可视化的应用

1.设计趋于可视化

就设计可视化表现来说,BIM 本身就是一种可视化程度比较高的工具。由于 BIM 包含了项目的几何、物理和功能等完整信息,可以直接从 BIM 模型中获取需要的几何、材料、光源、视角等信息,因此不需要重新建立可视化模型。可视化的工作资源可以集中到提高可视化效果上来,而且可视化模型可以随着 BIM 设计模型的改变而动态更新,保证可视化与设计的一致性。由于 BIM 信息的完整性以及与各类分析计算模拟软件的集成,拓展了可视化的表现范围,如 4D 模拟、突发事件的疏散模拟、日照分析模拟等。

2.节能分析可视化

在建筑业可持续发展的时代,绿色建筑是特别值得的倡导理念。绿色建筑是指"在建筑的生命期内最大限度地节约资源(节能、节地、节水、节材),保护环境和减少污染,为人们提供健康、适用和高效的使用空间,与自然和谐共生的建筑"。绿色建筑的推广与发展的重要性不言而喻,它是传统的高消耗型发展模式转向高效绿色型发展模式的必经之路。以美国为例,美国能量总使用量中约 50% 是建筑物消耗的,大气中二氧化碳的排出量占 29%,生活中废弃物的产生量占 59%。此外,尚有 71% 的电力正在被建筑物所消耗。然而,这些建筑物若是采用亲环境的设计和建造理念,能量消耗、二氧化碳排出、废弃物的产生能够平均减少 30% 以上。这样的建筑更能符合循环经济和可持续发展的要求,从而能够实现建筑与环境的共存,如图 7—15 和图 7—16 所示。

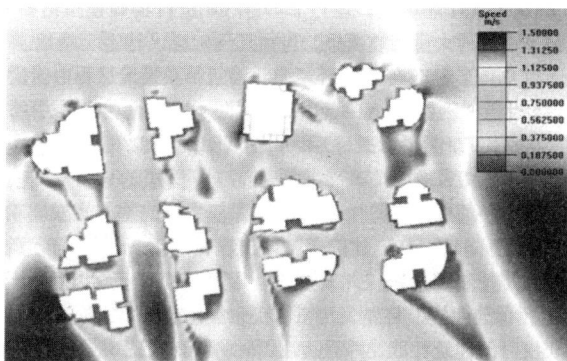

图 7—15　建筑群风环境分析

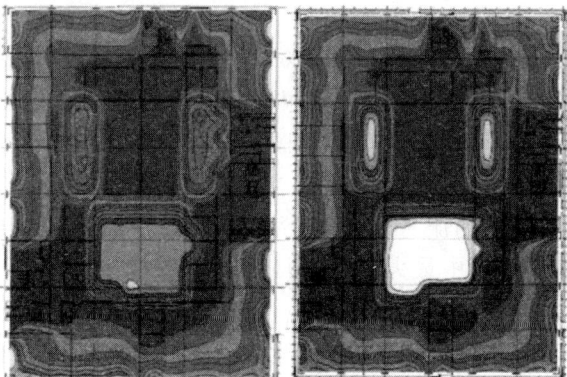

图 7—16　建筑物室内采光分析

3.虚拟施工

虚拟施工,即在融合 BIM、虚拟现实、可视化、数字三维建模等计算机技术的基础上,对建筑的施工过程预先在计算机上进行三维数字化模拟,真实展现建筑施工步骤,避免建筑设计中"错、漏、碰、缺"等现象的发生,从而进一步优化施工方案。利用 BIM 技术建立建筑的几何模型和施工过程模型,可以实现对施工方案进行实时、交互和逼真的模拟,进而对已有的施工方案进行验证和优化操作,逐步替代传统的施工方案编制方法。通过对施工过程进行三维模拟重现,能随时发现在实际施工中可能碰到的问题,提前避免和减少返工以及资源浪费现象,从而优化施工方案,最终提高建筑施工效率和品质。

运用 BIM 三维模型技术,建立用于进行虚拟施工、施工过程控制、成本控制的施工模型,结合可视化技术实现虚拟建造。

通过 BIM 获得的准确的工程量统计可以用于成本测算,用于在预算范围内不同设计方案的经济指标分析,用于不同设计方案工程造价的比较,以及用于施工开始前的工程预算和施工过程中的结算等。

4.智慧城市

不同技术间的融合和兼容将是智慧城市建设者需要优先考虑的，BIM 和 GIS 相结合将为智慧城市的建设带来新的思路和方法。人们所构筑的网络世界可以完全没有边际，但讽刺的是现实世界却越来越拥挤。为了满足居民和城市发展的需求，城市正在急速扩张，同时城市的信息系统也越来越复杂、精细，城市的发展会历经城镇—城市—数字城市—智慧城市的过程。智慧城市将是一个成熟技术的融合，不仅包含精准的城市三维建模，还有发达的城市传感网络、实时的城市人流监控等。

有了精确地采集手段，可以通过 GIS 平台存储、实时显示以及分析数据，再通过短信、彩信等方式及时通知公众。智能的应用程序需要测量城市中的资源流动，当然在任一情况下，传感网络都需要开放的标准来实现不同系统间灵活的和点对点的交互以实现信息的采集、分析和发布过程。作为智慧城市建设竞赛的领跑者之一，韩国正在推动一个特殊的建筑标准：通过普适计算和绿色技术一体化的服务管理平台对建筑进行管理。为了降低建筑的运营成本（是建筑生命期中最大的成本），未来的建筑将包括一个大型阵列传感装置和数据加工设备。

第 8 章　BIM 在建筑施工中的应用

　　BIM 在实际的运作中起了很重要的作用,如在施工前所做的准备工作,在现场临时施工规划,以及对工程造价的控制等,都在 BIM 中体现,本章主要讲的是 BIM 应用的策划与准备、基于 BIM 的深化设计与数字化加工、基于 BIM 的施工现场临时设施规划、基于 BIM 的工程造价过程控制。

8.1 BIM 应用的策划与准备

8.1.1 BIM 的应用概述

　　策划又称"策略方案"和"战术计划",是指为了达成某种特定的目标,借助一定的科学方法,为决策、计划而构思、设计、制作策划方案的过程。

　　策划的主要目的是用最低、最小的投入,获取最高的受益或达到预期的目的,得到更高的经济效益和社会效益。策划为实现目标,基于科学的调查与研究,将现有的资源根据现实的条件进行优化改革,通过细致的构思谋划,制订详细的、可操作性强的并在执行中可以进行完善的方案。

　　在一个项目中引入 BIM 技术,需要在应用前根据项目的特点和情况,进行详细周密的策划,开展准备工作。BIM 应用策划包括确定 BIM 应用目标、约定 BIM 模型标准、确定 BIM 应用范围、构建 BIM 组织构架、确定信息交互方式等内容。

8.1.2 BIM 实施之前对目标确定

　　在选择某个建设项目进行 BIM 应用实施之前,BIM 规划团队首先要为项目确定 BIM 目标,这些 BIM 目标必须是具体的、可衡量的,以及能够促进建设项目的规划、设计、施工和运营成功进行的。

　　有些 BIM 目标对应于某一个 BIM 应用,也有一些 BIM 目标需要若干个 BIM 应用共同完成。在定义 BIM 目标的过程中可以用优先级表示某个 BIM 目标对该建设项目设计、施工、运营的重要性。

　　BIM 需要达到什么样的目标?这是 BIM 实施前的首要工作,不同层次的 BIM 目标将直接影响 BIM 的策划和准备工作。

1.技术应用方面的简述

①从技术的角度阐述 BIM，主要是以提高技术水平为目标，采用的一项或者几项 BIM 技术，利用该强大的功能完成某项工作。例如：通过能量模型的快速模拟得到一个能源效率更高的设计方案，改善能效分析的质量；利用 BIM 模型结构化的功能，对模型中构件进行划分，从而进行材料统计的操作，最终达到材料管理的目的。

②从技术的应用层面来阐述，将 BIM 到达到某种技术为目标，是我国目前 BIM 技术提高的主要工作内容，主要是建设项目规划、设计、施工以及运营方面，采用先进的 BIM 技术，替代传统的技术，完成巨大的工程。

③从目前 BIM 应用情况来看，技术应用层面的 BIM 目标最易实现，所产生的经济效益和影响最明显，只有在技术领域内大量实现 BIM 应用，才有可能在管理领域采用 BIM 的思维方式。首先达到技术层面的 BIM 目标是实现建筑业信息化管理的前提条件和必经之路。

2.BIM 的项目管理层面简述

越来越多的工程项目，在招投标阶段就要求投标人具备相应的 BIM 团队规模、部门设置和 BIM 体系标准；在项目管理过程中要求承包方具备相应的 BIM 操作能力、技术水平和 BIM 管理经验。然而，目前 BIM 在项目管理层面的实施中出现了以下情形：

①投标中盲目响应招标文件的 BIM 要求；

②没有 BIM 执行标准和实施规划；

③团队东拼西凑，投标时设立的 BIM 部门和团队无法兑现落实；

④由于 BIM 标准的欠缺，模型质量低，BIM 操作能力和技术水平差强人意；

⑤BIM 技术仅停留在办公室，未落实到工程管理中。

为提高项目管理水平，采用 BIM 技术，按照 BIM"全过程、全寿命"辅助工程建设的原则，改变原有的工作模式和管理流程，建立以 BIM 为中心的项目管理模式，涵盖项目的投资、规划、设计、施工、运营各个阶段。

BIM 在实际运用中可以复杂多变，既可以是一种工具，也可以是一种管理技术，在建设项目中采用了 BIM 技术根本目的就是为了更好的管理，可以节约更多时间，有效地进行施工操作。BIM 可以在项目管理早期中应用，这样才能在整个项目"生根"，有了发展空间，才能节省了人力物力，获取预期的效果。

8.1.3 BIM 模型约定及策划

在 BIM 应用过程中,BIM 模型是最基础的技术资料,所有的操作和应用都是在模型基础上进行的。

BIM 模型的约定及策划,根据理想的情况可分为三个阶段:

①BIM 模型在建设过程初期,是根据设计单位设定好的模型,并在此模型基础之上有合理的规划、设计等工序。

②在施工阶段,该模型就要移交给施工承包单位,施工承包单位在此基础上,完成从模型到实际工作的过程,并对工程进行添加,直到竣工。

③到了运维阶段,业主或运维单位在该模型基础上,制定项目运营维护计划和空间管理方案,进行应急预案制定和人流疏散分析,查阅检索机电设备信息等。

然而,在现实操作中,BIM 模型的来源不尽相同。有设计单位提供的设计模型,也有 BIM 咨询单位为责任人构建模型,更多的情况是施工单位自行建模。

在施工的过程中,模型的质量起到很关键作用。模型质量的好坏,将会影响着 BIM 应用的优劣,在深入思考,将会影响实际效果。无论你从哪种渠道采购的模型,都需要建立在 BIM 规则和操作标准上达成统一的规定的基础上,根据构想和建设的模型完成严格的审核。

模型的划分与具体工程特点密切相关。以超高层建筑建模为例,可按单体建筑物所处区域划分模型,对于结构模型可针对不同内容,再分别建立子模型。BIM 模型的构建方式是围绕不同的 BIM 应用展开的,有什么样的 BIM 应用,就要相应执行什么样的建模原则。

构建模型需遵循如下三个基本原则。

1.一致性原则

模型必须与 2D 图纸一致,模型中无多余、重复、冲突构件。

在项目各个阶段(方案、扩初、深化、施工、竣工),模型要跟随深化设计及时更新。模型反映对象名称、材料、型号等关键信息。

2.合理性原则

模型的构建要符合实际情况,例如,施工阶段应用 BIM 时,模型必须分层建立并加入楼层信息,不允许出现一根柱子从底层到顶层贯通等与实际情况不符的建模方式。墙体、柱结构等跨楼层的结构,建模时必须按层断开建模,并按照实际起止标高构建。

3.准确性原则

梁、墙构件横向起止坐标必须按实际情况设定,避免出现梁、墙构件与柱重合情况。楼板与柱、梁的重合关系应根据实际情况建模。

(1)设计单位交付模型

设计方完成施工图设计,同时提交业主 BIM 模型,通过审查后交付施工阶段使用,为保证 BIM 工作质量,对模型质量要求如下:

①所提交的模型,必须都已经经过碰撞检查,无碰撞问题存在;

②严格按照规划的建模要求创建模型,深度等级达到 LOD 300;

③严格保证 BIM 模型与二维 CAD 图纸包含信息一致;

④根据约定的软件进行模型构建;

⑤为限制文件大小,所有模型在提交时必须清除未使用项,删除所有导入文件和外部参照链接;

⑥与模型文件一同提交的说明文档中必须包括模型的原点坐标描述、模型建立所参照的 CAD 图纸情况。

(2)施工单位交付模型

施工方完成施工安装,同时提交业主 BIM 模型,即为竣工模型,通过审查后将其交付运维阶段,作为试运营方在运营阶段 BIM 实施的模型资料,为保证 BIM 工作质量,对竣工模型质量要求如下:

①所提交的模型,必须都已经经过碰撞检查,无碰撞问题存在;

②严格按照规划的建模要求,在施工图模型 LOD300 深度的基础上添加施工信息和产品信息,将模型深化到 LOD500 等级;

③严格保证 BIM 模型与二维 CAD 竣工图纸包含信息一致;

④深化设计内容反映至模型;

⑤施工过程中的临时结构反映至模型;

⑥竣工模型在施工图模型 LOD300 深度的基础上添加以下信息:生产信息(生产厂家、生产日期等)、运输信息(进场信息、存储信息)、安装信息(浇筑、安装日期,操作单位)和产品信息(技术参数、供应商、产品合格证等)。

8.1.4 模型更新

BIM 模型在使用过程中,由于设计变更、用途调整、深化设计协调等原因,将伴随大量的模型修改和更新工作,事实上,模型的更新和维护是保证 BIM 模型信息数据准确有效的重要途径。模型更新往往遵循以下规则:

①已出具设计变更单,或通过其他形式已确认修改内容的,需即时更新模型;

②需要在相关模型基础上进行相应 BIM 应用的,应用前需根据实际情况更新模型;

③模型发生重大修改的,需立即更新模型;

④除此之外,模型应至少保证每 60 天更新一次。

8.1.5 BIM 实施总体安排

1.BIM 实施的总体思路

有什么样的 BIM 目标就对应什么样的 BIM 实施总体安排,并由目标衍生出对应的 BIM 应用,再根据 BIM 应用制定相应的 BIM 流程。由 BIM 目标、应用及流程确定 BIM 信息交换要求和基础设施要求。

在实际操作过程中,根据项目的特点,结合参建各方对 BIM 系统的实际操控能力,对比 BIM 主导单位制定的目标,可在施工过程中实施的 BIM 应用有:模型维护、深化设计、施工方案拟定、施工总流程演示、工程量统计、材料管理、现场管理等。

2.信息交互方式

前文讲了好多关于 BIM 技术模型和应用,在实际中,我国 BIM 技术还停留在操作方面,由于缺少建筑模型的管理,在实际操作中,具体表现在:还未建立适合 BIM 发展的管理模型;还未建立适合的工作流程。总之,还未建立一个适合信息交互的协调发展信息平台。

工程项目信息管理面临着如下的挑战:

①虽然有多种三维 BIM 软件技术的应用,但缺乏统一的数据管理平台,对于建立 BIM 模型后如何深入应用,缺乏有效管理手段。

②虽然计算机日常工作已经普及,但大量工程信息分散存储在终端电脑,缺乏集中的信息交流与沟通管理平台,诸如施工变更、采购信息、项目计划等信息无法及时有效地进行传递。

③虽然应用了部分自动化办公及项目工程管理软件,但还未建立基于 BIM 三维可视化的项目协同管理平台,实现三维模型基础上的项目全过程管理。

④虽然工程项目后期都会进行项目归档,但缺乏有效的手段在项目进行过程中进行实时存档、记录;结合三维模型,通过管理流程及表单规范项目操作,便于及时追溯及查询,同时作为知识库进行积累和沉淀。

8.2 基于 BIM 的深化设计与数字化加工

8.2.1 关于 BIM 的概述

随着我国的科学技术高速发展,BIM 也在完善,BIM 在企业整体规划中不断地成熟与进步,这样的成熟表现在从项目级别上升到了企业级别,还从设计企业到了施工企业。BIM 处于关键性的阶段,基于深化设计和数字化加工,在日益大型化、复杂化的建筑项目中显露出相对于传统深化设计、加工技术无可比拟的优越性。这样的技术有别于传统的二维深化设计技术,BIM 技术更能深刻的表现出施工图的深度、高效率和准确度。BIM 是一个数字化加工技术的巅峰性的突破,从各个环节都做好了充分的准备工作,为数字化加工技术打下了坚实的基础。

这样的技术应用在重大建筑中都有完美的表现,如 2008 年北京奥运会水立方的建筑、2010 年上海世博会的建筑、2012 年伦敦奥运会主会馆,上海迪士尼乐园的建筑等,这些项目都运用了 BIM 的技术。通过 BIM 技术平台的深化设计和数字化加工有效的结合,就可以实现深化设计,通过 BIM 新型的应用技术,实现以创新的理念驱动行业间的交流与协作,充分发挥各自领域内的技术优势,创造建筑行业设计、安装新型产业链,开启全新施工模式。

8.2.2 基于 BIM 的深化设计

深化设计的类型可以分为专业性深化设计和综合性深化设计。专业性深化设计基于专业的 BIM 模型,主要涵盖土建结构、钢结构、幕墙、机电各专业、精装修的深化设计等。综合性深化设计基于综合的 BIM 模型,主要对各个专业深化设计初步成果进行校核、集成、协调、修正及优化,并形成综合平面图、综合剖面图。

传统的设计沟通主要是通过平面图来看效果,沟通意见,立体空间,全靠丰富经验的人来构想。即使在讨论阶段获得了共识,在实际操作执行中也会出现漏洞或者错误,遇到这样的情况就会需要重新施工。如果将 BIM 技术引入到这个专业的环节当中,如果遇到了错误,将会在立体空间里提现,并从虚拟的空间里来模仿现实的效果,这样的效果将会快速地找到症结点,也可以同其他专业人员检查视觉上的盲点。

BIM 在建筑行业中是模拟建筑与现实成果建筑的桥梁,即使是没有掌握相关专业的人员也可以参与其中。通过各方面的人员进行讨论,可以减少设计的变更次数,BIM 的深化设计和加工可以获得最强的时效性,也是目前阶段最合理的模拟建筑,因此导出的施工图可以帮助各专业施工有序合理地进行,提高施工安装成功率,进而减少人力、材料以及时间上的浪费,一定程度上降低施工成本。

通过 BIM 的精确设计后,可大大降低专业间交错碰撞,且各专业分包利用模型开展施工方案、施工顺序讨论,可以直观、清晰地发现施工中可能产生的问题,并给予提前解决,从而大量减少施工过程中的误会与纠纷,也为后阶段的数字化加工、数字建造打下坚实基础。

深化设计在整个项目中处于衔接初步设计与现场施工的中间环节,通常可以分为两种情况。其一,深化设计由施工单位组织和负责,每一个项目部都有各自的深化设计团队;其二,施工单位将深化设计业务分包给专门的深化单位,由该单位进行专业的、综合性的深化设计及特色服务。这两种方式是目前国内较为普遍的运用模式,在各类项目的运用过程中各有特色。所以,施工单位的深化设计需根据项目特点和企业自身情况选择合理的组织方案。

下面介绍一套通用组织方案和工作流程供参考。

1.深化设计的组织架构

深化设计工作涉及诸多项目参与方,有建设单位、设计单位、顾问单位及承包单位等。由于 BIM 技术的应用,原项目的组织架构也发生相应变化,在总承包组织下增加了 BIM 项目总承包及相应专业 BIM 承包单位。

2.深化设计的成果交付

建筑生命周期概念的引入,BIM 成果交付问题也显露出来。BIM 是一项贯穿于设计、施工、运维的应用,其基于信息进行表达和传递的方式是 BIM 信息化工作的核心内容。根据建筑模型的需要,二维深化图纸已经远远不能满足交付所要到达的要求,因为整个建筑技术行业都在发展,所以,在实际操作的过程中,应该采用以 BIM 深化模型技术为主,二维深化图纸为辅的一整套成果交付体系。这样操作的主要目的是:

①为了参与者之间方便提供精确的动态和数据。
②提供多种方案,可供选择,每个方案都匹配着立体图和二维图纸效果。
③提供各参与方深化施工阶段不同专业间的综合协调情况。
④为业主后期运维开展提供完善的信息化模型。
⑤为相关的二维深化图纸以及表单文本交付提供相关联动依据。
目前中国的 BIM 技术处于起步初期,对于 BIM 成果交付问题虽有部分

探究，但尚停留在设计阶段，对于深化施工阶段的 BIM 成果交付并未做详尽探讨和研究。故本书就深化设计阶段从 BIM 交付物内容、成果交付深度方面进行论述。

（1）BIM 交付物内容

BIM 深化设计交付物是指在项目深化设计阶段的工作中，基于 BIM 的应用平台按照标准流程所产生的设计成果。它包括各个专业深化设计的 BIM 模型；基于 BIM 模型的综合协调方案；深化施工方案优化方案；可视化模拟三维 BIM 模型；由 BIM 三维模型所衍生出的二维平立剖面图、综合平面图、留洞预埋图等；由 BIM 模型生成的参数汇总、明细统计表格、碰撞报告及相关文档等。整个深化设计阶段成果的交付内容以 BIM 模型为核心内容，二维深化图纸及文表数据为辅。同时，交付的内容应该符合签署的 BIM 商业合同，按合同中要求的内容和深度进行交付。

（2）BIM 成果交付深度

中华人民共和国住房和城乡建设部于 2008 年颁布了最新的《建筑工程设计文件编制深度规定》。该规定对深化施工图设计阶段详尽描述了建筑、结构、电气、给排水、暖通等专业的交付内容及深度规范，这也是目前设计单位制定本企业设计深度规范的基本依据。BIM 技术的应用并不是颠覆传统的交付深度，而是基于传统的深度规定制订出适合中国建筑行业发展的 BIM 成果交付深度规范。同时，该项规范也可作为项目各参与方在具体项目合同中交付条款的参考依据。根据不同的模型深度要求，目前国内应用较为普遍的建筑信息也有等级划分。

8.2.3 基于 BIM 的数字化加工

目前阶段，我国的施工企业大多采用的是传统的加工技术，许多的建筑都是通过二维图勾画出来的，设计师的手工画模型加上一些细节是用某些软件加工出来。但是这种传统的加工技术，从某些方面来说是有弊端的，有些设计师在工作中，所使用的每一张纸都是通过公司的采供，也不节约成本。但是为了保证环保的顺利进行，设计师在每个加工的细节都要认真的端详，保持加工详图与原设计图的一致性；再加上后期的一些环节，都要保证出错率达到最低。有了 BIM 的实施，一些传统加工技术正在下滑，因为在实际操作中，出错率很大，既不能节省人力物力，也不环保，更不能精确的提现出加工设计的数据，所以目前我国在某些建筑行业正在下滑。

而 BIM 是建筑信息化大革命的产物，能贯穿建筑全生命周期，保证建筑信息的延续性，也包括从深化设计到数字化加工的信息传递。基于 BIM 可以准确地、不遗漏地传递着加工单位的加工信息，这个信息的传递可以是直接的 BIM 模型传递，也可以是 BIM 技术和传统的技术相结合的传递，总之要达到数据和模型的精确性。通过发挥更多的 BIM 数字化的优势，将大大提高建筑施工的生产效率，推动建筑行业的快速发展。

建筑行业也可以采用 BIM 模型与数字化建造系统的结合来实现建筑施工流程的自动化，尽管建筑不能像汽车一样在加工好后整体发送给业主，但建筑中的许多构件的确可以预先在加工厂加工，然后运到建筑施工现场，装配到建筑中（如门窗、预制混凝土构件和钢构件、机电管道等）。通过数字化加工，可以自动完成建筑物构件的预制，降低建造误差，大幅度提高构件制造的生产率，从而提高整个建筑建造的生产率。

1. 在实际加工中，首要解决的问题

①加工构件的几何形状及组成材料的数字化表达；
②加工过程信息的数字化描述；
③加工信息的获取、存储、传递与交换；
④施工与建造过程的全面数字化控制。

BIM 技术的应用能很好地解决上述这些问题，要实现数字化加工，首先必须要通过数字化设计建立 BIM 模型，BIM 模型能为数字化加工提供详尽的数据信息，在前文中论述的基于 BIM 的深化设计模型是数字化加工开展的基本保证，在完成 BIM 深化后的模型基础上，要确保数字化加工顺利有效地进行，还有一些注意要点需在数字化加工前进行准备。

2. 数字化加工准备需要注意要点

①深化设计方、加工工厂方、施工方图纸会审，检查模型和深化设计图纸中的错漏碰缺，根据各自的实际情况互提要求和条件，确定加工范围和深度，有无需要注意的特殊部位和复杂部位，并讨论复杂部位的加工方案，选择加工方式、加工工艺和加工设备，施工方提出现场施工和安装可行性要求。
②根据三方会议讨论的结果和提交的条件，把要加工的构件分类。
③确定数字化加工图纸的工作量、人力投入。
④根据交图时间确定各阶段任务、时间进度。
⑤制定制图标准，确定成果交付形式和深度。
⑥文件归档。

待数字化加工方案确定后，需要对 BIM 模型进行转换。BIM 模型中所蕴含的信息内容很丰富，不仅能表现出深化设计意图，还能解决工程里的许多问题，但如果要进行数字化加工，就需要把 BIM 深化设计模型转换成数字化加工模型，加工模型比设计模型更详细，但也去掉了一些数字化加工不需要

的信息。

3.模型转化为数字化加工模型步骤

①需要在原深化设计模型中增加许多详细的信息（如一些组装和连接部位的详图），同时根据各方要求（加工设备和工艺要求、现场施工要求等）对原模型进行一些必要的修改。

②通过相应的软件把模型里数字化加工需要的且加工设备能接受的信息隔离出来，传送给加工设备，并进行必要的数据转换、机械设计以及归类标注等工作，实现把 BIM 深化设计模型转换成预制加工设计图纸，与模型配合指导工厂生产加工。

4.BIM 数字化加工模型的注意事项

①要考虑到精度和容许误差。对于数字化加工而言，其加工精度是很高的，由于材料的厚度和刚度有时候会有小的变动，组装也会有累积误差，另外还有一些比较复杂的因素如切割、挠度等也会影响构件的最后尺寸，所以在设计的时候应考虑到一些容许变动。

②选择适当的设计深度。数字化加工技术不要太过于简单，但是也不要太过于详细，如果太简单的话，只有专业人士能看懂或者听懂，但是其他非专业人士，像在天书的世界里是其一，其二是太过于简单的话，如有问题及时发现不了；但是也不能过于详细，过于详细的化不仅浪费了很多时间，还延拓了工程进度。根据实际的经验得出，如果加工信息模型里的核心信息越多，也就越有利于其他相关专业的协调，就越能提早的发现问题所在。所以在加工前最好预先向加工厂商的工程师了解加工工艺过程及如何利用数字化加工模型进行加工，然后选择各阶段适当的深度标准，制定一个设计深度计划。

③处理好多个应用软件之间的数据兼容性。由于是跨行业的数据传递，涉及的专业软件和设备比较多，就必然会存在不同软件之间的数据格式不同的问题，为了保证数据传递与共享的流畅和减少信息丢失，应事先考虑并解决好数据兼容的问题。

对于 BIM 数字化加工技术的优点在这里不多讲，但是在使用中，此技术也不是完美的。例如，在加工构件时，若果遇到非常复杂，非常特别的工程，此时就会费时费力，凸显不出该技术的优势效果。所以，大量的加工重复构件时，数字化加工技术可以带来客观的经济效益，比传统的加工技术要节约时间，节约材料，采购优化。不在现场加工构件也能减少人力，并能解决现场加工场地不足的问题。

此外，由于构件被提前加工制作好了，这样就能在需要的时候及时送到现场,不提前也不拖后,可加快构件的放置与安装。同时,基于 BIM 技术的数字化加工大大减少了因错误理解设计意图或与设计师交流不及时导致的加工错误。而且,工厂的加工环境和加工设备都比现场要好得多,工厂加工的构件质量也势必比现场加工的构件质量更有保障。

8.2.4 加工过程要对数字复核

现场加工完成的成品,由于受各种因素的影响,将会出现误差,在施工中也会有偏差,所以,在构件加工完成后,要对构件进行质量的检查和复核。传统的检验方法是现场采取预拼装的成品构件是否合格,复核过程主要是手工的方法进行数据的采集,对于一些大型的构件,使用传统的检验方法,将会出现误差的问题,复核的数据也是不精确的。如果使用的是数字化复核技术,不仅能减少误差,还可以高效率的工作。数字化复核技术是采用了现代技术进行检验,使用先进设备进行测量,如激光、3D 扫描仪等。检验构件是否合格,在检验的过程中,还可以与 BIM 施工模型进行对比,判断出误差是多少,是否需要设置相关调整预留段以消除其误差,或对于超出误差接受范围之外的构件进行重新加工。是否和期初模型一样。这种先进的设备在负荷过程中也需要注意的问题有:

1.测量工具要和构件相符

测量工具的选择,要根据工程实际情况,如成本、工期、复杂性等,不仅要考虑测量精度的问题,还要考虑测量速度的因素,如 3D 扫描仪具有进度快但精度低的特点,而全站仪则具有精度高、进度慢的特点。

2.对于软件的选择

扫描完成后需要把数据从扫描仪传送到计算机里,这就需要选择合适的软件,这个软件要能读取扫描仪的数据格式并转换成能够使用的数据格式,实现与测量工具的无缝对接。另外,这个软件还需要能与 BIM 模型软件兼容,在基于 BIM 的三维软件中有效地进行构件虚拟预拼装。

3.预拼装方案的确定

要根据各个专业的特性对构件的体积、重量、施工机械的能力拟定预拼装方案。在进行数字化复核的时候,预拼装的条件应做到与现场实际拼装条件相符。

8.2.5 数字化物流与作业指导

在没有使用 BIM 技术之前,建筑行业的相关人员就去现场考察,人为的填写表格和报告,如果相关的负责人不能及时到达施工现场,则无法进行下一步的操作,尤其是物流方面的工作,如果负责经理没有同意签字,无法验证运输、领料等工作,这种传统的行业操作不仅影响了整体的效率,还管理方面有缺陷。二维码和 RFID 作为一种现代信息技术已经在国内物流、医疗等领域得到了广泛的应用。同样,在建筑行业的数字化加工运输中,也有大量的构件流转在生产、运输及安装过程中,如何了解它们的数量、所处的环节、成品质量等情况就是需要解决的问题。

二维码和 RFID 在项目建设的过程中,主要是利用物流和仓库贮存的管理,如今对 BIM 的应用,在管理方面,更加完善。具体的操作过程为:在数字化物流操作中,可以给每一个建筑都贴上一个二维码的标间,埋入芯片里,这个二维码就是该建筑的所有信息,相当于"身份证"的效果;再扫二维码的标志,信息就会立即传送在电脑里,可以进行相关的操作。

二维码和 RFID 芯片所包含的信息,都应该同步录入 BIM 模型里,通过 BIM 技术,更加方便快捷的进行下一步的工作,在物流运输上,还可以随时跟踪构件运输和安装的情况,所有的构件全程了解,才方便为建筑后期做准备。数字化物流的作业指导模式从设计开始直到安装完全可以随时传递它们的状态,从而达到把控构件的全生命周期的目的。二维码和 RFID 技术对施工的作业指导主要体现在:

1. 构件进场的指导工作安排

如前文所述,BIM 模型里的构件信息和实际的构件二维码的信息是一致的,这样就能保证施工人员每天需要什么构件,每天的工作量,每天的工作进度等,运输人员可以把每天所需的构件按时送往施工现场,这样的操作摆脱了传统的一次性把所有需要的材料运往施工现场,既能节省空间,也可以缩短工期。工地也不需要等所有的构件都加工完成才能开始施工,而是可以工厂加工和工地安装同步进行,即工厂先加工第一批构件,然后在工地安装第一批构件的同时生产第二批构件,如此循环。

2. 对构件安装过程的指导

施工员在领取构件时,对照 BIM 模型里自己的工作区域和模型里构件的信息,就可以通过扫描实际构件上的二维码或 RFID 芯片很迅速地领到对应的构件,并把构件吊装到正确的安装区域。而且在安装构件时,只要用手持设备先扫描一下构件上的二维码或 RFID,再对照 BIM 模型,就能知道这个构件是应该安装在什么位置,这样就能减少因构件外观相似而安装出错,造成成本增加、工期延长。

3.信息录入的指导

施工人员在领取构件时,可以通过扫描二维码的形式录入自身信息、取件时间、构件吊装等信息;在吊装时参与的工作人员都需要通过扫描二维码时录入个人信息。在安装完成后,应该通过扫描构件上的二维码或 RFID 芯片确认构件安装完成,并输入安装过程中的各种信息,同时将这些信息录入到相应的 BIM 模型里,等待监理验收。在安装过程信息的时候,应该考虑到当天的气候环境、安装设备、方案、时间等详细的信息,都要录入,此时的 BIM就会得到完整得多的信息,提供大家参考,也让领导知道从工期开始到竣工一系列的数据。

4.对施工构件验收的指导

当一批构件安装完成后,监管的人员要对安装好的构件进行验收,主要目的是要检验安装是否合格,此时,BIM 技术就会起到关键作用,监理可以利用 BIM 模型里的信息,和相关的知识,进行判断。在此期间,还可以看到哪些构件是安装完成,哪些构件是待安装的,对于这些信息都会一目了然。通过BIM 信息技术和 RFID 信息以及二维码,一项项核对,如果信息一致,证明这些构件是符合国家的相关标准。同时也可以检验其他的验收,所有的信息结果都在 BIM 模型里,当然了 RFID 信息和二维码的信息也都是有的。同样,这种二维码或 RFID 技术对构件验收的指导和管理也可以被应用到项目的阶段验收和整体验收中以提高施工管理效率。

5.对施工人力资源组织管理的指导

在该项目开始时,对于新兴数字化物流信息要求每个员工(参与该项目的人员)都要给予一个与项目相对应的二维码或者 RFID 芯片实行管理。二维码或者 RFID 芯片含有的信息包括个人基本信息、岗位信息、工种信息等。与该项目相对应的工作人员,在工作之前和工作结束之后都要对这些信息录入系统,负责的区域、工种的内容都要录入。这样,这些信息就会传送到 BIM模型里,该模型有专业人员所管理。

通过这种方法,施工管理者可以很方便地统计每天、每个阶段、每个区域的人力分布情况和工作效率情况,根据这些信息,可以判断出人力资源的分布和使用情况,当出现某阶段或某区域人力资源过剩或不足时,就可以及时调整人力资源的分布和投入,同时也可以预估并指导下一阶段的施工人力资源的投入。这种新型的数字化物流技术对施工人力资源管理的方法可以及时避免人力资源的闲置、浪费等不合理现象,大大提高施工效率、降低人力资源成本、加快施工进度。

6. 对施工进度的管理

二维码、RFID 芯片数字标签的最大的特点和优点就是信息录入的实时性和便捷性,即可随时随地通过扫描自动录入新增的信息,并更新到相应的 BIM 模型里,保持 BIM 模型的进度与施工现场的进度一致,也就是说,施工现场在建造一个项目的同时,计算机里的 BIM 模型也在同步地搭建一个与施工现场完全一致的虚拟建筑,那么施工现场的进度就能最快最真实地反映在 BIM 模型里,这样施工管理者就能很好地掌握施工进度并能及时调整施工组织方案和进度计划,从而达到提高生产效率、节约成本的目的。

7. 对运营维护的作业指导

验收完成后,所有构件上的二维码或 RFID 芯片就已经包含了在这个时间点之前的所有与该构件有关的信息,而相应的 BIM 模型里的构件信息与实际构件上二维码或 RFID 芯片里的信息是完全一致的,这个模型将交付给业主作为后期运营维护的依据。在后期使用时,将会有以下情况需要对构件进行维护,一种是构件定期保养维护(如钢构件的防腐维护、机电设备和管道的定期检修等),另一种是当构件出现故障或损坏时需要维修,还有一种就是建筑或设备的用途和功能需要改变时。

对于构件定期保养,由于构件上的二维码或 RFID 信息已经全部录入到了 BIM 模型里,那么在模型里就可以设置一个类似于闹钟的功能,当某一个或某一批构件到期需要维护时,模型就会自动提醒业主维修,业主则可以根据提醒在模型中很快地找到需要维护的构件,并在二维码或 RFID 信息里找到该构件的维护标准和要求。维护时,维护人员通过扫描实际构件上的二维码或者 RFID 信息来确认需要维护的构件,并根据信息里的维护要求进行维护。维护完成后将维护单位、维护人员的信息以及所有与维护相关的信息(如日期、维护所用的材料等)输入到构件上的二维码或 RFID 里,并同时更新到 BIM 模型里,以供后续运营维护使用。而当有构件损坏时,维修人员通过扫描损坏构件上的二维码或 RFID 芯片来找到 BIM 模型里对应的构件,在 BIM 模型里就可以很容易地找到该构件在整个建筑中的位置、功能、详细参数和施工安装信息,还可以在模型里拟定维修方案并评估方案的可行性和维修成本。维修完成后再把所有与维修相关的信息(包括维修公司、人员、日期和材料等)输入到构件上的二维码或 RFID 里并更新到 BIM 模型里,以供后续运营维护使用。如果由于使用方式的改变,原构件或设备的承载力或功率等可能满足不了新功能的要求,需要进行重新计算或评估,必要时应进行构件和设备的加固或更换,这时,业主可以通过查看 BIM 模型里的构件二维码或 RFID 信息来了解构件和设备原来的承载力和功率等信息,查看是否满足新使用功能的要求,如不满足,则需要对构件或设备进行加固或更换,并在更改完成后更新构件上的和 BIM 模型里的电子标签信息,以供后续运营维护使用。由此可见,二维码、RFID 技术和 BIM 模型的结合使用极大地方便了业主对建筑的管理和维护。

8. 对产品质量、责任追溯的指导

当构件出现质量问题时,也可以通过扫描该构件上的二维码或 RFID 信息,并结合质量问题的类型来找到相关的责任人。

综上,通过采用数字化物流的指导作业模式,数字化加工的构件信息就可以随时被更新到 BIM 模型里,这样,当施工单位在使用 BIM 模型指导施工时,构件里所包含的详细信息能让施工者更好地安排施工顺序,减少安装出错率,提高工作效率,加快施工进程,加强对施工过程的可控性。

8.3 基于 BIM 的施工现场临时设施规划

8.3.1 对于 BIM 施工现场的概述

随着 BIM 技术在国内施工应用的推进,目前已经从原先的利用 BIM 技术做一些简单的静态碰撞分析,发展到了如何利用 BIM 技术来对整个项目进行全生命周期应用的阶段。

一个项目从施工开始着手工作,首先,要面对的是对将来整个项目的合理规划,现场的合理布置等。其次,要尽可能地减少将来大型机械和临时设施反复调整,要多利用大型机械设施的性能。以往做临时场地布置时,是将一张张平面图叠起来看,考虑的因素难免有缺漏,往往等施工开始时才发现不是这里影响了垂直风管安装的施工,就是那里影响了幕墙结构的施工。

如今将 BIM 技术提前应用到施工现场临时设施规划阶段就是为了避免上述可能发生的问题,从而更好地指导施工,为施工企业降低施工风险与运营成本。

8.3.2 大型施工设施的规划

重型塔吊往往是大型工程中不可或缺的部分,它的运行范围和位置一直都是工程项目计划和场地布置的重要考虑因素之一。如今的 BIM 模型往往都是参数化的模型,利用 BIM 模型不仅可以展现塔吊的外形和姿态,也可以在空间上反映塔吊的占位及相互影响。

上海某超高层项目大部分时间需要同时使用 4 台大型塔吊,4 台塔吊相互间的距离十分近,相邻两台塔吊间存在很大的冲突区域,所以在塔吊的使用过程中必须注意相互避让。在工程进行过程中存在 4 台塔吊可能相互影响的状态:

①相邻塔吊机身旋转时相互干扰。
②双机抬吊时塔吊巴杆十分接近。
③台风时节塔吊受风摇摆干扰。
④相邻塔吊辅助装配塔吊爬升框时相互贴近。

8.3.3 施工电梯规划

在现有的建筑场地模型中,可以根据施工方案来虚拟布置施工电梯的平面位置,并根据 BIM 模型直观地判断出施工电梯所在的位置,与建筑物主体结构的连接关系,以及今后场地布置中人流、物流的疏散通道的关系。还可以在施工前就了解今后外幕墙施工与施工电梯间的碰撞位置,以便及早地出具相关的外幕墙施工方案以及施工电梯的拆除方案。

1.平面规划

在以往的很多施工项目案例中,施工电梯布置的好坏,往往能决定一个项目的施工进度与项目成本。

施工电梯从某个角度来说就是一整个项目过程中的"快递员",主要担负着项目物流和人流的垂直运输作用。如果能合理地、最大限度地利用施工电梯的运能,将大大加快施工进度。尤其是在项目施工到中后期,砌体结构、机电和装饰这 3 个专业混合施工时显得尤为重要。同时也能通过模拟施工,直观地看出物流和人流的变化值,从中能提前测算出施工电梯的合理拆除时间,为外墙施工收尾争取宝贵的时间,以确保施工进度。

施工电梯的搭建位置还会直接影响建筑物外立面施工。通过前期的 BIM 模拟施工,将直观地看出其与建筑外墙的一个重叠区,并能提前在外墙施工方案中解决这一重叠区的施工问题,对外墙的构件加工能起到指导作用。

2.对于施工的方案模拟演练

如果对施工电梯进行规划方案时,首先,要考虑的就是施工电梯的通道、高度和运载量。如果按照传统的方式方法来操作,都是通过以往的实践过程得出参考数据和相关的项目经验,这些数据是否对该工程有用,起到什么样的效果,还不知道,也无法确认。如果利用高科技的软件 Revit 软件的建筑模型来选择施工的方案,再让专业人员将这些信息转送到 BIM5D 软件内,选择进度计划与模型的构件一一相对应,再通过 BIM5D 软件对该数据和模型进行分析,能准确地快速地知道整个项目高峰期、平稳期施工的劳动力数据。通过这种方式进行计算,就会知道该方案和规划的可行性,同时也对施工的安全性提出了指导性的工作。在多套方案中,利用 BIM 模型技术,进行直观的对比,选择一套适合现状的方案,这样可以提前竣工、节约成本。

3.标准的建模

根据施工电梯的使用手册等相关资料,收集施工电梯各主要部件的外形轮廓尺寸、基础尺寸、导轨架及附墙架的尺寸、附墙架与墙的连接方式。施工电梯作为施工过程的机械设备,仅在施工阶段出现,因此在建模的精度方面要求不高,建模标准为能够反映施工电梯的外形尺寸,主要的大部件构成及技术参数,与建筑的相互关系等,如导轨架、吊笼、附墙架(各种型号)、外笼、电源箱、对重、电缆装置等。

4.进度的协调工作

通过 BIM 模型的搭建,协调结构施工、外墙施工、内装施工等,通过建模模拟电梯的物流、人流与进度的关系,合理安排电梯的搭拆时间。

在施工过程中,受到各种场外因素干扰,往往导致施工进度不可能按原先施工方案所制订的节点计划进行,故经常需要根据现场实际情况来做修正。

8.3.4 基于 BIM 施工现场对混凝土泵规划

混凝土泵在超高层建筑施工垂直运输体系中占有极为重要的地位,担负着混凝土垂直与水平方向输送任务。混凝土泵是一种有效的混凝土运输工具,它以泵为动力,沿管道输送混凝土,可以同时完成水平和垂直运输,将混凝土直接运送至浇筑地点。混凝土泵具有运送能力大、速度快、效率高、节省人力、能连续作业等特点。因此,它已成为施工现场运输混凝土最重要的一种方法。

自 1927 年由德国首创,泵送混凝土技术迅猛发展,泵送压力已经有了大幅度提高。1971 年以前,混凝土出口压力大多不超过 2.94MPa,后提高到 5.88～8.38MPa,现在已达到 22MPa,而且还有继续提高的趋势。同时,液压系统的压力也在不断提高,基本都在 32MPa 以上。因此,输送距离也在不断增加,最大水平输送距离已超过 2000 m,最大垂直泵送高度也达到 500m 以上。泵送混凝土已经成为超高层建筑混凝土输送最主要的输送方式。

现在,利用 BIM 技术的模拟施工应用可以很好地根据现场施工进度的调整,来同步调整大型设备进出场的时间节点,以此来提高调配的效率,节约成本。

8.3.5 基于 BIM 施工现场物流规划

施工现场是一个涉及各种需求的复杂场地,其中建筑行业对于物流也有自己特殊的需求。BIM 技术首先是一个信息收集系统,可以有效地将整个建筑物的相关信息录入收集并以直观的方式表现出来,但是其中的信息到底如何应用,必须结合相关的施工管理应用,故而首先在本节之初,介绍现场物流管理如何收集和整理信息。

1.材料的进场的要求

建筑工程涉及各种材料,有些材料为半成品,有些材料是完成品,对于不同的材料既有通用要求,也有特殊要求。

材料进场应该有效地收集其运输路线、堆放场地及材料本身的信息,材料本身信息包含:
①制造商的名称;
②产品标识(如品牌名称、颜色、库存编号等);
③任何其他的必要标识信息。

2.材料的存储

对于不同用途的材料,必须根据实际施工情况安排其储存场地,应该明确地收集其储存场地的信息和相关的进出场信息。

8.3.6 基于 BIM 施工现场人流规划

现场总平面人流的基本规划要考虑正常人流的进程和应急通道的设计,施工现场和生活区域之间的联系,施工现场主要有平面和竖向,但是在生活中,主要是平面。在生活区域里要规划好宿舍、食堂、办公等区域的划分以及人流安排。在施工区域,主要考虑通道,疏散人群的通道,以及随着不同施工阶段工况的改变,相应地调整安全通道。

1.人流规划总述

利用工程项目信息集成化管理系统来分配和管理各种建筑物中人流模拟,采用三维模型来表现效果、检查碰撞、调整布局,最终形成可以直观展示的报告。

这个过程是建立在技术方案基础上,并在拥有比较完整的模型后,以现行的规范文件为标准进行的。模拟采用动画形式,使用相关人员来观察产生的问题,并适时地更新、修改方案和模型。

2.工作内容及目标

①数字化表达。采用三维的模型展示,以 Revit,Navisworks 为模型建模、动画演示软件平台。这些模拟可能包括人流的疏散模拟结果、道路的交通要求、各种消防规范的安全系数对建筑物的要求等。

工作过程:工作采用总体协调的方式,即在全部专业合并后所整合的模型(包括建筑、结构、机电)中,使用 Navisworks 的漫游、动画模拟功能,按照规范要求、方案要求和具体工程要求,检验建筑物各处人员或者车辆的交通流向情况,并生成相关的影音、图片文件。

②协同作业。采用软件模拟,专业工程师在模拟过程中发现问题、记录问题、解决问题、重新修订方案和模型的过程管理。

③模型要求。对于需要做人流模拟的模型,需要先定义模型的深度。

3.交通人流 4D 模拟要求

交通道路模拟结合 3D 场地、机械、设备模型,进行现场场地的机械运输路线规划模拟。交通道路模拟可提供图形的模拟设计和视频,以及三维可视化工具的分析结果。

一般按照实际方案和规范要求(在模拟前的场地建模中,模型就已经按照相关规范要求与施工方案,做到符合要求的尺寸模式)利用 Navisworks 在整个场地、建筑物、临时设施、宿舍区、生活区、办公区模拟人员流向、人员疏散、车辆交通规划,并在实际施工中同步跟踪,科学地分析相关数据。

交通运动模拟中机械碰撞行为是最基本的行为,如道路宽度、建筑物高度、车辆本身的尺寸与周边建筑设备的影响、车辆的回转半径、转弯道路的半径模拟,都将作为模拟分析的要点,分析出交通运输的最佳状态,并同步修改模型内容。

8.3.7 人流与其他规划的协调

1.内容概况

在施工中,对于人流的规划是重要的一项工作,需要考虑三个方面的统筹和协调:①人流规划、机械规划和物流规划的关系及协调;②人流规划与人员活动区域的关系及协调;③人流规划与施工进度的关系及协调。

上述三个方面的统筹和协调需要统一考虑下述问题:

①相关规划内容的 BIM 模型的统一标准。即施工规划的内容需要具有一致和协调的 BIM 建模精度、深度和文件交付格式,使得规划内容不产生偏离和不一致性的问题。

②相关规划内容的 BIM 建模的统一基准。即建模前需要进行统一的规划,建立统一的基准和要求,使得 BIM 模型分别制作完成后可以顺利合并。

③相关规划内容的 BIM 表达方式。即对规划 BIM 表达的方式和过程可以协调一致。

2.相关问题的表达

人流规划的 BIM 表达主要是两个方面的内容:一是人流规划的静态 BIM 模型;二是人流规划的动态 BIM 表达。

人流规划的动态模型的规划是通过 BIM 表达来面对一些复杂的问题,有两方面的内容理解:①人流在不同阶段的动态组织与演练,这个阶段必须放在施工规划的环境中动态的来展示;②人流与相关的环境、设备协调,确保人流组织的顺利实施。静态的人流规划模型是通过规定的要求和方法来进行的。

3.实现的方式和目标的规定

①实现可视化,也即 BIM 最直接的特点,它可以让我们实现施工项目建造过程的沟通、讨论和决策在"所见即所得"的方式下顺利进行。

②实现协调性。即人流规划与其他施工规划内容可能产生的矛盾和不一致性,在 BIM 模型中实现静态的差错检查,如人流是否和安全通道之间发生干涉或者碰撞等。

③实现模型真实过程的动态模拟。如地震或者其他灾害发生时,人员逃生模拟及消防人员疏散模拟,再如人员通行路线会不会产生断头和冲突等。

④实现不同要求的统计和分析。

⑤实现可以优化的目标。正是利用了 BIM 的静态和动态功能,可以发现

矛盾和冲突,因此可以更为方便地对前期的一些不合理规划进行调整和优化,实现管理和组织上的更高效率、更高安全性、更好的经济性等。

实施上,需要根据施工进度建立和维护 BIM 模型,使用 BIM 平台汇总施工规划的各种信息,消除施工规划中的信息孤岛,并且将所有信息结合三维模型进行整理和储存,实现施工规划全过程中项目各方信息的随时共享。

实现上述要求和目标,对 BIM 模型的信息丰富程度以及相关环境模型的信息丰富程度都有相一致的要求,同时需要更加科学和高效以及完备的判别方式来实现。

对与先进科学技术和 BIM 技术的结合也提出了更高的要求,如人流建模和规划可以用 BIM 技术来实现,而施工总平面组织和规划可以用 BIM 结合地理信息系统来建模,通过 BIM 及 GIS 软件的强大功能,迅速得出令人信服的分析结果,帮助项目在施工规划时评估施工现场的使用条件和特点,从而对人流组织做出合理和正确的决策。

对于不同责任分工者之间的协同设计也提出了更高的要求。不同责任分工者之间可能处于不同的办公地点(地理位置)或者不同的工作时间,这些通过网络连接,可以实现协同的设计内容。对于不同责任者提出了更加高的非面对面交流能力的要求,也同样对其专业技能提出了更高的要求。

8.4 基于 BIM 的工程造价过程控制

8.4.1 关于工程造价的简述

建筑行业和其他的行业相比较,一直被认为是高耗能、低利润、管理粗放型的行业,尤其是在施工的阶段,工程耗能以及浪费,是一般行业所不能预测的。所以在建筑环节中,工程造价是重要的一环,可以控制造成工程项目建造成本增加,利润少的影响。从事建筑施工行业的企业,要不断地提高项目管理水平,改进整个项目交付过程,在满足业主的同时,要以最小的人力、物力、设备投入,获得更高的价值。所以,如果在控制成本的同时,从细小的环节中开始控制,节约,将造价管理工作重点集中在如何有效地控制浪费、增加收入上来。

利用 BIM5D 技术可以有效地提高施工阶段的造价控制能力和管理精细化水平。在施工前期,在 BIM 技术的精确计算、计价后,对模型方案的挑选实施优化改革,计划合理性,提高资源的利用率,这样可以减少在施工阶段可能存在的错误损失和返工可能性,也能发现潜在的问题,减少潜在的经济损失。在施工阶段,在 BIM5D 模型上,可精确及时地生成材料采购计划、劳动力入场计划和资金需用计划等,借助 BIM 模型中材料数据库信息,严格按照合同控制材料的用量,确定合理的材料价格,发挥"限额领料"的真正效用。同时,基于三维模型,自动进行变更工程量计算和计价、工程计量和结算,相应变更和计量记录自动保存,方便查询;并能够实时把握工程成本信息,实现成本的动态管理,通过成本多算对比提高成本分析能力。

8.4.2 变更管理

建筑施工企业在工程管理中也存在一定的问题,对于工程变更的管理是贯穿于整个工程实施的全过程。对于企业来讲,变更也是项目开源的重要手段,对二次经营具有重要的意义,工程变更在伴随着工程造价调整过程中,成为甲乙双方利益博弈的焦点。在传统的操作方式中,对工程变更是变更图纸进行工程量的计算,并通过三方的认可,才能做出最终的工程造价结算。目前,一个项目所涉及的工程变更数量众多,在实际管理工作中存在很多问题。

①工程变更预算编制压力大,如果编制不及时,将会贻误最佳索赔时间。

②针对单个变更单的工程变更工程量产生漏项或少算,造成收入降低。

③当前的变更多采用纸质形式,特别是变更图纸,一般是变更部位的二维图,无变化前后对比,不形象也不直观,结算时虽然有签字,但是容易导致双方扯皮,索赔难度增加。

④工程历时长,变更资料众多,管理不善的话容易造成遗忘,追溯和查询麻烦。

8.4.3 基于 BIM 的计量支付

在传统的管理模式下,施工总承包企业工程款的回收情况,是根据实际工程的进度情况决定的,在此同时,分包工程款回收情况也是通过工程款的完成情况回收的。分包工程款和施工款都是通过精确的数据计算得来的。一方面,施工总包方需要每月向发包方提交已完成工程量的报告,同时花费大量时间和精力按照合同以及招标文件要求与发包方核对工程量所提交的报告;另一方面还需要核实分包申报的工程量是否合规。计量工作频繁往往使得效率和准确性难以得到保障。

BIM 技术在工程计量计算工作中得到应用后,则完全改变了上述工作状况。

首先,由于 BIM 实体构件模型与时间维度相关联,利用 BIM 模型的参数化特点,按照所需条件筛选工程信息,计算机即可自动完成已完工构件的工程量统计,并汇总形成已完工程量表。造价工程师在 BIM 平台上根据已完工程量,补充其他价差调整等信息,可快速准确地统计这一时段的造价信息,并通过项目管理平台及时办理工程进度款支付申请。

其次,从另一个角度看,分包单位按月度也需要进行分包工程计量支付工作,总包单位可以基于 BIM5D 平台进行分包工程量核实。BIM5D 在实体模型上集成了任务信息和施工流水段信息,各分包与施工流水段是对应的,这样系统就能清晰识别各分包的工程,进一步识别已完成工程量,降低了审核工作的难度。如果能将分包单位纳入统一 BIM5D 系统,这样,分包也可以直接基于系统平台进行分包报量,提高工作效率。

最后,这些计量支付单据和相应数据都会自动记录在 BIM5D 系统中,并关联在一定的模型下,方便以后的查询、结算、统计汇总工作。BIM5D 系统与合同管理系统协同,完成进度计量和支付的过程。BIM5D 系统及时准确地提供了计量单中量的信息。

8.4.5 结算管理

虽然结算管理是整个造价工程中最后一个环节,但是这个环节是至关重要的,贯穿于整个工程项目,所涉及的行业也是广泛的,结算管理从合同签订到竣工结束,有关设计、预算、施工、造价等信息都在最后一个环节结束。结算管理主要有以下难点:

①所涉及的数据较多。结算所涉及的文件、合同数据较多,从工程开始到结束,所有的环节数据将会在最后一个环节里体现出来。在施工过程中,也有相关参与人员的资料、签证、变更的数据、工程会议文件等,将会有好多数据单。

②计算过多。在工程施工中,有很多数据要结算,有的是月度、季度造价汇总,报送、审核、复审造价计算,以及项目部、公司、甲方等不同纬度的造价统计计算。

③汇总表。结算时除了需要编制各种汇总表,还需要编制设计变更、工程洽商、工程签证等分类汇总表,以及分类材料(钢筋、商品混凝土)分期价差调整明细表。

④难于管理。结算的工作大的方向很明确,但是重点在于细微之处,甚至是每次会议的纪要管理、每单业务量的多少都要有很高的控算管理,横穿于好多部门、工作量大、文件难于保存等,都是结算所面临的困难。

8.4.6 分包管理的简述

在一般情况下项目的实施是按照施工阶段、区域阶段进行划分的,分包管理是将每个阶段、每个区域都有相关的人员负责,这种工作就需要区域分析和统计成本了。在分包管理中,需要三个维度进行分析和管理,即是:时间、空间、工序。对于管理者的要求是能快速高效的拆分汇总实物量和造价预算的数据。这项管理工作对于传统的手工预算是很难的,传统的管理模式常常存在于这样的漏洞:

①到达每个工程阶段,无法快速的、高效的、准确的分派任务,或者对任务的进程无法追踪和统计,数据管理是凌乱的、重复工作的概率是最大的。

②在紧急时刻,所结算出的数据是不及时、不准确的,使用分包工程量是超支的。

③分包结算争议多。

和传统模式管理相比较,BIM 模型管理将会弥补传统管理的缺点,在整个项目工程中起到了很重要的作用,BIM 技术中的三维可视化管理将会提前预知工程的进度和问题,以便及时改正,可以使项目的参与方提前的安排和疏导工作,在分包管理时可以从项目整体管控的角度出发,对分包进行管理,同时给予综合的协调支持。

8.4.7 基于 BIM 的工程造价动态分析

成本管理和控制一直以来都是施工单位造价管理中的重中之重,但同时也是一个难点。传统的项目成本管理往往是在统一的成本科目和核算对象的基础上,进行收入、预算和实际成本的对比分析,这种方式是基于财务核算原理进行的,起到了周期性成本核算的目的,但是无法真正达到成本动态的分析和控制。主要原因如下:

①这种传统的方式无法达到项目成本事前控制。成本管理工作基本处于事后核算分析,事前成本预控少,特别是事中的动态及时分析很难。

②成本分析工作量大,项目经营人员每月、每季都需要进行大量的统计工作,统计时由于核算数据复杂,特别是这些数据来源于不同的业务部门,统计口径又不一样,需要重新进行成本分摊工作,工作的烦琐复杂往往造成核算不及时或不准确。

③成本分析颗粒度不够。首先是无法做到主要资源细化控制,大宗材料的控制不够精细。无法得到不同阶段、不同部位的材料量价对比分析,以便找出材料超预算的原因;其次就是分析、统计和对比工作做不到工序或者构件级。例如,某个核算期间,总的成本没有超支,但是部分关键构件或者工序成本超出预算,传统核算方式无法识别出来,这样就使得成本分析工作达不到应有的效果。

参考文献

[1]Canadian Wood Council.Introduction to Wood Design[M].Ottawa,ON,Canada,1999.

[2]Canadian Wood Council.Wood Design Manual 2001[M].Ottawa,ON,Canada,2001.

[3]CMHC.Canadian Wood－frame House Construction[M].Canada：Canada Mortgage and Housing Corporation,1998.

[4]中华人民共和国建设部.GB 50005—2003 木结构设计规范(2005 年版)[S].北京:中国建筑工业出版社,2006.

[5]中华人民共和国建设部.GB/T 50329—2002 木结构试验方法标准[S].北京:中国建筑工业出版社,2002.

[6]哈尔滨建筑工程学院,重庆建筑工程学院,福州大学.木结构[M].北京:中国建筑工业出版社,1981.

[7]《木结构设计手册》编辑委员会.木结构设计手册[M].第三版.北京:中国建筑工业出版社,2005.

[8]何敏娟,Frank LAM.木结构在北美建筑结构中的应用[J].特种结构,2003,20(4):48~51.

[9]何敏娟,Frank LAM.北美轻型木结构住宅建筑的特点[J].结构工程师,2004,68(1):1~5.

[10]Canadian Wood Council.Introduction to Wood Building Technology[M].Ottawa,ON,Canada,1997.

[11]Sven Thelandersson and Hans J.Larsen.Timber Engineering[M].West Sussex P019 8SQ,England,2003.

[12]王铎.断裂力学[M].哈尔滨:哈尔滨工业大学出版社,1989.

[13]Nielsen,L.Fuglsang.The Theory of Wood As a CFaCked Visco－Elastic Material[M].Appendix A of "Structural Behaviour of Timber".Borg Madsen,1992.

[14]袁龙蔚.缺陷体流变学[M].北京:国际工业出版社,1994.

[15]Sven The landersson and Hans J.Larsen.Timber Enginccring[M].John Wiley & sons Ltd,2003.

[16]ICBO EVALUATION REPORT ER 4979(Aprill,1999).Structural Com-

posite Lumber［Timber strand Laminated Strand Lumber（LSL），Parallam Paralel Strand Lumber（PSL），and Microllam Laminated Veneer Lumber（LVL）］；Tj—Strand rim board and Space maker Trusses［J］.Whittier California,1999.

［17］ICBO EVALUATION REPORT PFC 4354（Aprill,1999）.TJL PREFABICATED WOOD I—JOIST AND OPEN—WEB TRUSSES［J］.Wbittier California,1999.

［18］Borg Modsen.Behaviour of Timber Connections［M］.Timber Engineering Ltd,2000.

［19］Blass H.J.Aune P.*et al*.Timber Engineering STEP1 and STEP2（for Lecture）［M］.Nethedand Salland De Lange.Deventer,1995.

［20］樊承谋,聂圣哲,陈松来,陈志勇.现代木结构［M］.哈尔滨:哈尔滨工业大学出版社,2007.

［21］葛文兰.BIM 第二维度——项目不同参与方的 BIM 应用［M］.北京:中国建筑工业出版社.2011.

［22］徐蓉.工程造价管理［M］.上海:同济大学出版社,2005.

［23］袁建新.迟晓明.施工图预算与工程造价控制［M］.北京:中国建筑工业出版社,2008.

［24］王广斌.张洋.谭丹.基于 BIM 的工程项目成本核算理论及实现方法研究［J］.科技进步与对策,2009.26（21）:47—49.

［25］张建平,范喆,王阳利等.基于 4D—BIM 的施工资源动态管理与成本实时监控［J］.施工技术,2011,40（4）:37—40.

［26］张建平,李丁,林佳瑞等.BIM 在工程施 T 中的应用［J］.施工技术,2012,4l（371）:10—17.

［27］尹为强,肖名义.浅析 BIM5D 技术在钢筋工程中的应用［J］.土木建筑工程信息技术,2010,2（3）:46—50.

［28］李静,方后春,罗春贺.基于 BIM 的全过程造价管理研究［J］.建筑经济,2012,（09）:96—100.

［29］何关培.BIM 总论［M］.北京:中国建筑工业出版社,2011.